# 中国传统建筑 解析与传承

## 辽宁卷

Liaoning Volume

THE INTERPRETATION AND INHERITANCE OF TRADITIONAL CHINESE ARCHITECTURE

中华人民共和国住房和城乡建设部 编

Ministry of Housing and Urban-Rural Development of the People's Republic of China

中国建筑工业出版社

**图书在版编目(CIP)数据**

中国传统建筑解析与传承 辽宁卷 / 中华人民共和国住房和城乡建设部编. —北京：中国建筑工业出版社，2017.9
ISBN 978-7-112-21150-0

Ⅰ. ①中… Ⅱ. ①中… Ⅲ. ①古建筑-建筑艺术-辽宁 Ⅳ.①TU-092.2

中国版本图书馆CIP数据核字（2017）第207154号

责任编辑：张 华 李东禧 唐 旭 吴 绫 吴 佳
责任设计：王国羽
责任校对：焦 乐 关 健

**中国传统建筑解析与传承 辽宁卷**
中华人民共和国住房和城乡建设部 编
*
中国建筑工业出版社出版、发行（北京海淀三里河路9号）
各地新华书店、建筑书店经销
北京方舟正佳图文设计有限公司制版
北京富诚彩色印刷有限公司印刷
*
开本：880×1230毫米 1/16 印张：17 字数：491千字
2017年10月第一版 2019年3月第二次印刷
定价：168.00元
ISBN 978-7-112-21150-0
(30661)

# 总　序

# Foreword

几年前我去法国里昂地区，看到有大片很久以前甚至四百年前建造的夯土建筑，也就是干打垒房子，至今仍在使用。20世纪80年代，当地建设保障房小区时，要求一律建造夯土建筑，他们采用了现代夯土技术。西安科技大学的两位老师将这种技术引入国内，在甘肃、河北等多地建了示范房。现代夯土技术的改进点在于科学配比土与石子、使用模板和电动器具夯筑，传承了夯土建筑的优点，如造价低、节能保温，弥补了缺陷，抗震性增强，也美观，颇受农民的好评。我对这个事例很感兴趣并悟出一个道理，做好传承关键要具备两种精神：一是执着，坚信许多传统能够传承、值得传承。法国将传统干打垒房子当作好东西，努力传承，而我国虽然是生土建筑数量最多的国家，但今天各地却都视其为贫穷落后的标志，力图尽快消灭；二是创新，要下力气研究传统的优点及缺点，并用现代技术克服其缺点，赋予其现代功能，使传统文明成果在今天焕发新的生命力。这两方面的功夫我们都不够。

文明古国的中国，在实现现代化的进程中，只有十分自信、满腔热情地传承了优秀传统文化，才能受到全世界的尊重。建筑是一个民族生存智慧、工程技术、审美理念、社会伦理等文明成果最集中、最丰富的载体，其传承及体现是一个国家和民族富强与贫弱的标志。改变今天建筑缺失传统文化的局面，我们需要重新认识我国传统建筑文化，把握其精髓和发展脉络，挖掘和丰富其完整价值，探索传统与现代融合的理念和方法。2012年，住房和城乡建设部村镇建设司组织了首次传统民居全国普查，编纂了《中国传统民居类型全集》，其详细、准确、系统地展示了我国传统民居的地域性。在此基础上，2014年又启动了“传统建筑解析与传承”调查研究，这是第一次国家层面组织的该领域的大型调查研究，颇具价值：

价值一，它是至今对我国传统建筑文化最全面、最系统的阐释。第一，本次调查研究地域覆盖广，历史挖掘深，建筑类型多。31个省（市、区）开展了调查研究，每个省的研究也都覆盖了全域；一些省对传统建筑文化的追溯年代突破了记录；建筑类型不仅涵盖了官式建筑、庙宇、祠堂等，更涵盖了各类代表性民居。第二，更加注重从自然、人文、技术、经济几条主线解析传统建筑文化，而不是拘泥于建筑本身；不但阐释了传统建筑的物质形体，而且阐释了传统建筑文化的产生机制。第三，研究体例和解析维度保持了基本一致，各省都通过聚落格局、建筑群体与单体、细部与装饰、风格与装修对传统建筑进行解析。通过解析，大大丰富和提升了对我国传统建筑文化精髓的认识，如：中国传统建筑与自然相适应，和谐共生，敬天惜物；与生存实际相适应，容纳生产生活；与社会伦理相适应，井然有序；与发展相适应，灵活易变，是模块化的鼻祖。第四，内在形式统一，体现了中华文明的持久性和一致性；木结构等技术高度成熟，体现了中华民族的智慧；丰富的地区差异，体现了中华文化的多样性。一些研究基础较差的省，第一次对传统建筑有了全面认识；一些研究基础较好的省，又深化了认识。可以说，这次全面调查研究是对中国传统建筑文化的一次重新认识。

价值二，也是更重要的价值，它是就如何传承传统建筑文化、如何实现传统与现代融合这一难题，至今所进行的广泛深入的探索。第一，提出了更为本质、更具指导意义的传承理论和原则，如建筑文化的三大传承主线：自然、人文、技术；“形”的传承、“神”的传承、“神形兼备”的传承；适应性传承、创新性传承、可持续性传承等理论；坚持挖掘地域文化与建筑的关联性，坚持寻找并传承其最有价值和生命力的要素，坚持与时代发展相接轨等原则。第二，提出了更具操作性的传承方法和要点，如建筑肌理、应对自然环境、空间变异、建造方式、建筑材料、符号特征六方面的传承方法。第三，收集、展示、分析了近代以来大量的现代建筑探索传承的案例，既包括比较成功的，也包括比较失败的，具有很好的参考意义。同时也提出了应防止的误区。

价值三，唤起了对传统建筑文化的空前热情。通过这次研究，各地建设部门更加重视传统建筑文化的传承工作了，这将有利于扭转当前我国城乡建设缺乏传统文化的局面。在学术界，不仅老专家倾力投入，新参与的专家学者也越来越多，而且十分积极。过去研究传统建筑的专家学者与从事设计的建筑师交流不多，通过这次研究，两个群体融合到了一起，不仅有利于传承的研究，更有利于传承的实践。有的老专家说，等了几十年，终于等到国家组织这项工作了。

探索传统建筑文化与现代建筑的融合是难度极大的挑战，永远在路上。虽然本次调查研究存在着许多不足和局限，但第一次组织全国专业力量努力探索的成果，惠及当今，流芳百年，意义非凡，不仅具有中国意义，也具有世界意义。在此，谨向为成就这一大业，辛勤无私付出并作出卓越贡献的所有专家学者、建筑师和技术人员、各地建设部门领导和职工，表示衷心的感谢和崇高的敬意。此外，我还深深感受到，组织实施全国范围的、具有历史意义的调查研究，是其他组织和个人难以做到的，是中央部委必须承担的重要职责，今后还要多做。

住房和城乡建设部总经济师

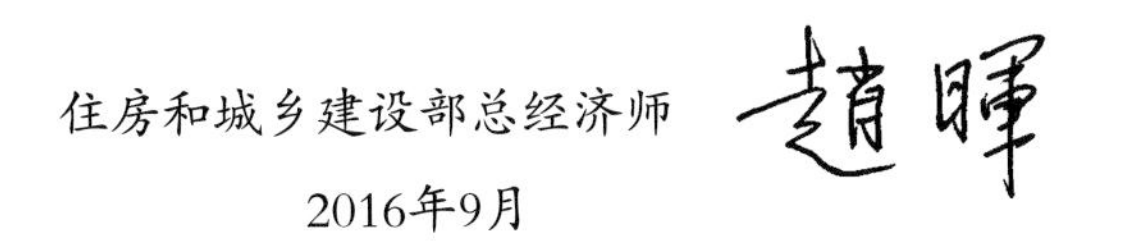

2016年9月

# 编委会

# Editorial Committee

**辽宁卷编写组：**

组织人员：任韶红、胡成泽、刘绍伟、孙辉东
编写人员：朴玉顺、郝建军、陈伯超、杨　晔、周静海、黄　欢、王蕾蕾、王　达、宋欣然、刘思铎、原砚龙、
高赛玉、梁玉坤、张凤婕、吴　琦、邢　飞、刘　盈、楚家麟
调研人员：王严力、纪文喆、姚　琦、庞一鹤、赵兵兵、邵　明、吕海平、王颖蕊、孟　飘

**北京卷编写组：**

组织人员：李节严、侯晓明、李　慧、车　飞
编写人员：朱小地、韩慧卿、李艾桦、王　南、
钱　毅、马　泷、杨　滔、吴　懿、
侯　晟、王　恒、王佳怡、钟曼琳、
田燕国、卢清新、李海霞
调研人员：刘江峰、陈　凯、闫　峥、刘　强、
段晓婷、孟昳然、李沫含、黄　蓉

**天津卷编写组：**

组织人员：吴冬粤、杨瑞凡、纪志强、张晓萌
编写人员：朱　阳、王　蔚、刘婷婷、王　伟、
刘铧文
调研人员：张　猛、冯科锐、王浩然、单长江、
陈孝忠、郑　涛、朱　磊、刘　畅

**河北卷编写组：**

组织人员：封　刚、吴永强、席建林、马　锐
编写人员：舒　平、吴　鹏、魏广龙、刁建新、
刘　歆、解　丹、杨彩虹、连海涛

**山西卷编写组：**

组织人员：张海星、郭　创、赵俊伟
编写人员：王金平、薛林平、韩卫成、冯高磊、
杜艳哲、孔维刚、郭华瞻、潘　曦、
王　鑫、石　玉、胡　盼、刘进红、
王建华、张　钰、高　明、武晓宇、
韩丽君

**内蒙古卷编写组：**

组织人员：杨宝峰、陈　彪、崔　茂
编写人员：张鹏举、彭致禧、贺　龙、韩　瑛、
额尔德木图、齐卓彦、白丽燕、
高　旭、杜　娟

**吉林卷编写组：**

组织人员：袁忠凯、安　宏、肖楚宇、陈清华
编写人员：王　亮、李天骄、李雷立、宋义坤、
张　萌、李之吉、张俊峰、孙守东
调研人员：郑宝祥、王　薇、赵　艺、吴翠灵、
李亮亮、孙宇轩、李洪毅、崔晶瑶、
王铃溪、高小淇、李　宾、李泽锋、
梅　郊、刘秋辰

**黑龙江卷编写组：**

组织人员：徐东锋、王海明、王　芳
编写人员：周立军、付本臣、徐洪澎、李同予、
殷　青、董健菲、吴健梅、刘　洋、
刘远孝、王兆明、马本和、王健伟、
卜　冲、郭丽萍
调研人员：张　明、王　艳、张　博、王　钊、
晏　迪、徐贝尔

**上海卷编写组：**

组织人员：王训国、孙　珊、侯斌超、魏珏欣、
马秀英
编写人员：华霞虹、王海松、周鸣浩、寇志荣、
宾慧中、宿新宝、林　磊、彭　怒、
吕亚范、卓刚峰、宋　雷、吴爱民、

刘　刊、白文峰、喻明璐、罗超君、朱　杭

调研人员：章　竞、蔡　青、杜超瑜、吴　皎、胡　楠、王子潇、刘嘉纬、吕欣欣、林　陈、李玮玉、侯　炬、姜鸿博、赵　曜、闵　欣、苏　萍、申　童、梁　可、严一凯、王鹏凯、谢　岫、江　璐、林叶红

**江苏卷编写组：**

组织人员：赵庆红、韩秀金、张　蔚、俞　锋

编写人员：龚　恺、朱光亚、薛　力、胡　石、张　彤、王兴平、陈晓扬、吴锦绣、陈　宇、沈　旸、曾　琼、凌　洁、寿　焘、雍振华、汪永平、张明皓、晁　阳

**浙江卷编写组：**

组织人员：江胜利、何青峰

编写人员：王　竹、于文波、沈　黎、朱　炜、浦欣成、裘　知、张玉瑜、陈　惟、贺　勇、杜浩渊、王焯瑶、张泽浩、李秋瑜、钟温歆

**安徽卷编写组：**

组织人员：宋直刚、邹桂武、郭佑芹、吴胜亮

编写人员：李　早、曹海婴、叶茂盛、喻　晓、杨　燊、徐　震、曹　昊、高岩琰、郑志元

调研人员：陈骏祎、孙　霞、王达仁、周虹宇、毛心彤、朱　慧、汪　强、朱高栎、陈薇薇、贾宇枝子、崔巍懿

**福建卷编写组：**

组织人员：蒋金明、苏友佺、金纯真、许为一

编写人员：戴志坚、王绍森、陈　琦、胡　璟、戴　玢、赵亚敏、谢　骁、镡旭璐、祖　武、刘　佳、贾婧文、王海荣、吴　帆

**江西卷编写组：**

组织人员：熊春华、丁宜华

编写人员：姚　赯、廖　琴、蔡　晴、马　凯、李久君、李岳川、肖　芬、肖　君、许世文、吴　琼、吴　靖

调研人员：兰昌剑、戴晋卿、袁立婷、赵晗聿、翁之韵、项琛春、廖思怡、何　昱

**山东卷编写组：**

组织人员：杨建武、尹枝俏、张　林、宫晓芳

编写人员：刘　甦、张润武、赵学义、仝　晖、郝曙光、邓庆坦、许丛宝、姜　波、高宜生、赵　斌、张　巍、傅志前、左长安、刘建军、谷建辉、宁　荞、慕启鹏、刘明超、王冬梅、王悦涛、姚　丽、孔繁生、韦　丽、吕方正、王建波、解焕新、李　伟、孔令华、王艳玲、贾　蕊

**河南卷编写组：**

组织人员：马耀辉、李桂亭、韩文超

编写人员：郑东军、李　丽、唐　丽、韦　峰、黄　华、黄黎明、陈兴义、毕　昕、陈伟莹、赵　凯、渠　韬、许继清、任　斌、李红建、王文正、郑丹枫、王晓丰、郭兆儒、史学民、王　璐、毕小芳、张　萍、庄昭奎、叶　蓬、王　坤、刘利轩、娄　芳、王东东、白一贺

**湖北卷编写组：**

组织人员：万应荣、付建国、王志勇

编写人员：肖　伟、王　祥、李新翠、韩　冰、张　丽、梁　爽、韩梦涛、张阳菊、张万春、李　扬

**湖南卷编写组：**

组织人员：宁艳芳、黄　立、吴立玖

编写人员：何韶瑶、唐成君、章　为、张梦淼、姜兴华、罗学农、黄力为、张艺婕、吴晶晶、刘艳莉、刘　姿、熊申午、陆　薇、党　航、陈　宇、江　嫚、吴　添、周万能

调研人员：李　夺、欧阳铎、刘湘云、付玉昆、赵磊兵、黄　慧、李　丹、唐娇致、石凯弟、鲁　娜、王　俊、章恒伟、张　衡、张晓晗、石伟佳、曹宇驰、肖文静、臧澄澄、赵　亮、符文婷、黄逸帆、易嘉昕、张天浩、谭　琳

**广东卷编写组：**

组织人员：梁志华、肖送文、苏智云、廖志坚、秦　莹

编写人员：陆　琦、冼剑雄、潘　莹、徐怡芳、何　菁、王国光、陈思翰、冒亚龙、向　科、赵紫伶、卓晓岚、孙培真

调研人员：方　兴、张成欣、梁　林、林　琳、陈家欢、邹　齐、王　妍、张秋艳

**广西卷编写组：**

组织人员：彭新唐、刘　哲

编写人员：雷　翔、全峰梅、徐洪涛、何晓丽、杨　斌、梁志敏、尚秋铭、黄晓晓、孙永萍、杨玉迪、陆如兰

调研人员：许建和、刘　莎、李　昕、蔡　响、谢常喜、李　梓、贾茜茜、李　艺、李城臻

**海南卷编写组：**

组织人员：霍巨燃、陈孝京、陈东海、林亚芒、陈娟如

编写人员：吴小平、唐秀飞、贾成义、黄天其、刘　筱、吴　蓉、王振宇、陈晓菲、刘凌波、陈文斌、费立荣、李贤颖、陈志江、何慧慧、郑小雪、程　畅

**重庆卷编写组：**

组织人员：冯　赵、吴　鑫、揭付军

编写人员：龙　彬、陈　蔚、胡　斌、徐千里、舒　莺、刘晶晶、张　菁、吴晓言、石　恺

**四川卷编写组：**

组织人员：蒋　勇、李南希、鲁朝汉、吕　蔚

编写人员：陈　颖、高　静、熊　唱、李　路、朱　伟、庄　红、郑　斌、张　莉、何　龙、周晓宇、周　佳

调研人员：唐　剑、彭麟麒、陈延申、严　潇、黎峰六、孙　笑、彭　一、韩东升、聂　倩

**贵州卷编写组：**

组织人员：余咏梅、王　文、陈清鋆、赵玉奇

编写人员：罗德启、余压芳、陈时芳、叶其颂、吴茜婷、代富红、吴小静、杜　佳、杨钧月、曾　增

调研人员：钟伦超、王志鹏、刘云飞、李星星、胡　彪、王　曦、王　艳、张　全、杨　涵、吴汝刚、王　莹、高　蛤

**云南卷编写组：**

组织人员：汪　巡、沈　键、王　瑞

编写人员：翟　辉、杨大禹、吴志宏、张欣雁、刘肇宁、杨　健、唐黎洲、张　伟

调研人员：张剑文、李天依、栾涵潇、穆　童、王祎婷、吴雨桐、石文博、张三多、阿桂莲、任道怡、姚启凡、罗　翔、顾晓洁

**西藏卷编写组：**

组织人员：李新昌、姜月霞、付　聪

编写人员：王世东、木雅·曲吉建才、拉巴次仁、丹　达、毛中华、蒙乃庆、格桑顿珠、旺　久、加　雷

调研人员：群　英、丹增康卓、益西康卓、次旺郎杰、土旦拉加

**陕西卷编写组：**

组织人员：王宏宇、李　君、薛　钢

编写人员：周庆华、李立敏、赵元超、李志民、孙西京、王　军（博）、刘　煜、吴国源、祁嘉华、刘　辉、武　联、吕　成、陈　洋、雷会霞、任云英、倪　欣、鱼晓惠、陈　新、白　宁、尤　涛、师晓静、雷耀丽、刘　怡、李　静、张钰曌、刘京华、毕景龙、黄　姗、周　岚、石　媛、李　涛、黄　磊、时　洋、张　涛、庞　佳、王怡琼、白　钰、王建成、吴左宾、李　晨、杨彦龙、林高瑞、朱瑜葱、李　凌、陈斯亮、张定青、党纤纤、张　颖、王美子、范小烨、曹惠源、张丽娜、陆　龙、石　燕、魏　锋、张　斌

调研人员：陈志强、丁琳玲、陈雪婷、杨钦芳、张豫东、刘玉成、图努拉、郭　萌、张雪珂、于仲晖、周方乐、何　娇、宋宏春、肖求波、方　帅、陈建宇、余　茜、姬瑞河、张海岳、武秀峰、孙亚萍、魏　栋、干　金、米庆志、陈治金、贾　柯、刘培丹、陈若曦、陈　锐、刘　博、王丽娜、吕咪咪、卢　鹏、孙志青、吕鑫源、李珍玉、周　菲、杨程博、张演宇、杨　光、邸　鑫、王　镭、李梦珂、张珊珊、惠禹森、李　强、姚雨墨

**甘肃卷编写组：**

组织人员：蔡林峥、任春峰、贺建强

编写人员：刘奔腾、张　涵、安玉源、叶明晖、冯　柯、王国荣、刘　起、孟岭超、范文玲、李玉芳、杨谦君、李沁鞠、梁雪冬、张　睿、章海峰

调研人员：马延东、慕　剑、陈　谦、孟祥武、张小娟、王雅梅、郭兴华、闫幼锋、赵春晓、周　琪、师宏儒、闫海龙、王雪浪、唐晓军、周　涛、姚　朋

**青海卷编写组：**

组织人员：杨敏政、陈　锋、马黎光

编写人员：李立敏、王　青、马扎·索南周扎、晁元良、李　群、王亚峰

调研人员：张　容、刘　悦、魏　璇、王晓彤、柯章亮、张　浩

**宁夏卷编写组：**

组织人员：杨　普、杨文平、徐海波

编写人员：陈宙颖、李晓玲、马冬梅、陈李立、李志辉、杜建录、杨占武、董　茜、王晓燕、马小凤、田晓敏、朱启光、龙　倩、武文娇、杨　慧、周永惠、李巧玲

调研人员：林卫公、杨自明、张　豪、宋志皓、王璐莹、王秋玉、唐玲玲、李娟玲

**新疆卷编写组：**

组织人员：马天宇、高　峰、邓　旭

编写人员：陈震东、范　欣、季　铭

**主编单位：**

中华人民共和国住房和城乡建设部

**参编单位：**

**北京卷：** 北京市规划委员会
北京市勘察设计和测绘地理信息管理办公室
北京市建筑设计研究院有限公司
清华大学
北方工业大学

**天津卷：** 天津市城乡建设委员会
天津大学建筑设计规划研究总院
天津大学

**河北卷：** 河北省住房和城乡建设厅
河北工业大学
河北工程大学
河北省村镇建设促进中心

**山西卷：** 山西省住房和城乡建设厅
北京交通大学
太原理工大学
山西省建筑设计研究院

**内蒙古卷：** 内蒙古自治区住房和城乡建设厅
内蒙古工业大学

**辽宁卷：** 辽宁省住房和城乡建设厅
沈阳建筑大学
辽宁省建筑设计研究院

**吉林卷：** 吉林省住房和城乡建设厅
吉林建筑大学
吉林建筑大学设计研究院
吉林省建苑设计集团有限公司

**黑龙江卷：** 黑龙江省住房和城乡建设厅
哈尔滨工业大学
齐齐哈尔大学
哈尔滨市建筑设计院
哈尔滨方舟工程设计咨询有限公司
黑龙江国光建筑装饰设计研究院有限公司
哈尔滨唯美源装饰设计有限公司

**上海卷：** 上海市规划和国土资源管理局
上海市建筑学会
华东建筑设计研究总院
同济大学
上海大学
上海市城市建设档案馆

**江苏卷：** 江苏省住房和城乡建设厅
东南大学

**浙江卷：** 浙江省住房和城乡建设厅
浙江大学
浙江工业大学

**安徽卷：** 安徽省住房和城乡建设厅
合肥工业大学

**福建卷**：福建省住房和城乡建设厅
厦门大学

**江西卷**：江西省住房和城乡建设厅
南昌大学
江西省建筑设计研究总院
南昌大学设计研究院

**山东卷**：山东省住房和城乡建设厅
山东建筑大学
山东建大建筑规划设计研究院
山东省小城镇建设研究会
山东大学
烟台大学
青岛理工大学
山东省城乡规划设计研究院

**河南卷**：河南省住房和城乡建设厅
郑州大学
河南大学
河南理工大学
郑州大学综合设计研究院有限公司
河南省城乡规划设计研究总院有限公司
河南大建建筑设计有限公司
郑州市建筑设计院有限公司

**湖北卷**：湖北省住房和城乡建设厅
中信建筑设计研究总院有限公司

**湖南卷**：湖南省住房和城乡建设厅
湖南大学
湖南大学设计研究院有限公司
湖南省建筑设计院

**广东卷**：广东省住房和城乡建设厅
华南理工大学
广州瀚华建筑设计有限公司
北京建工建筑设计研究院

**广西卷**：广西壮族自治区住房和城乡建设厅
华蓝设计（集团）有限公司

**海南卷**：海南省住房和城乡建设厅
海南华都城市设计有限公司
华中科技大学
武汉大学
重庆大学
海南省建筑设计院
海南雅克设计有限公司
海口市城市规划设计研究院
海南三寰城镇规划建筑设计有限公司

**重庆卷**：重庆市城乡建设委员会
重庆大学
重庆市设计院

**四川卷**：四川省住房和城乡建设厅
西南交通大学
四川省建筑设计研究院

**贵州卷**：贵州省住房和城乡建设厅
贵州省建筑设计研究院
贵州大学

**云南卷**：云南省住房和城乡建设厅
昆明理工大学

**西藏卷：** 西藏自治区住房和城乡建设厅
西藏自治区建筑勘察设计院
西藏自治区藏式建筑研究所

**陕西卷：** 陕西省住房和城乡建设厅
西安建大城市规划设计研究院
西安建筑科技大学建筑学院
长安大学建筑学院
西安交通大学人居环境与建筑工程学院
西北工业大学力学与土木建筑学院
中国建筑西北设计研究院有限公司
中联西北工程设计研究院有限公司
陕西建工集团有限公司建筑设计院

**甘肃卷：** 甘肃省住房和城乡建设厅
兰州理工大学
西北民族大学
甘肃省建筑设计研究院

**青海卷：** 青海省住房和城乡建设厅
西安建筑科技大学
青海省建筑勘察设计研究院有限公司
青海明轮藏传建筑文化研究会

**宁夏卷：** 宁夏回族自治区住房和城乡建设厅
宁夏大学
宁夏建筑设计研究院有限公司
宁夏三益上筑建筑设计院有限公司

**新疆卷：** 新疆维吾尔自治区住房和城乡建设厅
新疆建筑设计研究院
新疆佳联城建规划设计研究院

# 目　录

# Contents

## 上篇：传统建筑特征分析

### 第二章　选址与总体布局特征



### 第三章　室内外空间特征



### 第四章　建筑造型特征

# 前 言

# Preface

辽河是辽宁的母亲河，奔腾不息的辽河养育了世世代代的劳作生息在这块土地上的辽宁人，也因此孕育了属于这块土地上独特的辽河文化。其文化的独特性一方面源于长达几千年的汉人移民活动，尤其是清末民国初年的移民活动，给辽河流域的文化带来了巨变，另一方面，源于本地寒冷的气候条件和这块土地上土生土长的少数民族文化，这两个方面的有机融合，最终形成了兼具本土文化和中原文化特点，但又不完全等同于二者的独特文化体系。移民活动和民族融合带来的建筑文化交流方式主要有两种：一种是汉族移民史引发的中原建筑文化的移植，另一种是多民族聚居引发的建筑文化的相互借鉴。

（一）汉族移民史引发中原建筑文化的移植

中原汉族迁徙东北的过程是持续性的，各朝各代均有中原汉族不断迁徙到东北。迁徙的地域空间也是依地缘渐次性推移的。大体以辽宁为基地，随着历史的进程，北上幅度越来越大，直至吉林、黑龙江及其以北。历史上，东北地区汉族人口的增长，并非直线上升。有时也有减少，甚至跌入低谷。但总的趋势是增加的、发展的，甚至攀登上几个高峰。清代以前，虽然东北五代都有汉人迁入，然而他们都不断地迁徙、散灭，但并未形成大的移民规模。白山黑水之间，主要是满族等土著居民的故乡。直到明末清初，大批的华北、河北等地的移民涌入东北，进而确定了以汉族为主体的多民族聚居的社会环境。与东北汉族移民活动相生相伴的，便是中原强势文化不断向东北游牧社会的移植，这其中也包括了中原建筑文化的移植。尤其是移民的最大输出地——华北、山东的建筑文化，深刻影响了辽宁的传统建筑。

（二）多民族聚居引发建筑文化的相互借鉴

东北独特的自然地理条件，使游牧渔猎成为东北古代人民最主要的谋生获食手段和生产生活方式，成为最基本的物质文化。随着社会文化的发展嬗变，当中原地区逐渐从游牧渔猎时代过渡到农业时代并创造了灿烂辉煌的农业文明时，由于地理、气候等自然状况和某种社会历史原因，东北却长时期地停留在渔猎、牧猎及半渔猎半农耕时代。历史上，在东北地区，不仅少数民族被汉化，而且在某些环境中，大量汉族少数民族化。反映在建筑中，中原建筑的建造观念、制度影响了东北的少数民族；东北土著民族适应生存环境的建造方式，也影响了后来的汉族移民建筑。中原的移民来到辽宁，只能适应这里的环境。慢慢的，从故乡带来的习俗沉淀在这片黑土地上，又影响了黑土地的文化，文化以独特的方式开始轮转，建筑文化也是如此。早期的东北汉族移民，为适应东北陌生、艰苦的生存环境，首先向土著民族学习生存经验，这其中也包括对建筑营造方式的学习，这样少数民族的建造经验被吸收进汉族的建筑中。反过来，当汉族的农耕文化逐渐影响了当地的少数民族（尤其是满族）的游牧渔猎文化，我们发现，满族的建筑就具有以中原建筑为蓝本，又融入了本民族风俗、信仰的特色。在汉族还未成为东北的主体民族之前，被汉化的满族民居已经存在并不断适应东北的地域环境，当后期大规模的汉族移民来到东北，又开始向本土汉化的满族民居学习建造经验。辽宁地区的满、汉民居互为师徒，在漫长的历史进程中，共同发展进步。正是由于东北多民族聚居的社会环境使得民族文化之间相互借鉴、相互影响，最终在保留民族特色的基础上，产生了一种趋同性，具有了一种适应地域环境的地域共同传统，也成就了辽宁传统建筑的地域特色。

辽宁现存的传统建筑是辽河文化的物质载体，真实地体现出本地文化地缘特征——既有中原传统范式的深刻影响，又有结合自然条件和民族文化的独特创造。生活在辽宁大地上祖先，几千年来在营造人居环境中优秀经验和建造智慧，值得我们去深入挖掘，并在当代的城乡建设中进行传承和弘扬，让祖先留下的宝贵财富成为造福子孙后代的福祉。

# 第一章　绪论

辽河流域覆盖了辽宁省全部14个地级市，尽管辽宁地域文化在不同历史时期、不同地域有一定差异，但是他们全部处在辽河文化影响的地理空间范围内。寒冷的气候、独特的地理资源、北方少数民族与中原长期的融合，产生了这块土地上独特的生产生活方式，形成了具有鲜明地域特色的辽河文化，从而催生出了在这块土地上极具特色的传统建筑和现代建筑。

# 第一节 辽宁与辽河流域

## 一、地理位置

辽河是东北地区南部第一大河。辽河发源于河北省七老图山脉光头山(海拔1729米)，向东流入内蒙古自治区，在苏家堡附近汇西拉木伦河，称西辽河。东辽河发源于吉林省辽源市，西辽河与东辽河在福德店汇后开始称为辽河。辽河流入辽宁省，经铁岭后转向西南，至六间房分为两股:一股南流为外辽河，到三岔河汇合浑河、太子河后称大辽河，经营口市注入渤海，全长1430公里。1958年堵截外辽河流路，使浑河、太子河成为独立水系。另一股西南流为双台子河，至盘山汇绕阳河入辽东湾，全长1390公里。辽河流经河北、内蒙古、吉林、辽宁四省区，流域总面积（含浑河、太子河）21.9万平方公里，其中西辽河占64.3%，东辽河占4.6%，辽河中下游占31.1%。辽宁地处东经118° 50'~125° 46'、北纬38° 43'~43° 26'之间。面向太平洋、背靠东北亚大陆，东北、西北和西南分别与吉林省、内蒙古自治区和河北省相邻，南濒黄海、渤海，与山东半岛隔海相望，东南沿鸭绿江与朝鲜半岛接壤（图1-1-1）。辽河文化影响的地理空间是辽河流域片。从水文和水文资源角度说，辽河流域片包括辽河流域、大凌河流域、图们江流域、鸭绿江流域及辽河沿海诸小河流域，地跨辽宁省、吉林省、内蒙古自治区东部、河北省北部四省区，总面积达到34.5万平方公里。辽宁全境均在辽河流域片内。

## 二、气候特征

辽宁省地处欧亚大陆东岸、中纬度地区，属于温带大陆性季风气候区。境内雨热同季，日照丰富，气温较高，

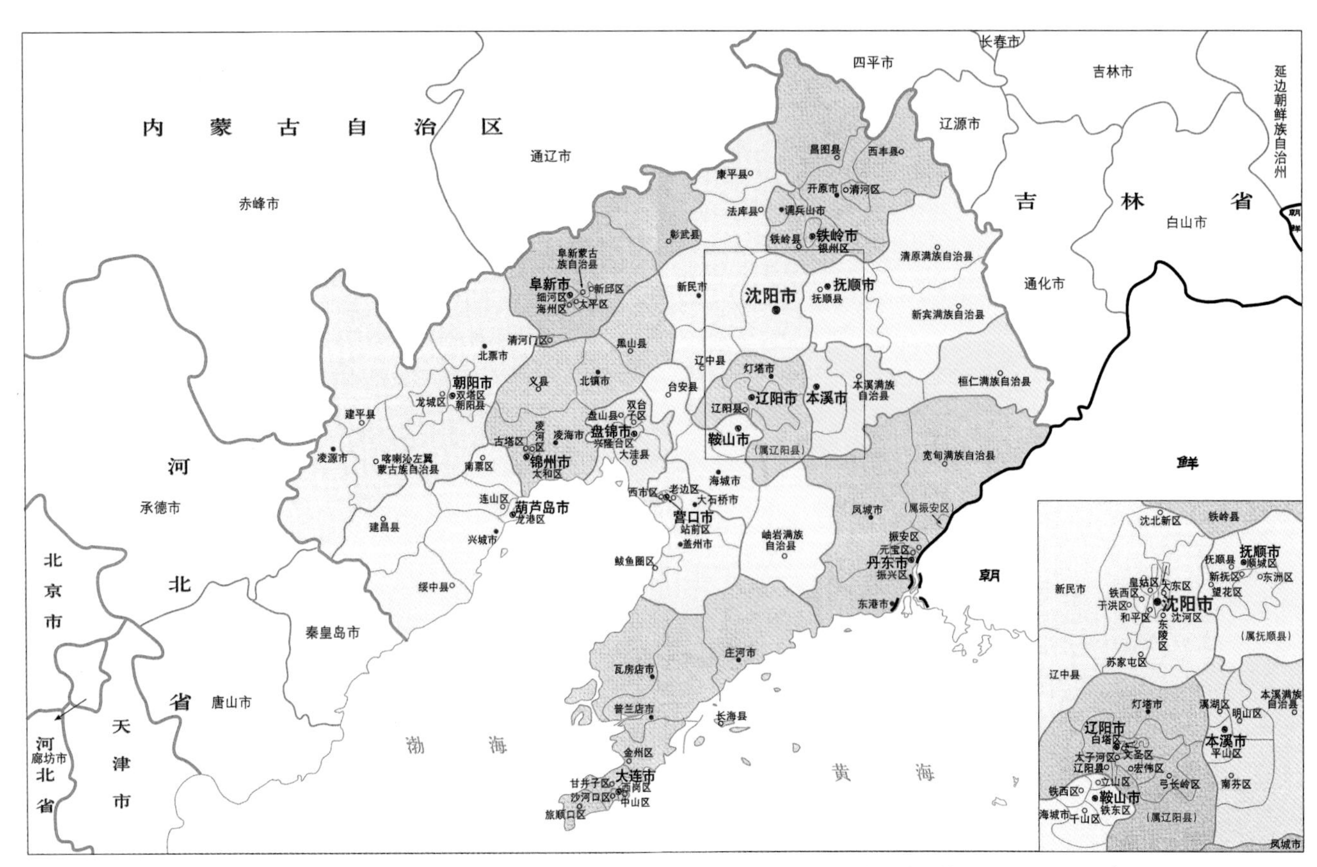

图1-1-1 辽宁省区位图（来源：中华人民共和国民政部编. 中华人民共和国行政区划简册2014. 北京：中国地图出版社，2014.）

冬长夏暖，春秋季短，四季分明。雨量不均，东湿西干。全省阳光辐射年总量在100～200卡/平方厘米之间，年日照时数2100～2600小时。春季大部地区日照不足；夏季前期不足，后期偏多；秋季大部地区偏多；冬季光照明显不足。全年平均气温在7～11℃之间，最高气温零上30℃，极端最高可达40℃以上，最低气温零下30℃。受季风气候影响，各地差异较大，自西南向东北，自平原向山区递减。年平均无霜期130～200天，一般无霜期均在150天以上，由西北向东南逐渐增多。辽宁省是东北地区降水量最多的省份，年降水量在600～1100毫米之间。东部山地丘陵区年降水量在1100毫米以上；西部山地丘陵区与内蒙古高原相连，年降水量在400毫米左右，是全省降水最少的地区；中部平原降水量比较适中，年平均在600毫米左右。

### 三、地形地貌

辽宁全省地貌结构大体为“六山一水三分田”，可划分为辽东山地丘陵、辽西山地丘陵和辽河平原三大部分。晚中生代燕山运动造成本区地貌的基本轮廓。其东北部中低山区，属长白支脉吉林哈达岭和龙岗山脉的延续部分；辽东半岛丘陵区，以千山山脉为骨干，构成半岛的脊梁；辽西丘陵山区属浅至中等切割山地丘陵，是内蒙古高原与辽河平原过渡地带；辽河平原位于渤海洼陷的北部，属长期沉降区，北部为辽北平原区，南部为辽河下游三角洲和冲积平原，河曲丰富，形成人面积沼泽地。

## 第二节 辽宁地域文化与辽河文明

### 一、辽河文化是辽宁地域文化符号

辽宁文化在几个大的历史阶段中，其文化形态与内涵有着比较大的差异。古代辽宁文化，东胡、鲜卑等少数民族的文化成分更多更大，越往后这种民族文化成分越减少；而唐宋以后尤其明清之际，契丹人、女真人、满族、蒙古族的文化元素日益强化，至清代则满族文化处于优越强势地位。如从省内地域差别而言，辽西更多的少数民族文化元素，更为粗犷、豪放、刚毅，而辽东南则有通齐鲁之便利，受其影响更深、更重；更有辽东南的沿江(鸭绿江)通海(黄海、渤海)的优势，因而带有外向性、开放性和海洋性文化的特色。尽管辽宁地域文化在不同的历史时期和不同的地域有一定的差异，但它们有一个共同的特点，即全部处在辽河文化影响的地理空间——辽河流域片区范围内。辽河流域覆盖辽宁省的全部14个地级市。正是在这个意义上，我们将辽宁文化符号称为辽河文化。辽河文化是一个浑然一体的地域文化整体，其渊源属于中原文化谱系，但又有着鲜明的地域特色而区别于中原文化。

辽宁文化植根于这片广阔的土地上与地理环境中，历经从几十万年前的史前文化发展阶段，直至从远古至近代的长时段历史时期的发展。在距今四五十万年前，辽宁就出现了远古人类的足迹；在距今二十八万年前，就萌发了人类早期即旧石器时代的文化，而进入距今五六千年前，更出现了代表中华文化曙光之一的红山文化。辽宁因而成为北方中华文明的发源地之一。进到上古时期，辽宁则成为东北开发最早的地区，标志着古民族文化渐次转化为地域文化。燕据辽河流域，设辽东、辽西二郡，从此汉文化进入辽宁地区也即跨入东北地区。自此，辽宁即在汉族不断迁徙而来、多民族彼此嬗递中开发、前进和发展。此后，历经秦汉、魏晋南北朝、隋唐、辽金元与明清五个历史阶段，接续绵延，创获不断，展现了辉耀史册、遗惠后人、奉献中华历史的文化发展史。在绵延数千年的历史进程中，胡、汉、夷、貊等少数民族，在这片丰厚的大地上，经过共同努力，通过经济、军事、政治、宗教、民俗等多渠道和多层面的交流，达到汇合交融，创造了独特的文化，形成了特有的文化心理性格，显其光彩于东北大地，做独特贡献于中华民族。

## 二、辽河流域的历代移民与地域开发

辽河流域从夏初开始至清末民国初年，历代都有汉人迁入。这些移民在对辽河流域开发过程中，将各地方的建造习俗随之带入，移民和移民线路对辽河流域传统建筑的影响是至关重要的。

夏初，华夏族的一支移居辽西，建立孤竹国。他们是辽河流域的汉族先世。商代，古商人两次大规模进入辽河流域，箕氏族团是其中之一。古燕人也多次北上，“抵辽西地区大凌河流域。”①

公元前280年左右，燕军北上，却东胡、败朝鲜、灭貊国。将辽西、辽东，直至朝鲜半岛北部广大地区均纳入管辖范围之内。此时期，燕人北上主要有两种形式，一种是因为战争，燕国人口以军队形式来到辽河流域。另一种是设置郡县和修建长城，置官设治，屯兵戍守、招纳劳工。战国时期，燕人北上幅度远大于商代箕氏族团北上、周初燕人北进和春秋时期齐人北征。突破了辽宁南部界线，来到其北部，甚至进入吉林省南部。大幅度北上的同时，又努力东徙。公元前227年，燕败于秦，燕王喜和太子丹退守辽东郡（治襄平即今辽阳）。辽河流域华夏族人口突增四万。公元前222年，秦将王贲率大军入东北攻燕，不久，秦统一六国。秦徙“天下富豪”十二万户于咸阳，部分华夏人口从东北回迁。

秦汉至南北朝时期，是辽河流域汉族人口剧增时期。公元前221年，秦统一中国。“秦朝在中国设置四十六个郡，与东北相关的仍然是右北平、辽西、辽东三郡。右北平郡治无终（今河北蓟县），下设县十六……辽西郡治阳乐（今辽宁义县），辽东郡治襄平（今辽宁辽阳），辽西、辽东下设县至少二十九个”。秦代华夏人在东北足迹超过前代，达及今吉林省西北部的鲜卑山和朝鲜半岛南部。

汉朝时，辽河流域汉族移民增加主要有四种形式：一是西汉的自发移民，二是辽东屯田，三是夫余、高句丽的掳掠，四是战乱时期的汉人流民。汉武帝元封三年（公元前108年）平朝鲜，设置乐浪、玄菟、临屯、真番四郡。四郡及郡下各县，有相当大的一部分是汉族人口。汉武帝为了防御匈奴，推行戍边屯田政策始，从朔方至辽东“建塞激，起亭隧，筑外城，设屯戍以守之。” 让兵士在辽东地区既担负守卫疆土的责任，又兼有开荒种地的任务。两汉嬗递之际，中原大乱，但辽河流域相对安定，故汉族人口纷纷前来。建武元年（公元25年），光武帝率兵北上，打击转战在北方的各支农民起义队伍。起义军连续败北，从今渔阳、平州等地散入辽西、辽东。东汉时期，夫余与高句丽称雄东北，在与中央王朝的冲突中，既掠掳了财产，又掠掳了汉族人口。阳嘉元年（公元133年）十二月，汉顺帝复置玄菟郡屯田六部。据考，系在“今辽宁抚顺、沈阳及其西南的浑河两岸。”②除在当地募民外，还从中原移民，于是颇具规模的汉族人口，北上东北，进入玄菟郡。

商周至西汉，辽河流域汉族人口之分布，辽西一直多于辽东。这一情况在东汉时期却发生根本性变化。特别是东汉末，公孙氏割据于此，颇重视经济、文化建设。当中原进入战乱之秋时，青、徐等地的人口纷纷来到这里，于是辽东的汉族人口迅速增加。从汉末黄巾起义暴发到魏晋南北朝时期，中原的战乱始终没能平息，致使中原地区的汉族大量进入辽河流域。进入辽河流域的途径有两种形式，一是为避战乱而主动迁入；二是被辽河流域的少数民族政权所掳掠。进入辽河流域的汉族，其原籍一般为今河北地区与山东地区。

北魏政权建立后，为充实中原的农业人口，又将辽西等地的不少汉人强迁回中原。所以，北魏时期辽河流域的汉族人口没有增加，而发生了两次逆向迁徙，户数和人口有所减少。晋朝汉族向辽河流域的迁移主要也有两种形式：一是汉人流民的投奔，二是强制性和掠夺性迁移。西晋初，慕容鲜

① 中国科学院考古所. 中国的考古发现和研究. 北京：文物出版社，1984.

② 葛剑雄. 中国移民史（第2卷）. 福州：福建人民出版社，1997：185.

卑部日渐强大，每年从昌黎郡（治今辽宁义县）掠夺人口。大批汉族百姓西迁至慕容鲜卑境内。338年后的，数以十万计的人口被集中迁入。经过汉族的充实，辽河流域已不是人烟稀少的地方。晋升平元年（公元357年），慕容由蓟迁往邺，随着前燕疆域的扩张，政治中心逐渐从辽西转向中原，移民迁往新都附近，辽河流域已成为移民输出地，至此，汉人由内地向辽河流域的移民告一段落。

隋代仅于辽宁省西部设柳城（治今辽宁朝阳市）、燕（治今义县）、和辽东（治今新民县东北）三郡，为汉人的主要分布地区，其余的广大地区，均是高丽、契丹、室韦、靺鞨等周边民族的区域。

有关唐代汉人移民辽河流域的资料很少。学者多认为唐代辽河流域的汉人主要分布在今辽宁省。到契丹李尽忠、孙万荣反唐之时，辽河流域的许多州县都侨迁幽州。相当于辽河流域的汉族又发生了回迁现象。唐朝讨平李尽忠、孙万荣的叛乱后，原来侨迁幽州等北方地区的汉民，又重新回到辽河流域。唐玄宗时发生了“安史之乱”，安禄山与史思明从东北的辽宁带走了一批汉族，侯希逸一次带走二万人至青州。经过这次动乱，使东北地区，特别是辽西地区较少有汉族人的足迹。

辽、金时期，契丹族和女真族兴起，东北统一以后，辽不断南下扩张，直到辽宋签订“澶渊之盟”，在此之前长达百年中，遍及河北和河南的北部、中部地区，规模空前的中原汉族人民通过自愿和被迫（多数以被迫为主）两种方式，大批迁入辽的统治地区。1115年，女真族建立金国，天辅六年十二月，金军攻占燕京，次年四月，金代强制性移民从此开始。金灭辽后，挥兵南下，从而将掳掠人口的区域扩大到北宋的广大地区。天会五年（1127年），金灭北宋，天会七年（1129年），金军过长江，江南也成为女真掳掠的地区。金朝迁都，东北不再是金朝的中心，大批辽河流域少数民族开始内迁中原，汉人向辽河流域移民的浪潮基本停止。金代汉人在东北的分布和辽代有很大不同。辽代汉人集中在今辽宁省中部和西部、内蒙古省东南部及吉林省西部，金代则扩展到黑龙江省松花江以南的广大区域。

明朝东北的实际边界局限在辽东地区（图1-2-1）。军人和家属是此时期辽河流域汉族移民的主体，戍守和屯垦成为移民的主要形式。此时期，汉族移民主要有四大来源：一、随辽东镇的逐步建立而迁入的军户移民；二、因获罪被发配充军的谪迁流人；三、自发性移民。从寄籍者的分布来看，辽东半岛南端各地的寄籍人数最多，此即与山东流民泛海而来有关；四、明末，后金政权强大后，对中原进行抢掠，皇太极时期共五次大规模入塞掠夺，总计被俘人口95万人左右。以上四类移民主要分布在辽河中下游的辽东地区，也有少数进入女真族、蒙古族聚居区。

总体来看，辽河流域汉族人口经历了三次剧烈增加期：一、两汉至隋时期是汉族人口最初剧烈增加的时期；二、辽宋金元时期是辽河流域汉族人数第二次急剧增加的时期；三、明朝时期是辽河流域汉族人数第三次急剧增加的时期。正是这三段时期，汉族成为辽河流域的多数民族。

随着满族入主中原，辽河流域成为中原朝廷辖区。清朝东北移民可划分为三个时期：1644～1667年（顺治元年至康熙六年）的招垦期、1668～1859年(康熙七年至咸丰九年)的封禁期、1860～1911年（咸丰十年至宣统三年）的开放期。1644年（顺治元年），清廷入主中原，满族百姓“从龙入关，尽族西迁”，造成辽河流域人口锐减。为重建辽东经济、巩固后方根据地，清廷推出了辽东招民开垦政策。在招垦优厚条件下，“燕陆穷氓闻风踵至”，“担担提篮，或东出榆关，或北渡渤海”，[①]有效地改变了辽河流域的风貌和人口构成。1668年（康熙七年），为保护满族的龙兴之地，清廷废除辽东招垦令，开

① 石方. 清代黑龙江移民探讨. 黑龙江文物丛刊，1984（3）：64.

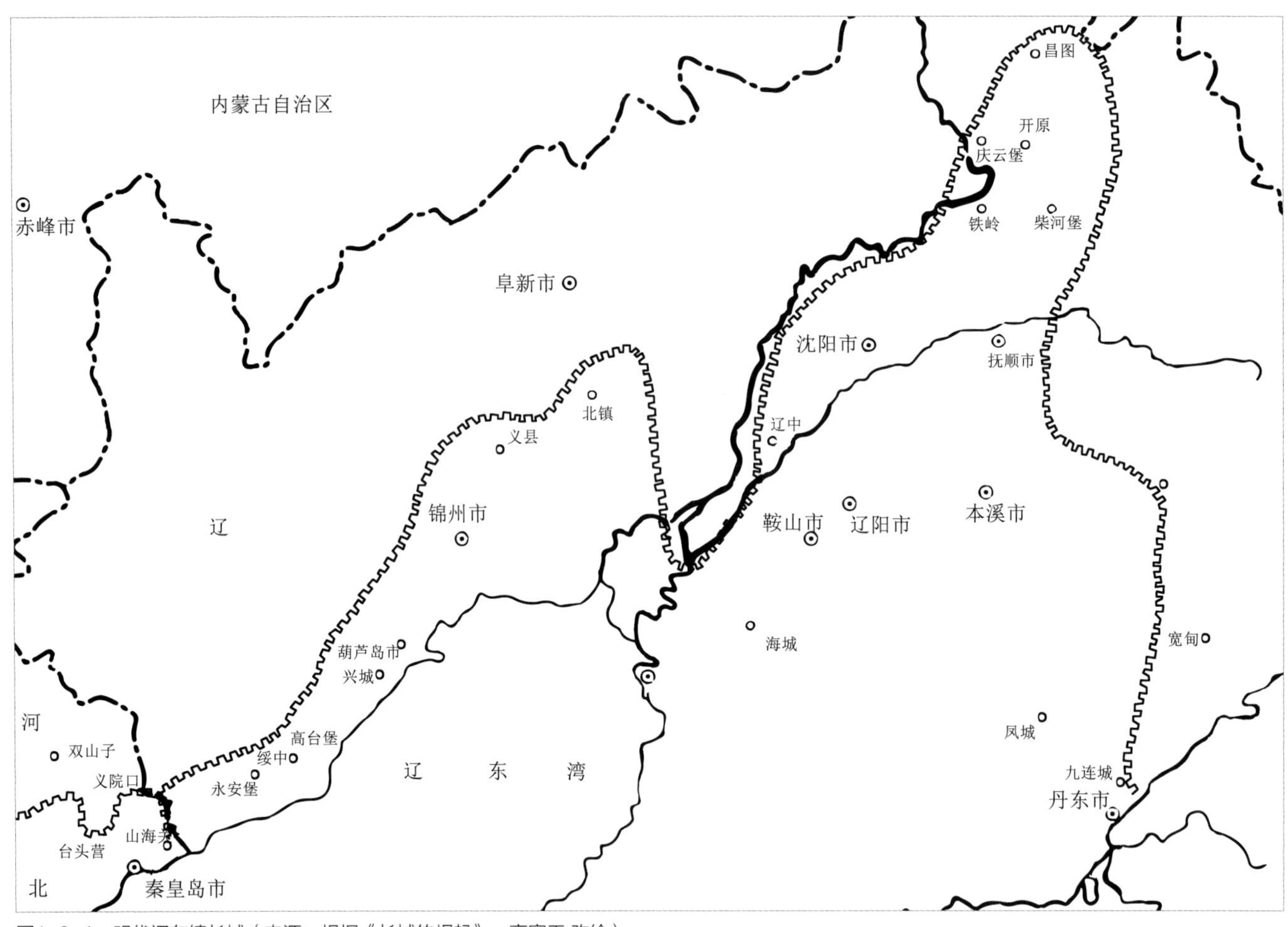

图1-2-1 明代辽东镇长城（来源：根据《长城的崛起》，高赛玉 改绘）

始消极限制汉人移入。“并在清初修筑柳条边（图1-2-2）的基础上，以开原威远堡向东北方向续修到法特哈镇（今吉林省吉林市北法特），长690里，俗称‘新边’。在整个柳条边上，设有21处边门，每门常驻官兵数十人，严防汉族移民进入禁地。”[①]清柳条边在地理上代替了明长城，以柳条边为界，外为蒙古族游牧区和满族渔猎区，禁止汉人进入垦荒。至1740年（乾隆五年），清政府正式发布对东北的封禁令，从陆路和海上全面严禁移民进入。但是，绝对的封禁从没有实行过，迫于生活压力和自然灾害，越来越多的山东和直隶等省农民或泛海偷渡到辽东，或私越长城到辽西。由于他们是闯关进入的，因此被称为“闯关东”。由于清廷对东北的封禁，造成辽河流域人烟稀少，边防空虚，致使沙俄、日本有机可乘。直到咸丰末年，迫于列强压力，将黑龙江大片领土割让给沙俄。清政府才开始转变政策，主动向东北，包括辽河流域移民。

民国时期的移民政策是晚清“移民实边”的继续，但实施力度大大加强，成为人类有史以来最大的人口移动之一。来东北的，多是河北、河南、山东等地的难民。就时间

① 范立君. 近代东北移民与社会变迁1860—1931. 浙江：浙江大学，2005. 16.

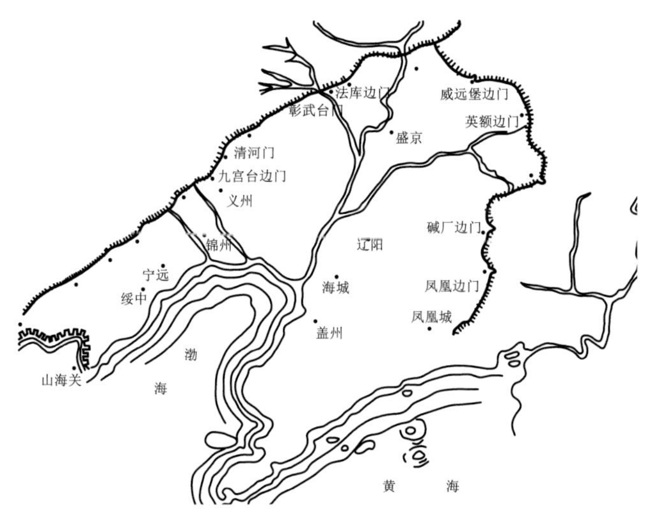


图1-2-2　清柳条边（来源：网络，高赛玉 改绘）

分布而言，关内移民呈初少后多之势。“20世纪初年，每年不过十数万，进入20世纪20年代，达到高潮，每年进入东北的关内移民不下四五十万，1927～1929年更多达百万以上。”[①]就空间分布而言，初呈南多北少之势，移民开始多居住在辽河中下游奉天一带；后逐渐变为北多南少，移民大规模进入吉林、黑龙江两省。民国时期东北移民的迁移路线，仍是遵循历代以来前辈们“闯关”、“泛海”的旧有途径，但是铁路以及机动船只的应用，为移民的迁移提供了方便。“大体上，移民由陆路赴东北可分为三途，即徒步或经北宁路赴东北；由朝阳、凌源及山海关方面，经过锦县徒步前往；由山东各地，经津浦、北宁两路前往。海路赴东北的移民，除少数南方人外，几乎都是山东移民。其中，鲁东之人多经烟台、青岛、龙口赴东北，鲁西之人除陆路循津浦路出天津外，尚有由济南下小清河，经羊角沟而前往者。”[②]陆、海两条路线，每年运送几十万，甚至上百万的移民进入东北。由于山东人是东北移民群的主体，而山东人又习惯于渡海迁移，因此，每年经海路进入东北者较陆路为多。“1923～1929年7年间，由青岛、烟台、龙口、天津等港口起程赴东北者的比例，约占总人数的70%，远远超出经陆路前往者。”[③]究其原因，主要在于山东与辽东半岛一衣带水，顺风扬帆，一夕可至，加上船价低廉，遂成为移民首选。但随着铁路的逐步展筑以及铁路上出台移民乘车优惠政策后，海路迁移者呈逐年递减之势。由于经海路赴辽河流域的人数多，这就决定了在大连、营口、安东等港口登陆的移民也必然居多数。

我国古代辽河流域民族构成，长期以来就模糊不清，至今仍有人认为“汉族一直生活在中原，后来才进入辽河流域”，其实，远非如此。辽河流域土著中本就有华夏族人口，而且中原历朝历代均有向辽河流域移民。但商周至明，辽河流域仍然是少数民族文化占主导地位，少数民族建筑才是当时辽河流域的主要形式。导致辽河流域建筑发生根本性变革，并且最终造就今天辽河流域建筑特色的，还是乾隆以后满俗汉化，特别是清末民初“大移民时代”的直接影响。

## 三、辽河文化的特征

长达几千年的汉人移民活动，尤其是清末民国初年的移民活动，使辽河流域的文化发生了三大巨变：第一，辽河流域人口的民族构成发生了深刻变化。汉族人口在辽河流域占据了绝对的多数。随着汉族主体地位的形成，汉民族的传统文化也占据了辽河流域文化的主导地位。第二，关内汉人移居辽河流域，对该地区的经济开发和文化开发起着至关重要的作用，移民不仅给辽河流域带来了丰富的文化典籍，还带来了关内的先进生产技术，而且也把汉民族的传统文化及生活习俗带入了辽河流域，在文化层面上对辽河流域土著民族也进行了重新塑造。第三，与辽河流域独特地域环境相生的土著文明相比，也一定程度上异化了汉族移民带来的中原文

① 刘举. 三十年代关内移民与东北经济发展的关系. 黑龙江社会科学，2005（1）期.
② 王杉. 浅析民国时期闯关东的时空特征. 民国档案，1999（2）.
③ 何廉. 东三省之内地移民研究. 经济统计，1932（1）.

化，使得辽河流域文化成为兼具本土文化和中原文化特点，但又不完全等同于二者的独特文化。

“移民运动在本质上是一种文化的迁移。”[①]任何文化的移植，都是一个文化杂交嫁接的过程，移民文化不是纯母体文化。在今天来看，辽河流域文化就是一种移民文化，汉族移民所带入的中原文化，并非简单地移植，在汉族移民与辽河流域土著民族二千多年的杂居共处中，尤其是近八百年杂居的相互影响，相互渗透。这种影响具体表现在以下两个方面。其一，汉族移民带来的中原文化在少数民族中传播，逐渐渗透到辽河流域，并同化了以少数民族为主的土著文化。大量的史料和考古挖掘表明，从商周开始，中原的生产方式、政治制度和文化成果就源源不断地被引进到辽河流域，各地方政权也世代以效法中原为时尚，极大地充实和发展了当地的土著文化。辽河流域土著文化不断向中原文化看齐，最终导致土著民族“渐效华风”，整个辽河流域，“无论在语言、宗教信仰、风俗习惯、家族制度、伦理观念、经济行为各方面，都大同小异。”其二，汉族文化与辽河流域土著文化在融合同化的过程中，许多方面表现出了被土著民族文化异化了的痕迹。尽管“东三省移垦社会成员，没有自别于文化母体的意念，”[②]但中原文化并非也随移民而被简单地“复制”，汉族传统文化由于脱离母体和环境的改变，不能不发生异变。移植到东北的中原文化与母体文化逐渐拉开距离，在汉族移民改变东北地区文化面貌的同时，他们自己也在不同程度上被打上了当地固有文明之烙印。在土著的少数民族中，满族文化特色对汉民族传统文化异化的力度最大。辽河流域是满族的发祥地，在这里，满族文化的影响尤为明显。关内的汉人，来到辽河流域以后，往往“再世以后，与满洲人同化矣。”[③]

辽河流域的土著文化存在了几千年，即使某些方面落后于中原文化，也有其适应地域环境的合理性，在一定程度上调试了后来移民带来的中原文化。土著文化的合理性和中原文化的先进性相辅相成，融会贯通，使两种文化在一定程度上都发生变异，从而形成了新型的辽河流域文化，即辽河文化。

辽河文明的历史空间比传统的中华文明史早一千年。这里是对中原文化有极大影响力的地方。在中华民族形成之际，辽河流域就是重要的摇篮。其后在短短的两千年中，这片广袤的土地上，产生并走出了许许多多的民族。他们对中国历史进程发生了重要影响。中国历史的一大半时间是在辽河民族的影响下发展过来的。那么，辽河流域民族的影响体现着什么精神呢？辽河流域民族都是在采集、渔猎、游牧、农耕的社会经济生活中发展起来的。这意味着他们在适应生存环境时，季节分明的气候养成了节奏鲜明的习俗，爱憎分明的性格；他们在获取生存资源时，造就了勇敢、剽悍、刚毅的性格；他们在结交生存伙伴时，豪爽、大方、坦率、热情；他们在追逐生存空间时，流动奔放、拼搏进取。在这种民族精神鼓铸下，产生了辽河文化，它是辽河流域给人类缔造了特定的物质生活和精神生活。辽河文化呈现特点如下：首先，辽河流域的文化具有明显的早发性。还在远古时代，这里的人群就有了图腾崇拜、宗教信仰和祭祀活动。上古时期，这里出现了相当成熟的青铜文化。汉代时期，在辽南一带已经出现了繁荣的农耕文化。其次，辽河流域的文化具有很强的兼容性。在古代，它欢迎各种外来文化的影响，儒、释、道在这里竞相传播。有迹象表明，古代西方基督教在这里也有传播，时称“景教”。广阔的黑土地更以它博大的胸怀，吸引那些因中原的战乱而受苦的人们，给他们提供了良好的生存环境，发挥聪明才智的机会。这里的各民族之间总是你中有我，我中有你。互相学习，互相帮助，互相融入。第三，辽河流域的文化具有很强的独创性。这里生息着的许多民族受气候、地域及民族心理等因素的作用，在社会风俗、建筑艺术、绘画雕塑、歌舞曲艺方面都形成了鲜明的民

---

① 葛剑雄. 中国移民史（第1卷导论）. 福州：福建人民出版社，1997：102.
② 赵中孚. 近世东三省研究论文集. 台北：成文出版社，1999：232.
③ 王树楠. 吴廷燮，金毓黻纂. 奉天通志卷99，礼俗3. 沈阳古旧书店1983年影印版，2280.

族个性，一些群体在学习中原文化的时候，又进行了嫁接和创新，辽国官制中的两面官制度就是政治体制方面的杰出创举。第四，辽河流域的文化具有很强的向心性。几乎每一个辽河流域民族成长壮大以后，都把中原的文化作为自己发展的目标模式，虚心学习，善于学习。他们吸收中原的经济生活、政治制度、文化礼仪、意识形态、教育与科举。最后是把自己汉化，加入中华民族家庭。

## 第三节　辽宁传统建筑发展演变

辽宁所处的辽河流域自古以来就是多民族聚居区，各民族社会发展不平衡是其古史最基本和最显著的特点。一方面其南部一部分地区与中原发展基本同步，但其他大部分地区则明显滞后于中原地区，有的在公元前后开始建立民族政权，有的到公元3、4世纪才脱离原始社会形态。另一方面，辽河流域民族经济类型多样，社会发展道路不尽相同，有的由原始社会经由奴隶社会进入封建社会，有的由原始社会末期直接飞跃到封建社会，加上各民族与中原王朝的距离远近不一，受中原文化影响亦有大小之别，使得辽河流域古代史呈现出复杂多样的局面，为这一地区历史分期带来了诸多困难。根据2002年吉林大学程妮娜教授的《中国边疆史地研究》一文中有关东北历史分期的叙述和建筑的发展情况，将辽河流域建筑的演进历史分成如下六个时期。

### 一、蒙昧至文明开端时期辽宁建筑的起源

从旧石器时代早期到公元前3世纪后期，是辽河流域蒙昧至文明开端时期。

20世纪70~80年代，考古工作者首先在辽宁发现和发掘了营口金牛山洞穴遗址和本溪庙后山洞穴遗址。这两处遗址说明在旧石器时代早期辽宁地区已经有原始人类生活。到了旧石器时代中晚期，原始人类居地几乎遍布整个辽河流域地区。庙后山遗址是迄今为止发现的中国最北的一个旧时期早期文化遗址。这也是辽河流域出现的最早的居住聚落。

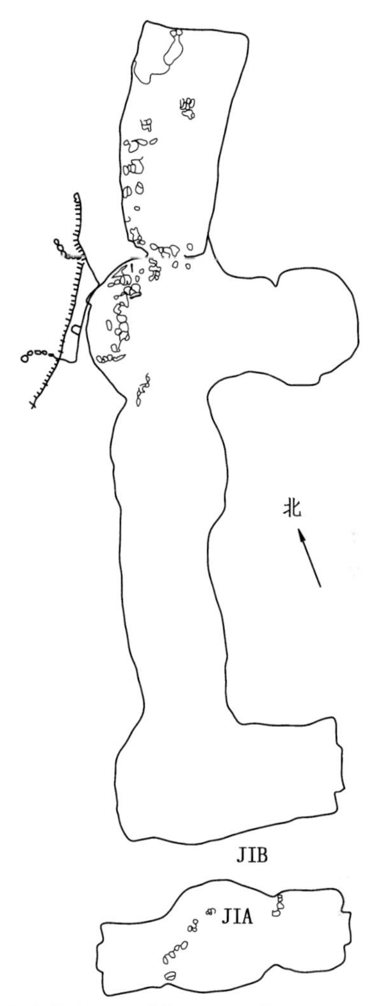

图1-3-1　牛河梁女神庙平面图（来源：根据《新石器时代考古教程》，高赛玉 改绘）

直到距今5000年前左右，辽西地区原始氏族部落的文化发展较快，氏族成员之间出现了明显的等级差别，红山文化东山嘴遗址和牛河梁遗址发现了大型祭坛建筑、女神庙和积石冢，放射出辽西大地上第一道文明曙光。牛河梁女神庙遗址位于辽宁西部凌源、建平交界处，牛河梁主山梁的中心部位。女神庙主体建筑在北，由一主室和若干侧室、前后室组成（图1-3-1）；附属建筑在南，为单室建筑。庙的顶盖和墙体采用木架草筋，内外敷泥，表面压光或施用彩绘。主体建筑已形成有中心、多单元、有变化的殿堂雏形，该处是中国已知最早的神庙遗址。遗址的大型祭坛、女神庙和积石冢

群址的布局和性质与北京的天坛、太庙和十三陵相似。这足以说明5000年前，这里存在着一个具有国家雏形的原始文明社会。它把中国古代史的研究从黄河流域扩大到燕山以北的西辽河流域，并将中华文明史提前了1000多年，对中国上古时代社会发展史、思想史、宗教史、建筑史、美术史的研究也产生了巨大影响。

沈阳市的新乐遗址是新石器时代遗址，是一处原始社会母系氏族公社繁荣时期的村落遗址，其布局与半坡文化很相似。遗址分布面积达17.8万平方米，中心区域2.25万平方米，是辽宁省已发现最早的半地穴式房址。房址平面是不规则圆角长方形。房中间有椭圆形火塘一座。其中“木雕鸟”是沈阳地区出土年代最久的珍贵文物，也是世界上唯一保存最久远的木雕工艺品。

作为辽河流域最早农业文明的夏家店下层文化约在公元前2300年至公元前1600年左右，其间的石城堡是辽河流域最早古城产生的标志。其后，燕秦开拓辽东，设郡筑城，揭开了完全意义上城市兴起的序幕，初步奠定了辽河流域城镇发展的基础。

辽河流域最早的城市是与农业文明的发达、阶级社会与国家机构的产生同时登上历史舞台的。以古石城堡为特点的防御城市应运而生，从而开始了“城郭沟池以为固”的时期。英金河畔的古城，呈石城群状布局，每组石城中必有一两个大的石城，周围有小城围绕，如迟家营子城址。青铜器文化初期西辽河流域黄金河畔的夏家店下层文化中出现石城，规模不大但有防御功能，被考古学术界认定为早期城市的雏形。

西周时期，燕国统辖以盛产海水煮盐业而闻名的辽河流域。燕前期常受东胡骚扰，到燕昭王用人唯贤，打击奴隶制，使燕由弱变强，并战胜东胡，自此燕真正接管了辽河流域的统治权。随后，为防止东胡卷土重来，燕筑长城，在交通要冲之地开边设郡，先后设有辽东郡、辽西郡、右北平郡。在郡治分戍周围建立传统的“城”或“邑”，作为地方军政合一的机构，形成以城邑拱卫郡治的军事防御体系。促进了封建社会生产关系的成长，一些新兴城邑逐步成长为以管理地方农业经济为主的城镇，手工业发达，开始并普遍使用铁具，如铁铲、铁锄等。燕古城城址规模虽不是很大，但使用档次较高的筒瓦、板瓦及纹饰美观的建筑材料。城市布局中已出现具有不同的功能类型结构，城市与农村的对立关系出现。燕昭王为“拒胡”在今沈阳北境营建长城防线并修建“斥候”城（今沈阳市旧城中部偏南，浑河北岸区域）。随着局势安定，驻军多进行屯垦，耕守结合，临境渐成人烟密集的经济开发区，燕筑长城与先进生产关系封建制的确立，既为沈阳地区经济的勃兴带来了机遇，也为沈阳古候城的起源开辟了新的局面。

## 二、秦汉时期辽宁大规模建筑群出现

自秦汉王朝实现了北疆大一统和推行郡县制后，辽河流域步入了城镇稳定发展的新时期。秦和西汉承袭燕国之制，共建有30余座县级城池，初步形成以郡县为中心的城镇体系。此外，葫芦岛市绥中县万家镇的止锚湾海滨的碣石宫经考证为当年秦始皇东临碣石的驻跸之地。其总体布局为长方形，南北长500米，东西宽300米，占地面积15万平方米（图1-3-2）。碣宫建在高大的夯土台基上，是一座规模宏伟的高台建筑。从这里出土了建筑上使用的瓦当和筒瓦，是秦代皇家建筑的专用材料，图案的规范化为国内所罕见（图1-3-3）。两千年前的行宫中的大小居室、排水系统、储备食物的窖井等，均清晰可见。碣石宫中轴线南端正对着姜女石，相距400余米。姜女石即为秦汉时的碣石（门）。碣石宫是利用海滨自然景观，前临一望无际的渤海，海中有昂然耸立的碣石；后靠巍峨连绵的燕山，山上有起伏的长城。以宫殿为主体建筑，止锚湾为左翼阙楼，黑山头为右翼阙楼，衬以瓦子地、周家、金丝屯等众多的附属建筑，呈合抱之势，正对海中碣石（门）形成一处完整壮观的建筑群体。可与始皇陵、阿房宫并列为秦代三大工程。

辽宁的西部地区，西汉初年在匈奴人的控制下。汉武帝时期，多次出兵大破匈奴，迁乌桓于辽宁西部郡县外之地，设护乌桓校尉管理乌桓事务。到东汉初年，乌桓人已逐渐向

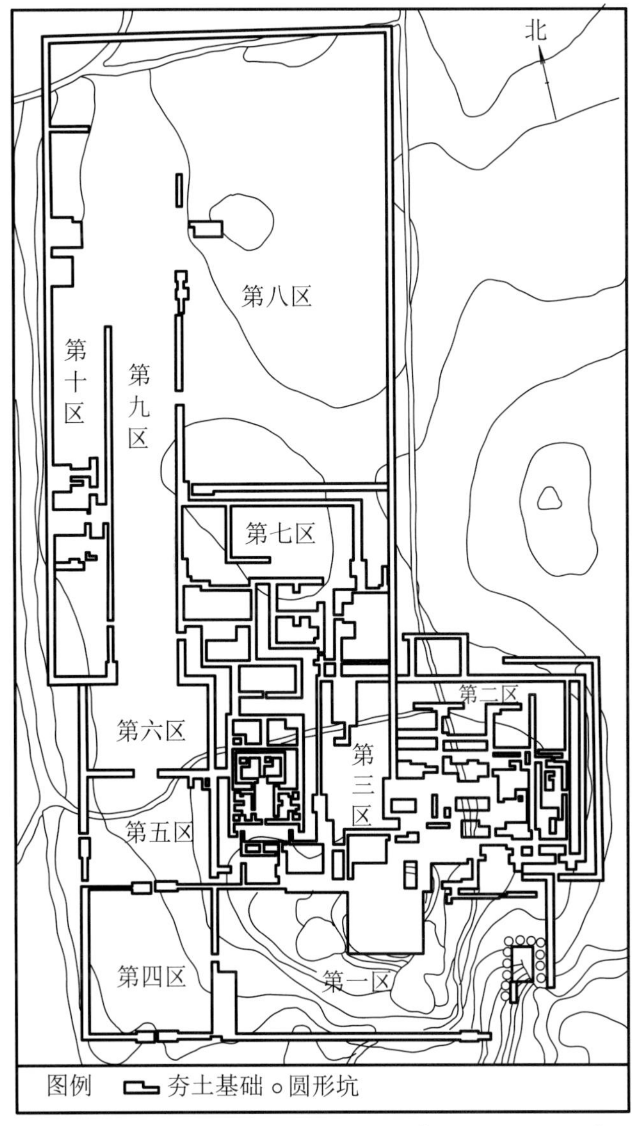


图1-3-2　碣石宫遗址总平面图（来源：根据《中古考古学.秦汉卷》，高赛玉 改绘）

图1-3-3　碣石宫夔纹瓦当图（来源：《最新中国考古大发现：中国最近20年32次考古新发现》）

缘边郡县之内迁徙，东汉末年形成了强大的部落联盟。继乌桓南下之后，鲜卑人也开始逐步南迁。汉章帝年间，北匈奴在汉朝的沉重打击下，大举西迁，鲜卑尽占匈奴故地，为鲜卑的勃兴提供了极好的契机。东汉末年，鲜卑诸部曾一度结成横跨蒙古草原的军事部落大联盟。到十六国时期，东部鲜卑人在辽宁西南部地区建立了前燕、后燕、北燕政权。

位于辽阳三道壕的西汉村落遗址。发现有农家居住址6处，每户占地面积260～660平方米。宅院内房屋、炉灶、土窑、水井、厕所、畜圈、垃圾堆俱全，建筑物以土木和砾石材料为主，宅院间以十几米到二十米的距离错落分布。水井11眼，其中一眼水井用陶制管状井圈18节层层叠落而筑，井深4.5米，这种装置与现代农村的石壁砌井技术基本相同。烧制砖瓦的窑址7座，其数量之多，大概出窑产品不仅是自给自足，或许已经有人从农业生产中分离出来专门从事窑业生产。遗址中发现两段石铺道路，从村中向远方伸延出去，道路上有两条明显的车辙痕迹，这应该是辽宁地区交通史上已知最早的公路了。居民的住房已经有了功能的分区，并且随着经济的发展，建筑的形式和材料都有了很大的改进。

辽河流域汉墓包括汉至曹魏，甚至到西晋的墓葬，是目前发现的数量最多的一类墓室，分布地域涵盖辽宁全境，约有上万座。仅在辽阳自20世纪40年代以来，就发现东汉至曹魏，最晚到西晋的多个大墓群，其中壁画墓近20座，墓葬的地理位置都在汉辽东郡——襄平城郊外。每个大墓群都有几十、几百或上千座墓。辽宁地区的汉墓大部分为封土墓，根据墓室材料又可以分为贝墓、贝石墓、贝砖墓、砖室墓、石板墓等。根据墓葬形制分为单室墓、双室墓、并室墓和三室墓（图1-3-4）。

魏晋南北朝时期，佛教传到辽宁地区，在辽宁出现了最早的佛寺——义县的万佛堂，也是最早的独立的公共建筑。它是辽宁地区年代最早、规模最大的石窟群。分东、西两区，共存16窟430余尊造像。据碑刻记载，西区是北魏大和二十三年（公元499年）平东将军营州刺史元景为皇室祈福开凿的，现存9窟，分上下两层，下层为6大窟，上层为3小窟。东区是北魏景明三年（公元502年）慰喻契丹使韩贞联

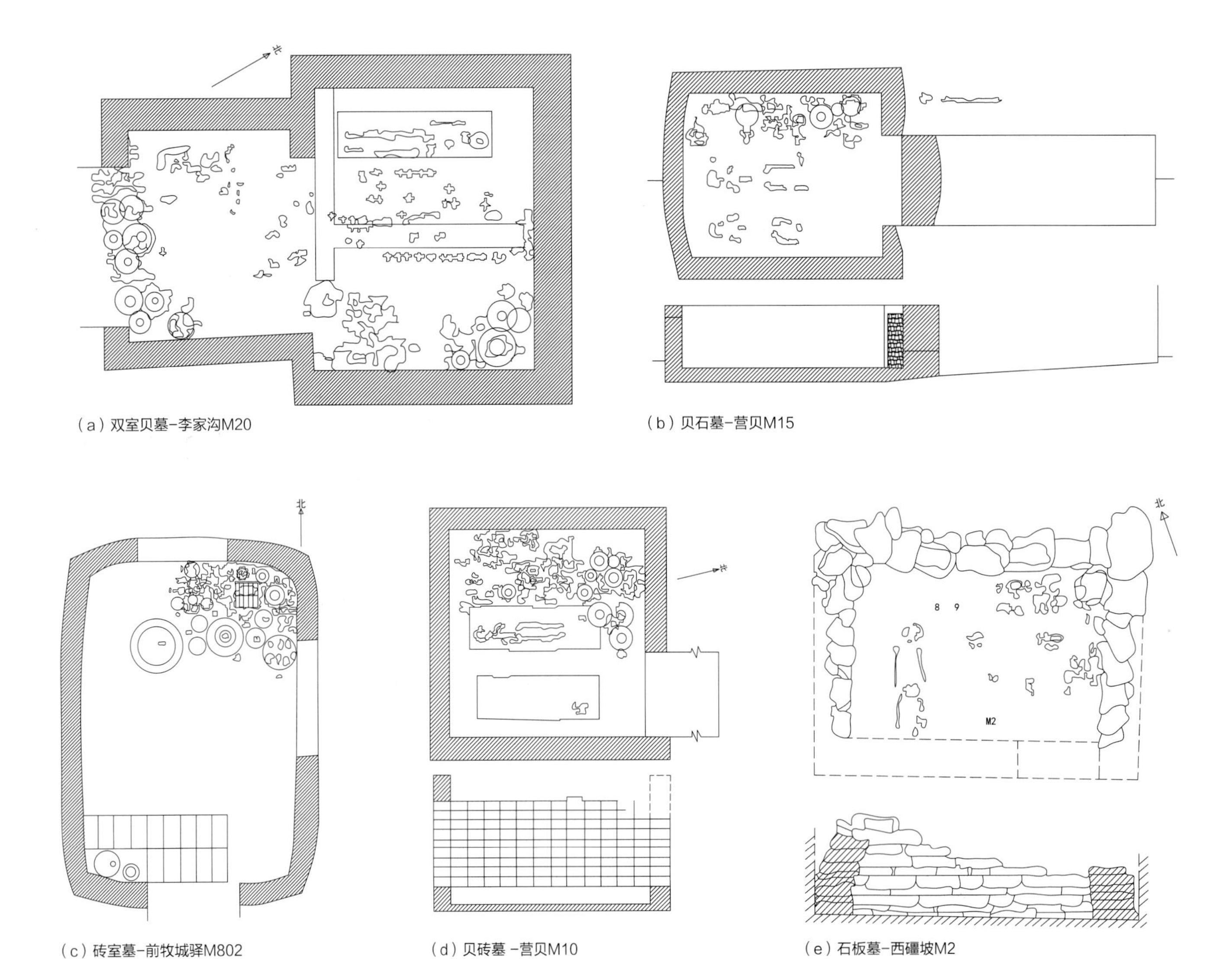


（a）双室贝墓-李家沟M20

（b）贝石墓-营贝M15

（c）砖室墓-前牧城驿M802

（d）贝砖墓 -营贝M10

（e）石板墓-西疃坡M2

图1-3-4 辽宁典型汉墓（来源：根据《辽南地区汉墓》，刘盈 改绘）

络同乡开凿的私窟，现存7窟，因历年久远、造像多已风化无存。其中的韩贞摩崖造像碑刻是研究我国北方民族史及边疆史极为珍贵的实物资料。

公元3世纪初至5世纪中叶曾活动于今辽宁西部大凌河流域的慕容鲜卑族是一个颇值注目的中国北方地区古代少数民族。前燕王在“柳城之北、龙山之西”建都为龙城（图1-3-5），即今辽宁省朝阳市，从342年慕容皝将都城由棘城迁到龙城，到436年北燕被北魏灭亡，中间去掉前秦占据15年，三燕王朝以龙城为都城或留都，前后共计约80年。作为中国古代都城演变史上的重要一环，作为少数民族政权建立的都城，三燕古都龙城在中国古代都城演变过程中占有重要位置。魏晋至隋唐时期是古代都城格局的形成阶段，代表都城布局演变的典型古城有三国时期的曹魏邺城、十六国时期的三燕龙城、南北朝时期的北魏洛阳城，此后传承到唐长安城、明清的北京城。龙城在这一过程中承前启后。

图1-3-5 城门发掘报告（来源：《采铜集》）

## 三、魏晋至隋唐时期辽宁建筑的发展

东汉末年，汉王朝腐败，各地割据势力混战，辽东太守公孙度趁机占有辽河流域，他改革腐败政治，打压豪强，使社会局势比较安定，经济发展极盛，此外中原人的大批进入带来了技术、经验与劳动力，也为经济发展拉动了新的增长点。辽河下游河道宽深，沼泽广阔，水量充足，辽东海运以襄平为中心，开辟与发展了渤海湾内外航线，造船技术和海上运输水平很高。襄平城发展为辽河流域和渤海湾至南航长江流域的一个具有河港、海港双重功能的城市。魏景初三年，曹魏完成了对辽东的统一，襄平港城与中原的政治经济联系进一步加强。

高句丽是我国北方古老民族之一，与扶余同属濊貊系统，高句丽人很早就用牛耕作，农业生产具有较高水平，铁制武器、铠甲闻名，貊弓独具特色，灰砖坚硬，制窑先进，采用密封式窑炉，温火烧制。高句丽山城，多分布在辽东山地丘陵区的山顶或周围是自然盆地的地方，即有山水之险或水陆要冲之处，以中心城邑与其临近的卫城形成相互属连的拱卫体系。它的主体功能除管辖“五部”和“城民”外，军事防御意义更为突出。它是辽河流域城镇文明史上具有独创性的城郭制度，在汉文化建筑技术的影响下，充分利用辽东山地自然特点，创造性地营建了“以山险峭壁为堑”、“以石垒筑为墙”的山城（图1-3-6）。山城建筑造型、结构布局、建筑技术等多方面都体现了中国古典建筑的艺术风格，具有典型的中 国建筑艺术特征。

隋唐统一中原后，由于国力的强盛和“兼包蕃汉”治边政策的推动，出现了统一辽河流域的大好形势。唐王朝派名将李绩和薛仁贵统一了辽河。制定“兼包蕃汉，一视同仁”、“顺其土俗”的治辽方略，使得辽河流域的城镇得以很快恢复和发展。农业方面把中原汉族有经验的农民迁居至此带动农业开发，出台繁荣商业的一系列政策。交通上设置站点，机构的管理与组织初具规模，促进了辽东新兴城镇之间的交通与贸易往来。城镇的生活娱乐方面，唐长安的歌舞文化对营州城、辽州城的影响尤为突出，如颇具特色的营州胡旋舞。此外，工艺、雕塑、建筑工艺方面也取得很大成就。以营州城为代表的辽河流域城镇文化的新成就，奠定了辽东文化物资基础，开创了东北各民族文化兴起的新局面。

## 四、辽金元时期辽宁建筑的演变

辽代是辽河流域获得进一步开发、具有民族政权特色城镇勃兴的重要时期。辽王朝借鉴了中原地区的城镇制度里坊制，兴筑城郭，设官管辖。“三京”即东京、中京、上京，不仅是辽代的政治中心，也是重要经济与文化中心。辽王朝通过以上三京，对辽河流域全境实行道州县机构建置，组成以三京为中心，府州县隶为京道的城镇网络体系，对辽河各族实行有效的管辖（图1-3-7）。

辽金时期是辽河流域建筑的发展时期。唐朝末期，中原地区藩镇割据，战乱频出，很多汉人逃亡，契丹族趁机

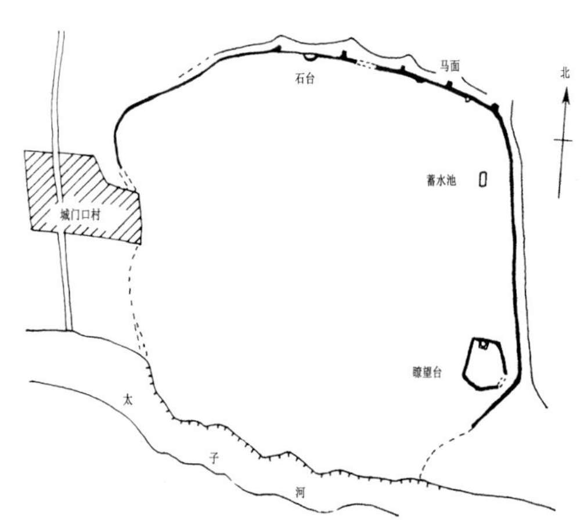


（a）辽阳燕州城山城平面图（来源：根据论文《高句丽山城防御设施研究》，楚家麟 改绘）

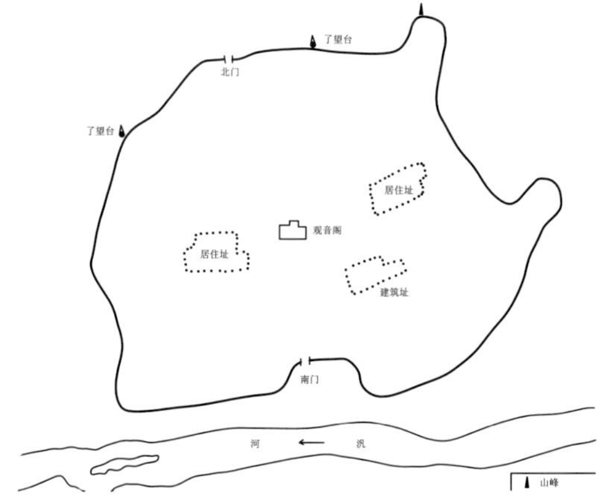


（b）催阵堡山城平面图（来源：根据论文《高句丽山城防御设施研究》，楚家麟 改绘）

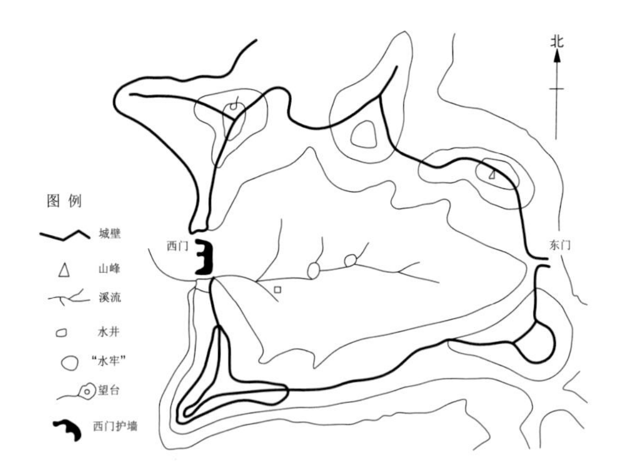


（c）英城子山城平面图（来源：根据论文《高句丽山城防御设施研究》，刘盈 改绘）

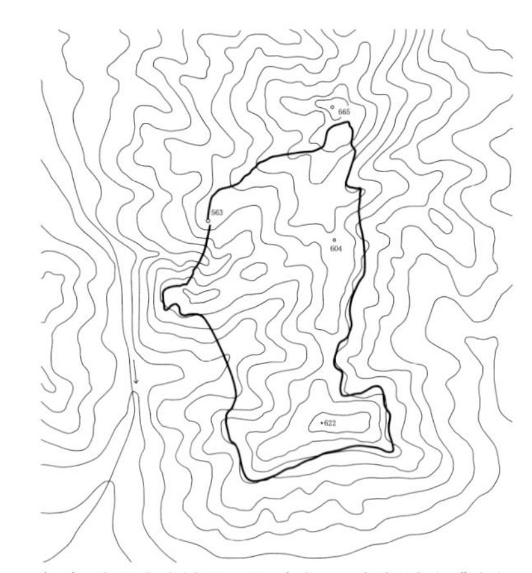

（d）大黑山山城平面图（来源：根据论文《高句丽山城防御设施研究》，楚家麟 改绘）

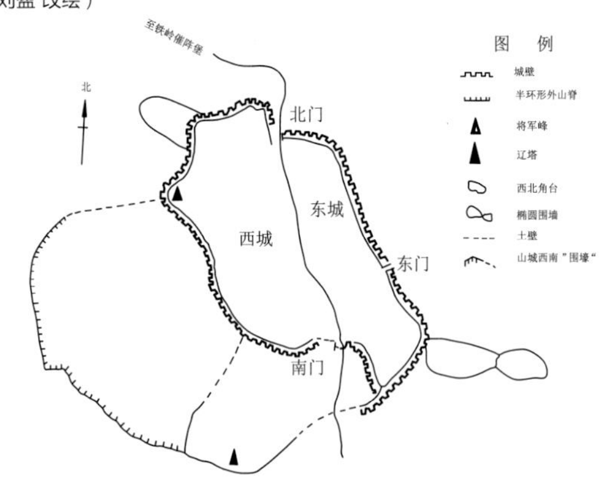


（e）高尔山山城平面图（来源：根据论文《高句丽山城防御设施研究》，楚家麟 改绘）

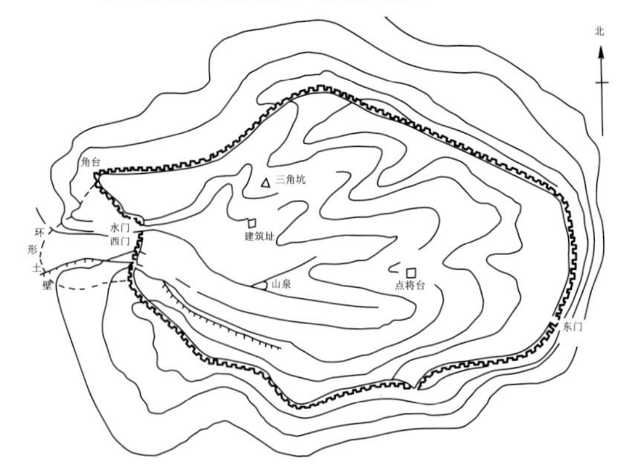


（f）城子山山城平面图（来源：根据论文《高句丽山城防御设施研究》，楚家麟 改绘）

图1-3-6 辽宁境内的高句丽山城图

俘虏人口，使契丹境内的人口增多，被俘虏的人带去了先进的生产技术，大大发展了契丹的经济，开始了大规模的建造房屋和筑造城邑。契丹统治者从建国伊始就对儒学和佛、道二教采取兼容并蓄的态度。辽代佛教由于帝室权贵的支持、施舍，寺院经济特别繁荣。辽圣宗时，经济、文化、军事等方面都发展到鼎盛时期。随着佛教盛行，辽代在兴建城堡的同时，也大建寺院和佛塔。迄今已有近千年历史的锦州奉国寺大殿（图1-3-8）、现存于辽宁境内的几十座辽塔（图1-3-9）就是在这种特定的历史环境下修筑而成的。砖石塔是辽代保存至今数量最多的建筑类型。

金朝建立后，迅速完成了国家政权的封建制变革，以中原制度为主体，兼容女真、契丹等族制度，一元化于中央封建集权制的政治体系之中。金对辽宁地区的开发卓有成效，各民族文化与风俗在一定程度上发生重要变化，契丹、女真

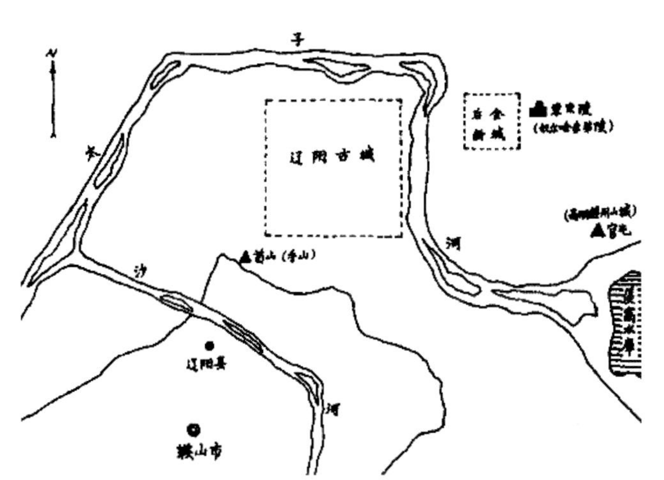


图1-3-7　东京辽阳府地理位置图（来源：《辽代历史与考古》）

图1-3-8　锦州奉国寺大殿（来源：朴玉顺 摄）

统治者皆崇尚儒学，以契丹文、女真文译儒家经典，推行于少数民族社会，渗透于少数民族的观念之中，使以儒家文化为基本特征的中原封建文化在辽河流域得以广泛传播，促进了各民族之间文化相互交流、影响，乃至吸收与交融，在各具特色的民族文化发展的同时，又出现华夷同风的地方文化特色。正是这些背景，使得辽金建筑承继了唐宋时代中原建筑的风格，又具有本地区建筑的技术与形式特点。

元朝对北疆的大统一及其对辽河流域的经济开发是一个重要的承上启下的发展阶段。元代辽河流域融合了蒙古、女真、高句丽、渤海、汉等民族的文化精华，形成了独具特色的思想文化内涵。元朝把“兴学崇儒”作为促进地方安定和加强统治的国策，通过开办学校，各民族文化相互接触碰撞，城镇文化迅速繁荣，程度远超辽金。元代由于一直征战，在辽宁地区的建设几乎处于停滞状态。

## 五、明清时期辽宁建筑的勃兴

明清是封建社会后期的鼎盛时代，也是辽河流域与中原政治经济融为一体的时期。由于辽河流域曾是清王朝的开国立都之地，清定都北京后将辽河文化输入京师，盛京成为清朝的陪都重镇。

经过元代的战乱，到了明代国家建设逐渐恢复，兴建了大小不等的城市，随着建筑功能分类的明确，建筑类型逐渐增多，出现了专门设置的马市，设置了专门饲养和调驯马匹的苑马寺。其他的辅助的建筑，主要就是驿站。明代辽东共设置驿站35个、递运所34处、安塌所18个，及相当数量的驿馆和铺舍。比如今天的复州城当时就设置了3个驿站、4个递运所。同时，这个时期还设置有专门接待不同民族的使客的驿馆，比如在辽阳设的朝鲜馆，就是主要接待朝鲜的使客，夷人馆主要接待野人、海西、建州三部女真人，在广宁设置安夷馆主要负责接待兀良哈三卫蒙古人。可见当时的建筑功能已经有了更明确的分类。建筑技术和建筑艺术都有了长足的进步。

从努尔哈赤十三副铠甲起兵到建立起一个延续了300余年

（a）朝阳北塔

（b）朝阳喀左八棱观塔

（c）开源崇寿寺塔

（d）辽阳白塔

（e）锦州广济寺塔

（f）沈阳无垢净光舍利塔

图1-3-9 辽塔图（来源：沈阳建筑大学建筑研究所 提供）

的大帝国的清朝，在辽宁大地上留下了数量众多、形式多样的古城和古建筑。将中原先进的建造技术和当地的建造做法相结合，使营建技术得到空前的发展和进步。青砖开始大量使用，不仅用在城墙的建造上，也开始大量用于民居建造中。

努尔哈赤在辽阳建造了东京城（图1-3-10），而后又在沈阳兴建盛京城（图1-3-11），盛京城的建设开辟了沈阳作为都城营建的历史，也是沈阳城市建设史上重要的里程碑。努尔哈赤在辽阳东京城建造了宫殿，但现在只留有遗址。但在沈阳建造的宫殿，即今天的沈阳故宫，却成为我国目前仅存的两座宫殿建筑群之一。它以区别于北京故宫的鲜明特色成为塞外皇宫的典范。“关外三陵”分别是清帝的祖陵、努尔哈赤的福陵和皇太极的昭陵，这三陵以其独特的营建思想和布局形态，在明清帝陵中自成体系，独树一帜。各类宗教建筑（喇嘛教建筑、汉传佛教、道教、伊斯兰教等）

也得以快速和广泛的建造。比较著名的如沈阳的“四塔四寺”（图1-3-12～图1-3-14）、实胜寺（图1-3-15～图1-3-17）、慈恩寺（图1-3-18～图1-3-20）、太清宫（图1-3-21～图1-3-23）等。

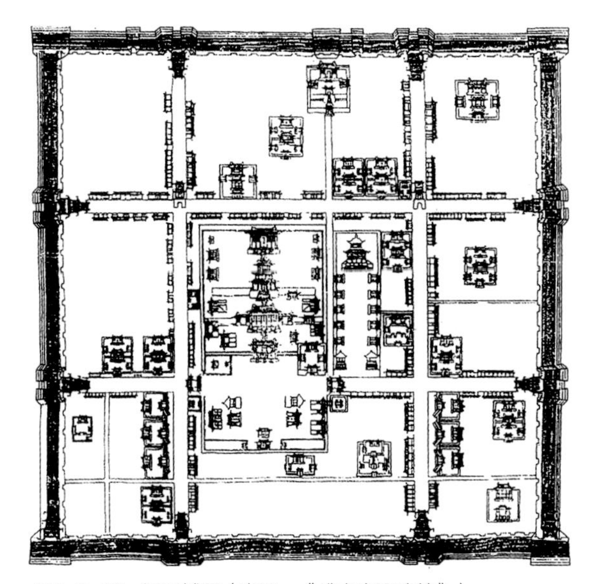
图1-3-10 辽阳城图（来源：《盛京宫殿建筑》）

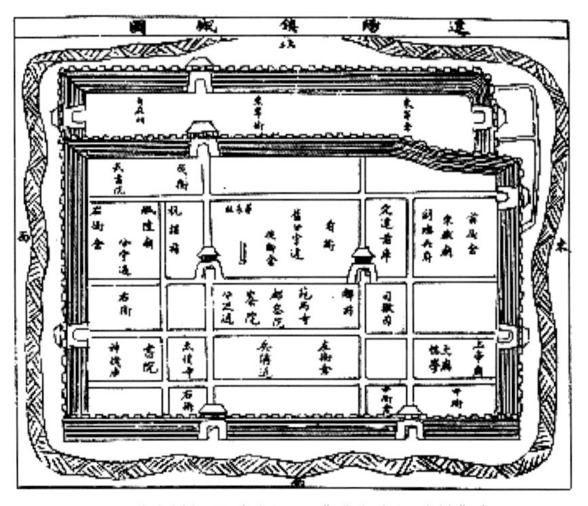
图1-3-11 盛京城阙图（来源：《盛京宫殿建筑》）

图1-3-13 沈阳法轮寺佛塔（来源：朴玉顺 摄）

图1-3-12 沈阳法轮寺大雄宝殿（来源：朴玉顺 摄）

图1-3-14 沈阳法轮寺山门（来源：朴玉顺 摄）

图1-3-15　沈阳实胜寺山门（来源：朴玉顺 摄）

图1-3-16　沈阳实胜寺佛楼（来源：朴玉顺 摄）

图1-3-17　沈阳实胜寺大殿（来源：朴玉顺 摄）

图1-3-18　沈阳慈恩寺大雄宝殿（来源：朴玉顺 摄）

图1-3-19　沈阳慈恩寺钟鼓楼（来源：朴玉顺 摄）

图1-3-20　沈阳慈恩寺天王殿（来源：朴玉顺 摄）

图1-3-21　沈阳太清宫关帝殿（来源：朴玉顺 摄）

图1-3-22　沈阳太清宫玉皇殿（来源：朴玉顺 摄）

图1-3-23　沈阳太清宫老殿（来源：朴玉顺 摄）

## 六、近代时期辽宁传统建筑的嬗变

近代时期，由于外国列强以洋枪洋炮打开中国东北的门户，强制营口开埠，西方文化与现代技术也随之破门而入，并且从根本上动摇了辽宁传统文化的根基，无论是上层建筑还是百姓众生各个层面，西方文化都成为当时社会文化的主流与时尚。在这样的历史背景下，传统建筑开始在建筑空间、建筑材料、建筑技术等方面都开始发生本质的变化，近代建筑开始转型，逐渐完成同西方现代建筑并轨之路。

当然，近代传统建筑的变革不是一蹴而就的，在建筑的近代化的过程中，传统建筑（本土建筑）在不断地变异和持续发展中转型、消亡。在辽宁地区，传统建筑的变革主要发生在各个地区的老城区，并且是以“三角形木屋架”的广泛使用为开端的，然后依次发生在建筑的立面、平面布局以及建筑材料和建筑设备中，最终传统建筑同现代建筑并轨，传统建筑被现代建筑所取代。

### （一）传统建筑的近代化的变革首先发生在建筑的屋顶——“三角形屋架”替代传统“抬梁式”

近代，在辽宁最早的传统建筑的变革是出现在建筑的屋顶，传统的木结构抬梁式屋顶被受力更加合理、取材更方便、更节省的三角形木屋架所取代。传统建筑的施工构造采用的是大材大料，利用施工口诀来保证建筑的安全与坚固，这就限制了施工的速度、增加了施工的难度。伴随着洋风建筑的传入，科学的建筑力学也随之传入，最先解决的是传统建筑中难度系数较大的建筑屋顶的结构形式。三角形最稳定的力学原理得到传统工匠的认可，三角形屋架形式迅速传播，特别是屋顶阁楼的修建，更是将传统建筑的大屋顶利用的淋漓尽致。传统建筑的抬梁式屋顶被三角形木屋架屋顶取代，成为近代建筑科学化的重要标志。

### （二）传统建筑的近代化变革发生在建筑的立面样式

传统建筑的立面由传统的台基、有序列的木柱、较大比例的屋顶组成，在近代，西方建筑文化传入后，西方热烈的巴洛克形式受到老城区百姓的喜欢，短时间内在城区中出现了众多立面装饰，高高耸起的山花，丰富的装饰纹样等具有西式风情的建筑形式。特别此时期出现了较特殊的建筑样式——“洋门脸”建筑样式，即将传统的建筑院落的沿街立面设计成西方的建筑样式，而门内依然是传统的建筑院落。另一种建筑类型为“中华巴洛克”，即在建筑立面中，虽具有西方建筑的立面结构和比例，但装饰的纹样确是传统的代表吉祥的“白菜”“蝙蝠”等中国样式。无论是“洋门脸”，还是“中华巴洛克”都是传统建筑立面在西方建筑文化影响下变革中的过程的一种表现。

### （三）传统建筑的近代化变革发生在建筑的内部空间

传统建筑由于受建筑结构的影响，建筑空间大同小异。往往是一种建筑空间赋予众多种功能类型。在近代，伴随着西洋式建筑进入中国的还有西方的生活方式，单一类型的空间形式逐渐不能满足社会进步过程中的生活需求，于是，电影院、百货商店、电报电话局、体育场、学校等等建筑类型纷纷出现，不同的类型需求不同的建筑空间，无论是建筑的高度、人员的流线、房间的需求都更加的细致、明确，这些不是传统建筑的单一内部空间可以实现的，建筑空间的新需求也促进了传统建筑的近代化变革。

### （四）传统建筑的近代化变革发生在新的建筑材料的自主生产

在辽宁，传统建筑中普遍使用的是青砖，在近代早期，具有西式风格和空间特点的建筑也是由传统建筑材料青砖修筑的，但到20世纪20年代，随着民族工业的兴盛，西方新式建筑材料——红砖实现自主生产，机器化的、高效、高产的红砖迅速取代了需要人工烧制的青砖，传统建筑材料逐渐退出了近代建筑市场。

### （五）传统建筑的近代化变革发生在建筑的新设备

传统建筑的建筑设备缺乏，没有上下水、没有室内卫生间，辽宁地域气候决定的传统的取暖设施又存在污染室内空气，工作量繁重等缺点。随着西方抽水马桶、电灯、暖炉、瓦斯等先进的建筑设备的传入，这些能够创造更加舒适、干净、方便的物理环境的新设备很快受到人们的认可和喜欢，因此创造了一种全新的生活方式。

近代，当西方文化的传入，传统建筑开始遇到无法满足社会新功能、新需求以及快速发展的城市建设的矛盾，这必然要引起传统建筑的变革，当西方先进的建筑材料、建筑结构、建筑设备逐渐传入，并完成快速运输与自主生产后，传统建筑开始出现本质上的变革，逐渐地被取代，被更替，这在历史发展过程中也是一种必然。

随着辽河流域的开发和城市建设，除了普通百姓的住宅被大量兴建外，王府、官员的府邸以及有钱商人、地主的住宅也开始大量出现，这些住宅规模大，建造水平高，是那个时期民居建造水平的代表。

## 第四节 辽宁传统建筑文化特征总结

辽宁全境处在辽河流域。从地貌特征看，辽河流域山地占35.7%、丘陵占23.5%、平原占34.5%、沙丘占6.3%，山不高，高程50～2000米；辽河中游东侧大部为山区，坡度大，西侧地区大部为丘陵地带，下游为冲积平原；从气候特征上看，辽河流域属温带季风气候，气温的分布，平原较高，山地较低，年平均约在4～9摄氏度间，自南向北递减，每一纬度约差0.8摄氏度，全年气温1月份最低，平均在－18～－9摄氏度间，绝对最低温度，各地都在-30摄氏度以下，7月份温度最高，平均在21～28摄氏度之间，绝对最高温度在37～43摄氏度之间。从降水量看，辽河流域年降水量约为350～1000毫米，山地多于平原，从东南向西北递减。暴雨占全年降水量比重很大，暴雨在流域内分布与年降雨量一致，自东南向西北减少。辽河干流以东的太子河上游山地，离黄海较近，多年平均年降水量达900毫米左右。往西北因受长白山脉西南延续部分千山山脉的阻隔，年降水量逐渐减少。到本溪、抚顺一带年降水量为800毫米左右，到沈阳、铁岭一带为700毫米左右，中部法库、新民和盘山一带减少至600毫米左右，多风沙的西辽河上游年降水量减少到350～400毫米。可见辽河流域年降水量区域变率很大，东部约为西部的2.5倍，比东北其他流域大得多。由于气候影响，辽河流域内洪水频繁，平均每隔7～8年发生一次较大的洪水，一般的洪水，平均2～3年即发生一次。

在这样特殊的地理环境和气候条件下，生活在辽河流域的原住居民——北方少数民族以渔猎、采集、游牧为主要的生产方式，随着历代中原移民的迁入，农耕成为与北方少数民族传统生产方式并重的生产方式。明清以后，随着中原移民的大量迁入，辽河的改道和干涸，农耕即成为辽河流域主要的生产方式。

此外，辽河在整个古代社会一直是沟通东北与中原的重要水道。其水上大规模航运早在魏晋之际就频有发生，辽金元以后，史载辽河运输已屡见不鲜。到明代，中央及盐引商人等为辽东驻军输送粮饷等军需以及辽东往关内回运军士遗骸等，亦均以海河联运来实现。清以前，往来辽河的船只绝大多数是为着救济东北军民而来，且往往是受着政府之命的不得已之举；清以后，东北移民逐渐增多，东北大地得到渐深渐广的持续开发，使之有能力做了一个相当漂亮的转身——由仰食于内地，转而互补于内地；由单向输入，转而为双向对流。这一具有划时代意义的逆转事件，使源自民间的、纯粹出于商业目的的辽河航事，受到了客观条件的积极支持与鼓励，从而取得了亘古未有的长足进展。辽河鉴于东北地区水道寡淡，直通大海的河道又更为有限，深阔的辽河也就成了运输主线。至迟在咸丰七年（1857年），辽河航道已为清廷所知，是年秋七月，咸丰帝曾谕军机大臣等，看能否以“辽河一道”输运吉林所属地方的“甚贱”粮谷。到咸丰九年（1859年）九月，咸丰帝已在谋求辽河“船规”了：“朕闻奉天没沟营（今营口）、田庄台等处，为商贾辐辏之地，船只来往，向有规费。著玉明、倭仁、景霖察看情形，将没沟营、田庄台船规酌量归公……”辽河航运的巅峰期大致在乾隆初期至光绪晚期（1775～1900年）之间，此后则日益衰落，其基本终结是20世纪50年代的事。

辽河流域是中国水资源贫乏地区之一，特别是中下游地区，水资源短缺更为严重。由于大量人为因素，辽河已成为中国江河中污染最重的河流之一，辽河水无法存活生物，无法用于灌溉，更无法供人畜饮用。截至2007年底，中国内河航道的通航总里程为13.3万公里，居世界第一，这样的成绩内已无辽河半寸贡献。不过辽河确曾以“黄金水道”的身份，为东北大地的繁荣昌盛作出了历史性的卓绝贡献。

辽河流域独特的地形地貌和气候特征，催生了这个地区的原住居民——北方少数民族产生了以渔猎、采集和游牧为主的生产方式。宽阔的河道催生了辽河航运的出现，河海联运带来了中原移民、先进的技术以及农耕的生产方式、商业和贸易。辽河流域地广人稀的生存环境，多民族混居、杂居的生活状态，这个地区对外来文化有着极大的包容性，其态度是积极学习，但同时又很好地结合本地自然环境和本民族的生活、生产方式和审美标准进行了大胆创新。

## 一、对中原文化积极学习与大胆创新

向心性是辽河流域文化的重要特点之一，粗犷豪放的北方少数民族对于外来文化很少排斥，相反，随着历代中原移民所带来的先进的建筑营造技术对于本地民族有着极大的吸引力，他们一方面努力学习，同时又结合辽河流域的自然环境特点进行了大胆的创新。

### （一）学习并实践着中原环境选择观念

北方的各民族历朝历代在选址和布局上，都在学习和实践着中原的指导思想。从现存的实例看，尽管早期极力地学习和效仿中原环境选择理想模式，但在实际应用中，有很多不完善的地方，以至于到清中后期不得不进行环境的修补。而乾隆之后，在满俗汉化等一系列思想观点的引导下，城市或村落乃至建筑的选址和布局基本与中原的范式无二了。如清初满人为了更好地统治这个历史悠久的庞大帝国，努尔哈赤与皇太极时代都大量地吸收汉族士大夫为他们服务，同时也竭力学习汉民族的传统文化如伦理道德、典章制度等等。明万历三十一年（1603年）努尔哈赤在建造自己都城——赫图阿拉城时，就请求朝廷差派专门人士“相地而筑”。此外，在对陵寝的体制和建筑规划上也开始模仿、参照明陵体制，汉民族的环境选择理念也就开始影响着其陵寝的选址。清昭陵和清福陵都是满族人受中原环境选择观的影响而建造的陵寝。负阴抱阳，背山面水，是中原传统环境选择观念中宅、村、镇基址选择的基本原则和基本格局，这种实用的、以抵御野兽、异族、气候等的侵害，还有技术的、美学的、经济的择址理念也是指导辽宁各民族传统的居住环境的主要思想，桓仁镇八卦城的选址和布局就是效仿中原的典型实例。

## （二）建筑群空间布局大量采用平行轴线和偏移轴线的形式

辽宁传统建筑群的类型很多，有宫殿、陵墓、寺观祠庙及民居与宅第等，不同功能类型的建筑群在对中原建筑群空间布局形制的继承与发展也各具特色。比如辽宁传统建筑群布局虽然采用中原传统建筑群布局中轴线关系，但并不强调纵深方向，经常出现由多条轴线控制的建筑群，每条轴线控制一个独立的建筑群单元；这些轴线通常并列而置，又相互协调成为统一整体；典型实例如沈阳故宫总体布局由东路、中路和西路三个部分组成，每一部分又承载着各自功能，各路空间构成规律自成一体。在辽宁境内，传统建筑中轴线偏移的情况则较为多见，坐落于山野的小型寺庙道观与城镇宅第坛庙，由于场地及使用要求的综合限制，其轴线通常发生相应的偏转，如丹东大孤山建筑群（下庙）等。

## （三）传承中原与适度调试的构架体系

清乾隆之前，辽河流域建筑的营建，主要表现出本地少数民族营建理念，中原文化只是实现其目的的有效手段。两种文化的这种融合关系，在乾隆之前辽河流域历朝历代的传统建筑上有着明显的体现。其中，建筑的构架组合上更有突出的体现，如：沈阳故宫大政殿，与通常宫殿中以小木作为主构成皇帝宝位“堂陛”的做法不同的是，大政殿采用的是大木作与小木作相结合的做法，这成为沈阳故宫的一大创造。

由于乾隆皇帝的倡导和社会发展的必然，中原汉文化逐渐成为举国上下的主导文化，与此同时，大量的关内移民开始流向辽宁，辽宁各地各民族急速向汉文化融合，到清朝的中晚期，少数民族和汉族之间的差异越来越小，作为文化载体的建筑，也呈现出以中原汉文化为核心营造理念，在局部体现本土文化特色。具体表现在建筑构架做法上的特点，如无论官式建筑还是民间普遍使用硬山建筑屋架，沿用北方传统建筑的结构体系——无论是正身梁架，还是排山梁架都采用了基本的抬梁式的构架组合方式，在风沙较大的辽西地区普遍采用囤顶式构架等。

## （四）与中原相似又不同的建筑造型与立面构图

辽宁地区古建筑的建筑形式归结起来不外乎我们所常见到的庑殿、歇山、悬山、硬山、攒尖几种基本形式，均是中原传统建筑的基本形式。但无论是皇家建筑还是民间建筑均以硬山为主，甚至皇宫中的金銮宝殿和寝宫均采用硬山式。

立面构图仍采用三段式——台基、屋身和屋顶。对于各部分之间的比例以及各部分的细部做法民间建筑多种多样、各不相同。官式建筑与中原官式建筑的做法也有所不同，比如屋面的举折明显较中原的平缓，建筑高度也比中原的低矮等。

比较特别的是，辽宁地区清初传统建筑都采用了外加一圈周围廊的形式，而且屋顶都是采用了看似歇山，实为硬山加砌一圈披檐的作法。这种歇山没做收山处理，其歇山山面是从原来硬山山墙直接升起而成的。满族传统建筑大都采用硬山形式，这种长期实践中形成的审美观使得满族人即便是在皇宫建筑中也大量使用硬山屋顶。满族原本无歇山屋顶形式，在受到汉文化的不断影响下开始出现，但对于歇山的构造做法尤其是收山做法不得要领，只是在硬山的基础上，另出外廊柱，在外墙柱和新加的外廊柱上架设戗脊，这种“外廊歇山”在建筑立面上的表现为：歇山顶的三角形山墙面与下面的外墙上下相对，一看便知是由硬山发展而来的，这种简化了的歇山做法也是有一定科学性和创造性，它也成为我们鉴别建筑年代的一个重要标志。此种做法并非只此一处，沈阳太清宫的关帝殿，清福陵的隆恩殿，北陵的配殿等均与其相类似。可以说，这种“外廊歇山”是满族人引入汉族礼制观念中的一个重要标志。由于“外廊歇山”源于硬山，因而它也表现出了硬山建筑所具有的一些特点，如三段式的立面，屋顶本身无升起且屋架较大，与墙身成近1:1的比例，除稍间外各开间尺度均相同，前檐墙中仅窗台墙及两尽间使用砖墙，其他的面积主要被门窗占用，通过木装修隔挡内外空间，前立面虚实对比非常强烈，而其余几个立面开窗较少，大部分满砌砖墙等。

### （五）建筑模数的创造性运用

沿用中原传统建筑基本模数和扩大模数的设计方法。辽宁地区传统建筑，明清时期的建筑仍沿用有斗拱建筑以斗口为基本模数，辽金时期则采用以材为基本模数，无斗拱建筑以檐柱径为基本模数的用材制度。并且承袭着以檐柱高为扩大模数的设计方法，而且比较准确地掌握和运用了这一规律。由于辽宁地区从地理位置上远离中原，自古以来就是北方少数民族繁衍生息的地方，因此该地区有着独特的地域文化和民族文化，特别到了明末清初，随着满族在辽东的崛起，满族文化日益上升为该地区的主导文化。在该时期的建筑上，则表现出具有鲜明的地域特点，较之中原的官式建筑有更多的创造性和灵活性。如沈阳故宫的大政殿的柱径均小于清式一般做法的1.3～1.1斗口，其柱高与柱径的比值则比清式一般做法大，那么在满足相同荷载的情况下，该建筑则更加节省材料；再如没有用桃尖梁和随梁，趴梁的截面尺寸较小，其高、厚仅为清式一般做法的一半略强，但趴梁的高厚比为1.35，大于清式一般做法的 1.25，同样其承椽枋的高厚比为 2，也大于清式一般做法的 1.25。从力学角度看，这种用材的方式较清中后期的做法更加科学合理。

### （六）借鉴中原与大胆创新的装饰题材

辽宁传统建筑装饰造型、装饰题材主要来源于中原汉族、满族、藏族及蒙古的图案纹饰，并经过一定的艺术加工，使之符合以满族为代表的北方民族的喜好和审美特性，具有浓郁的时代特性，比如龙纹的原始生动，狮子憨态可掬、狗和羊登上了大雅之堂、稻谷成为和玺彩画的构图内容，梵文作为艺术图案随处可见。从辽宁传统建筑的装饰纹样中，我们可以看到以满族为代表的本土文化对外来文化及其纹样的逐渐的融合、吸收到接纳的过程。早期装饰纹样的特点明显反映了清早期满族人的宗教信仰、民族意识和审美观念，而到了清后期已经明显汉化，汉族纹饰得到了广泛的运用。

## 二、巧妙利用和充分尊重辽河流域自然环境特点

### （一）择山筑城、依山就势与居高建屋

在北方少数民族独特居住环境选择理念和中原建筑选址与布局理念的共同影响下，辽宁传统建筑在选址和布局上，有着区别由于其他地区的明显特征。首先，无论城市还是村落，抑或建筑群的选址和布局，明显体现了北方少数民族的生产、生活方式和战争频繁的时代特点。比如，城或村落多建在山顶或半山腰，城墙依山就势砌筑，城中建筑根据实际地形灵活布局，特别是早期，不过分强调轴线。重要的建筑一定建在基地的最高处，这种“居高建屋”的习惯一直延续到从山上进入到平原地区以后，重要建筑通过建在人工夯筑的高台上，来体现“居高为尊”的思想。

### （二）对内开敞、对外封闭的院落

辽河流域传统建筑的院落是中国各地民居中最为宽敞的，占地面积普遍较大，房屋在庭院中布置得比较松散，正房与厢房之间的间距较宽。就民居而言，北京四合院宽深比接近1:1，越往南院子比例越长，而辽宁地区传统民居大部分院落的宽深比在1.2～1.9之间不等，可以很明显地看出其院落空间的开阔。这是因为该地区冬季太阳高度角低，建筑间拉开较大的间距形成宽敞的院落布局，能够为院落及住宅内部空间争取更多日照。同时，在辽宁地区围合院落的元素不仅有院墙，还有建筑，而且院墙和建筑是分离的，形成对院

落的双重围合，以利于有效抵御寒风。为了保证厢房不遮挡正房的南向采光，两厢之距离很大，正房两侧无耳房，正房山墙与厢房山墙之间形成空地。

## （三）建筑形体尺度——“高高的、矮矮的、宽宽的、窄窄的”

辽宁地区冬季长达6～8个月，最低温度可达零下30多度甚至更低。辽宁传统建筑的单体大都矮小紧凑，形体规整，平面一般是三间、五间或七间的矩形平面，朝向基本上是正南正北，大都采用硬山的屋顶形式。在辽宁地区民间建房有这样一个口诀：“高高的、矮矮的、宽宽的、窄窄的”，这几句话概括了该地区建筑形体科学合理的尺度关系。

### 1.“高高的”

高高的，一是指地势要高，二是指房屋的台基要高。辽宁地区的建筑一般都做浅基础。垫高台基有以下好处：首先，隔绝潮湿，保持地面的干燥；其次，防止冬季冻土龟裂破坏房屋地面；再次，冬季雪大，积雪太深，抬高台基有利于防积雪，保护室内地面；最后，抬高正房标高，使正房获得更多的光线、良好的通风和视野。

### 2.“矮矮的”

矮矮的，是指举架，是指房屋室内的净高要适量低些，以提高室内的热舒适度。除了减小举高，一般还在室内再做有天棚，使得屋架与天棚之间成为独立的空气间层以阻隔冷空气的影响，这样进一步降低了室内的高度，更加有利于保温。

### 3.“宽宽的”

宽宽的，是指南窗要宽大。这样室内光线好，且北墙不潮湿。辽宁地区的传统建筑，除了特殊功能要求外，一般采用“三封一敞”，即东西北三面为实墙，南面为大面积门窗，既有利于冬季吸纳更多阳光，保证室内温暖，也是夏季通风，保证室内凉爽的需要。还有少数人家开北窗，以便使通风舒畅，秋季以后则封窗缝。南向窗户尽量开敞，北向尽量不开或少开，一个突出“纳”，一个突出“防”，都是针对北方气候做出的适当处理。

### 4.“窄窄的”

窄窄的，是指房屋的进深小。为了防寒冷、保温和采光纳阳，采用较小的进深。这样做有四点好处：对结构有利；可省材料；有利于居室的防寒保温；有利于阳光尽可能地照射到房屋深处，使得房屋明亮温暖，保持北墙干燥。

## （四）厨房作为室内外冷暖空气的交换和缓冲空间

不仅辽宁地区，整个辽河流域的居住建筑均采用以下的布局，即在入口处的堂屋不是布置客厅，而是以灶间作为隔绝室外冷空气的过渡空间。这种做法也被活用到寺院建筑之中。一些寺院大殿前面常建有“抱厅”，这种只有屋顶和柱廊的空间既可以有效地阻隔风雪的影响，又可以最大程度地丰富建筑空间层次。沿北墙常分隔出“倒闸”空间，以保证居室防寒保温条件的同时可用于贮藏等次要功能；堂屋灶间与其他房间之间用实墙分隔，利于保温。在辽宁，无论是皇家建筑还是民居在室内空间缓冲层设置上的布置没有根本区别。只是作为皇宫建筑，因使用的对象不同，建筑规格比普通民居空间尺度更大，修建得更加堂皇而已。

## （五）火炕作为室内布局的核心

无论是早期的半地穴式建筑，还是后期的地面建筑，无论是民居，还是帝王上朝的宫殿，形式独特的火炕成为辽宁各族各地建筑中主要的取暖设施，也成为寒冷地区建筑的特色室内空间。比如，火炕在沈阳故宫建筑中的设置十分普遍，除了用于储藏的建筑之外，经常使用的主要建筑几乎都设有火炕。用于寝居的建筑——清宁宫等五座寝宫以及奴役们的值房都有火炕或火地；议政和候朝的建筑如十王亭、大清门和左右翊门也有炕的存在。火炕所占室内面积占室内空间的三分之一以上，这更能突显出火炕在室内空间中充当了甚为重要的角色。炕在北方民居的室内占据如此大的面积，一方面，出于防寒的目的，炕面的面积决定了室内散热面积的大小；另一方面，炕的设置是为了适应夜晚寝睡的需要。特别是越是寒冷地区，炕所占室内面积越大，这也是为什么在辽宁传统建筑中会出现“万字炕”和“南北炕”的室内独特格局。炕除了具备散热设施的主要功能之外，在漫长而寒冷的冬季，辽宁各地的居民多数的室内活动都是在炕上的空间进行的，大面积的炕面空间也为这些活动提供了条件，炕面空间充当了多功能活动空间的角色。因此决定了日常行为围绕“炕”进行，炕面空间是“寝卧空间”，是“起居空间”，是“用餐空间”，甚至也是“办公空间”，火炕空间成了室内活动的核心场所。久而久之，因气候条件和经济条件形成的居住文化和行为模式促成了具有寒冷地区民居特色的炕居文化，建筑室内空间的格局也成了辽宁各民族居住行为和生活习俗的一种固化的反映。

## （六）厚重封闭的墙体和屋顶

为了御寒，这个地区传统建筑把围护结构的防寒及内部取暖问题放在重要地位，所以外墙和屋面均比较厚重。对于一般民居，为了抵御冬季寒冷的西北风，北墙最厚，厚度在450～500毫米左右；南墙其次，其厚度在400～420毫米左右；山墙再次，厚度一般在370～380毫米左右，也有的山墙与北墙厚度相同。同样为了防寒，在望板上通常做80～150毫米的草泥保温层，其上在铺瓦、苫草或抹泥。对于宫殿等官式建筑，墙体的厚度比普通民居还要大，比如，沈阳故宫大清门的前槛墙(厚450毫米)、后檐墙(厚900毫米)，后檐墙与山墙(厚900毫米)、墀头(厚900毫米)厚度相同。为增加室内保暖性能，房屋内部设天棚，上铺麦壳，屋顶上的苫背泥较厚，有的建筑几乎厚达30～40厘米。

另外，建筑中檐墙的处理上使用很多有利于保温的措施，比如，关内柱子往往有半个柱径露在墙体外面，这样可以有效地防止柱子受潮腐烂。辽宁传统建筑的墙体完全将柱子包在墙体里面，有效地防止热桥的产生，为防止柱子受潮又在外墙上柱子的位置设置了通风孔。灵活的外墙包砌方式。外墙的布置十分灵活，有的包后檐柱，有的包前后金柱，还有的呈曲尺形，包部分檐柱和部分金柱。外墙多种多样的包砌方式不仅在不同的建筑中有所体现，即便在同一建筑群中，比如沈阳故宫建筑中外墙也有多种包砌方式。保温需要是其首先要解决的问题，而其他诸多的因素均在其后。现仅举一例说明，盛京太庙是皇帝奉祀祖先的宗庙。单从平面柱网看，属于周围廊建筑，但是除了前檐柱，其他檐柱都被包砌在厚达540毫米的墙体内。其原因主要是为了防寒保温。对处在寒冷地区的沈阳的建筑，冬季防寒的要求远远大于夏季通风散热的要求。当墙体将后檐柱和两山面的檐柱包砌在墙里后，外廊的阴影区面积大大减小，有利于墙体蓄热，从而提高室内的使用温度。窗户纸糊在外，避免外窗棂上积雪而被室内温度溶化浸湿并破坏窗户纸，保证有效的保温效果。

## （七）建筑大多采用坐北朝南的布局

在冬季，为了取得自然能量——阳光，以补充室内温度，因此建筑朝向十分关键，特别是生产力低下，人工采暖不普遍的古代社会，利用好朝向更多地吸纳阳光，尤为重要。从全国多数地区来看，建筑主立面朝南或南偏东者占绝大多数，东北、华北、西北三个地区民居皆为南向，即冬季采暖地区皆如此。从气象数据上来看，最冷月与最热月平均温度差在28度以上的地区，其朝向为南向是必然的要求。北方冬冷夏热的气候，以南向为最佳，东向次之，北向又次，西向最差，俗语称“宁北勿西”、“有钱不住西向房”。东北、华北一带民居皆为临窗的南炕，阳光照满全炕，在炕上缝纫、吃饭、劳作，谈天话家常，创造了非常舒适的环境。

## （八）就地取材

辽东、辽北山区以石材和木材作为主要建筑材料、辽西碱土平原则以土和草为主要材料，辽南沿海则以石材和贝壳作为主要建筑材料。在经济发达的中部平原，则以砖和木材为主。根据各地特点因地制宜地采用不同的建筑材料，因此产生了不同的建造方式

## （九）烟囱——采暖建筑标志

烟囱，又成为包括辽宁在内的整个东北地区传统建筑

标志性的立面构图元素。其砌筑材料多种——砖、石、土，还可整根空心木材以及陶管等，形态多样，有方有圆，有高有低、有上下截面相同，也有上小下大的“呼兰”式，其位置，有依附于建筑之上，也有脱离于建筑之外。

### （十）简洁的平面形状

建筑注重建筑平面形状的简洁，少凸凹而多采用矩形简洁的平面，以减少外围护面积，利于建筑的防寒保温效果。

## 三、直白体现辽河流域生产方式和生活方式

### （一）“口袋房、万字炕”

辽宁地区是满族的发祥地和聚居地。传统的满族民居建筑多为矩形，这种形状在寒冷的东北地区是非常实用的。且不一定要单数开间，也不强调对称，一般以三间、四间和五间居多，坐北朝南，无论开间多少，均是在最东边一间的南侧开门，形如口袋一端开口，故称“口袋房”。满族先民崇尚的是太阳升起的东方，所以门偏东开。满族人讲究长幼尊严的等级差别，遵守着“以西为尊，以右为大”，长者居西屋，与汉族人的“以东为尊，以左为大”恰好相反。所谓“万字炕”，是在这个口袋房中所设的南北大炕间又沿山墙设有一“顺山炕”，使南、北两炕连成一体，平面呈“凵”字形布局。满族有以西为尊的风俗，卧房内沿西山墙的“顺山炕”是不允许坐人的，是专供摆放祭具之处。家家的西山墙上都挂设有一个木架——满语称“渥萨库”，即供奉祖宗板和“完立妈妈”（亦称“佛头妈妈”）的龛架。木架上置放装有祭祀用神器或神木的神匣。又在木架上贴挂着表示吉祥和家世的黄云缎或黄色的剪纸——“满彩”。房屋内靠近西山墙的北墙上又设置着供奉宗谱的谱匣。因此，这一开间往往不设北窗。三面的环状炕之间无炕面的空间，除作交通通道之外，也是家庭从事萨满宗教活动的场地。

此外，满族人家惯有男女老幼群居之习，仅在有的人家于室内分间处的炕面上设有与炕垂直并与炕同宽的活动隔断“篦 子”。它白天可以平开或上旋挂定，使口袋房内空间开敞，只是晚上将其关闭，炕上的空间被适当分隔，而南、北两炕之间的空间仍是通透的。为保证夫妻生活的私密要求，在炕沿的上方挂有通长木杆，称为“幔杆”，为晚上挂幔帐之用。同样．白天收起幔帐后，仍可恢复室内的开敞效果。

### （二）楼阁建筑数量多

对于辽河流域的渔猎民族食物储藏是生活中重要事情，长期从事渔猎生活，以直接向大自然获取生活资料为主，养成了囤积食品的习惯，楼阁是储藏食物好场所。楼阁具有一定的防御和远眺作用，所以在城上设置阁楼式建筑有其现实意义，也只有这样，才能营造出城池的氛围；再有，楼阁是与满族喜好居高的民族生活习惯相联系的，该习惯与其生活的自然环境的恶劣性有关，也与其当时所处动荡的社会局势所形成的较强的防御心理相关，所以楼阁式建筑有其特定的民族意义。在辽宁的传统建筑中楼阁比例较中原大。楼阁的建造却有地方独特做法。如辽宁传统楼阁建筑的副阶部分，同明清楼阁的常规做法不同，即在楼阁建筑的四周（或前后）并没有平坐、副阶而形成楼的外观的构架做法，而是副阶柱上下对位，从地面直升到二层。这种做法从外观上似乎缺少了变化，但却使结构的稳定性和整体性更好。

### （三）院落布局简单、直进直出

辽宁地区传统院落很少有如同中原的“深宅大院”，布局简单，不求精致讲究，比如建筑单体独立摆放、无游廊相连、大门居中、直进直出。虽然院落占地大，房屋在院子中布置得很松散，主要功能集中于正房，如果正房间数够多，其他单体则很少，院子就更空旷。一是因为东北地区地广人稀，建宅时可以多占土地；二是因为冬季寒冷，厢房躲开正房可以使正房多纳阳光。三是这个地区的人习惯车马进院，为了容纳车马的同时还要有空间储存杂物。四是由于生产力低下，处于渔猎经济状态，因此家庭人口要尽可能的少，一家一般只包括两名男丁，人口众多的家庭是罕见的。另外北方少数民族并不把土地视为财产。如后世赫哲族的情况与满族早期很相似：“他们对土地毫无所有概念，即使对于狩猎的山林，亦不视为可以占有

的财产。不过在每次出发打猎的时候，由一族或一屯的人公认某伙到某处打围，……此并非分配土地，只能视为暂时分配猎区而已”。只有人、日用品和牲畜才是最重要的财产。

### （四）“宫”“城”合一与重“城”轻“院”

以城为主，且宫城关系密切的布局格式，是满族人在长期动荡的社会背景下形成的一种独具特色的建城模式。满族人早期修筑的几座山区都城，均是按照这种思想实施的，规模不甚恢宏，都没有像汉族那样在都城内再建紫禁城，而是将皇宫与城融为了一体，利用较高的地势和木栅栏来围成其皇权领地，城设防而宫不设防，“宫殿”虽然设在同一个大院的围栏之内，但“皇”或“王”的日常行为空间却并不局限在其中，而是延伸和融入到了整个城内。这一方面是由于当时宫殿的规模均不甚大，更是由于当时社会的主要矛盾不在统治者与被统治者之间，对外不断的战事使汗王与其属民组成了利益的共同体，共同的利益也使得汗王把防范的注意力不是针对城内的属民，而是针对来自城外的威胁。都城均呈对外森严壁垒，对内宫城关系相对密切，二者互有穿插，相互渗透的格局。努尔哈赤与皇太极在修建盛京都城时依然保留了满族的这个传统，宫城在空间上互融，无明显界线，城与宫的城墙合而为一，仅在内城设防，而宫没有独立的防御体系。方城的布局是在当时盛京“城”与“宫”的抽象关系基础上构架出来的，即“外围的城”+“内部的宫”，宫城高度统一，城设防而宫不设防。

这种宫城关系必然会对以盛京城作为模板而营建的清初昭陵和福陵产生影响，同时也折射出对“事死如事生”的礼制思想的更深层面上的理解。清昭陵、福陵的总体布局，其外围设有一圈红墙，墙内遍植松柏，内为一方城，四周建高达五米的青砖城墙，墙上有雉堞及女墙，前设隆恩门，四周建角楼，应该说，这种格局与建筑形式，让人感到它不仅仅是一座陵寝，更像是一座城池，这也恰恰就是盛京昭、福陵作为关外清初帝王陵寝，与明陵和关内清陵最大的不同点。昭陵与福陵将封建帝王陵寝的形制与东北传统的封建城堡结合起来，由此构成出了一种极具民族特色的陵寝形式。两陵的这种建“城”概念下形成的陵寝形式，一方面体现出了中国传统的“事死如事生”的陵寝礼制文化，是清初满族人政治、军事形势在陵寝建筑的真实再现，亦从另一方面反映出其在长期的战乱下形成的极强的“自卫防御”心理。所谓“城”，其中包含有两个层面上的含义：其一，陵组构的其实是一个具有满族特色的“二重城”，即红墙与方城之间形成的“外郭”和方城本身构成的“内城”，且内城在地势上略高于外郭。其二，对于内城，由于四周建有高大的城墙，前有隆恩门楼，四角设角楼用以警戒，这些“城”的要素在陵中的应用使得方城在形式上颇像一座封建城堡，而且隆恩门与当时盛京城的八个城门楼极为相似，很容易让人联想到这是皇帝生前居住的盛京城的缩影。“二重城”的陵寝模式应该说是源自满族传统的营建都城的做法。

### （五）从院落布局清晰可辨其生产和生活方式

东北民俗有一怪，叫做“土坯草房篱笆寨”，这句话就形象地概括了东北地区传统院落的基础形制。基础的院落形式在不同因素作用下逐渐演变成形态各异的院落，如：二合院、三合院、带腰墙的三合院、四合院、不带腰墙的四合院、多进院、大型组合院以及特殊型院落，如四角带炮楼的防御型地主大院等。不同院落形态又与各地的经济类型直接相连。比如在河边或河海相容的地方以渔业生产为主，其院落以网铺的形式存在，即三合院或四合院的一侧设置一个远远大于院落的晒场，并且合院临街的门房的开间和进深均大于正房。再比如，以商业为主的经济类型一般采用“前店后厂”的院落形式，这种院落的尺度很大，正房到门房约50～70米，而且门房的体量也远远大于正房，装饰也往往比正房更讲究。

## 四、融合不同民族不同地域的审美标准和价值取向

### （一）喜好浓烈的多色彩组合

在辽宁地区的传统建筑中，经常出现浓烈的、纯度高的颜色——朱红、亮黄、天蓝、孔雀绿、草绿等颜色，更有趣的是

这些纯度极高的颜色，在不同的部分自由地组合和搭配，就像节日中身着盛装的北方少数民族同胞。喜好色彩斑斓而非金碧辉煌，是辽宁以满族为代表的少数民族的共同特点。

明末清初的建筑受北方少数民族文化的影响，在色彩上更趋于鲜艳、纷繁，用色大胆，热烈奔放，体现以少数民族文化为主导的特点，表现在皇家建筑色彩方面，并非以单一的黄色为尊，而是以多种色彩相结合为至高等级。比如，沈阳故宫早期建筑色彩等级序列如下：对于屋顶色彩等级最高者为黄琉璃绿色剪边，其他部位为黄、绿、蓝三色为主的多彩琉璃饰件，等级最低的是灰色瓦顶。清入关后汉族文化居主导地位，体现在对中原汉文化的吸收和传承，在辽沈地区的建筑色彩上追求统一、和谐、庄重。后期建筑色彩等级序列如下，屋顶色彩等级最高的是黄琉璃铺就的满堂黄屋面，其次是黄琉璃绿色剪边，等级最低的是灰色瓦顶。这和中原建筑的色彩等级是一致的。

### （二）单一构件的装饰种类和样式较少

与中原传统建筑相比，辽宁传统建筑的装饰虽然质朴，但也不乏具有地域性风格的装饰做法。在辽宁的传统建筑中，从内到外，无论是院落大门，还是房屋大门；无论是山墙、廊墙，还是隔墙、隔扇；无论是门、窗、梁、柱，还是炕箅、炕罩，只要条件许可，都要施加装饰。装饰的部位室外有门窗、梁头、柱础、看墙、凹龛、墀头、通风孔等；室内有隔扇、天棚、地面等。总的说来，喜欢装饰，尽管建筑装饰的水平不是太高，但无论民间建筑还是官式建筑，只要能装饰的部位都进行装饰，这也是北方民族的共同特点。建筑外檐装修种类与样式少，工艺简单：无论是皇家建筑还是民间建筑，外檐装修的种类与样式比较单一。门的种类主要有隔扇门和板门，窗以支摘窗为主上安横披窗，个别建筑设与隔扇相配套的槛窗。隔心式样也只有斧头眼（斜方格），三交六椀和直棱码三箭几种，而后随中原汉文化影响，更多的窗棂样式被应用到建筑之中。裙板式样主要是阳线四合如意头、贴金团龙和石榴夔龙等几种。而中原建筑在外檐装修上的种类和样式很多，因建筑的性质、等级、使用者的喜好等各不相同，题材宽广，工艺精美，装饰趣味和艺术水准很高，体现出天子之尊的华贵富丽。其原因，经济实力不足和营建制度不健全是一个重要原因。此外，清初满族“尚简”风习也是其中的一个原因。

### （三）装饰题材和内容具有“混搭”的味道

来自满、汉、蒙、藏不同民族和南方、北方不同地域的装饰题材和内容，在辽宁的传统建筑中或巧妙或生硬地组织在一栋或一组建筑中。满族的神兽羊、汉族的龙、凤、蒙古族的力士、藏族的摩羯会出现在同一座建筑上，梵文和汉文会出现同一个藻井的装饰上，江南精致的木雕纹样与北方粗犷豪放的建筑形态也会出现在同一组建筑中，特别是喇嘛教建筑中一些标志性符号，成为辽宁地区清初宫殿、皇陵、寺庙等建筑的内檐和外檐装修中重要的元素。常会见到本在藏族建筑用于门口周边上起装饰作用的构件——一圈形如蜂窝呈无数小立方体凹凸拼合起来的水平装饰带——俗称“蜂窝枋”。沈阳故宫的大清门、崇政殿，方柱的柱头由下至上为似坐斗、通长雀替、柱顶部分，柱顶承托大梁，梁上架椽。梁柱榫接不用铁件，在檐廊的柱头上加设了替木，使大梁的交接更为平稳。柱顶刻出柱披、莲瓣、大斗等，替木为透雕，其形式与典型的清官式做法不同，但也不完全与藏式的圆角或波浪状相同。大梁部分也变成了复杂的叠合梁，分别由盖板、间枋、连珠枋、莲瓣枋、花牙枋，花牙枋上叠加一层短椽，最后以如意形收头。皇太极在皇宫中最重要两座建筑的最显眼之处均采用了藏式做法，这说明藏族文化对清初期的满族文化不仅有重要的影响，而且说明蒙、藏对满族在政治、军事上的重要意义。这些做法在藏族的重要遗存——大昭寺和布达拉宫中都有明显的体现。再比如，在清初的皇家主要建筑檐柱（也包括室内）柱头上的兽面雕饰。它是由木板雕成再装到柱顶，不起结构作用纯为装饰件。兽面环眼圆瞪，宽鼻狮口，头顶一对卷曲犄角（类似于羊角），背衬镂空卷云图案，兽头两侧各有一只下垂的人手形雕饰。这种兽面形式的装饰不仅仅以木雕的形式出现在建筑檐下，同时以石雕及琉璃的形式在清早期建筑的不同位置出现：如沈阳故宫大政殿宝顶琉璃饰件、崇政殿琉璃墀头及望柱下的地俯上石雕。

### （四）装饰风格朴素粗犷、以写实为主

无论是官式建筑还是民间建筑，其室内外木雕、砖雕和石雕等的装饰风格可以概括为质朴、粗犷、写实。比如，清初宫殿——沈阳故宫大政殿前双龙盘柱是该宫殿的重要标志物之一。这是两只木雕升龙，分别与大政殿前的两根檐柱雕在一起，龙身绕柱盘旋而上，龙头探出柱外，两首相对，一支木雕火焰珠置于两柱间的额枋之上。两龙按圆雕做法，与柱身若合若离，立体感被最大限度地强调出来。造型生动，雕刻精细，满身贴金，龙爪伸出柱外一米有余，苍劲有力，气势撼人。梁头的雕刻是辽宁传统民居细部处理的要素之一。对于经济条件低下、住房简陋的人家，通常梁头突出，切凿成方形截面而不做其他处理。而对于富裕人家，住房讲究者，则通常将暴露在外的梁头当做重点装饰部位。民居中暴露在外的梁头分为三个部位：第一个部位是房屋梁架的大梁突出在外檐的梁头，一般为方形截面，上面雕刻图案或文字，图案以花瓶居多，寓意“平安”，而文字也多雕“平安是福”。第二个部位是前廊抱头梁突出外檐柱的梁头，多做成象鼻，雕刻一些茎叶较长的缠枝纹，如葡萄藤、忍冬（金银花）等，其特点是藤蔓绵长，缠绕不绝，枝细叶卷。这种图案委婉多姿，富有流动感和连续感，其寓意同盘长、回纹一样取义永恒。也有的地方做法，不对此梁头施以任何雕饰。第三个部位是廊心墙或者院门两侧看墙部位依附在墙上的抱头梁的梁头柁的柁头。由于贴在墙上，因此较为扁平，做法与廊中廊柱上的梁头相似，但只雕刻单面。对于辽宁地区大部分建筑采用硬山顶的形式，墀头是重点装饰的部位，墀头有两种处理方法，一是砖叠涩层层出挑，二是石砌，正面枕头花做雕饰，其题材常为写实的荷花、花瓶或花篮、福寿等。

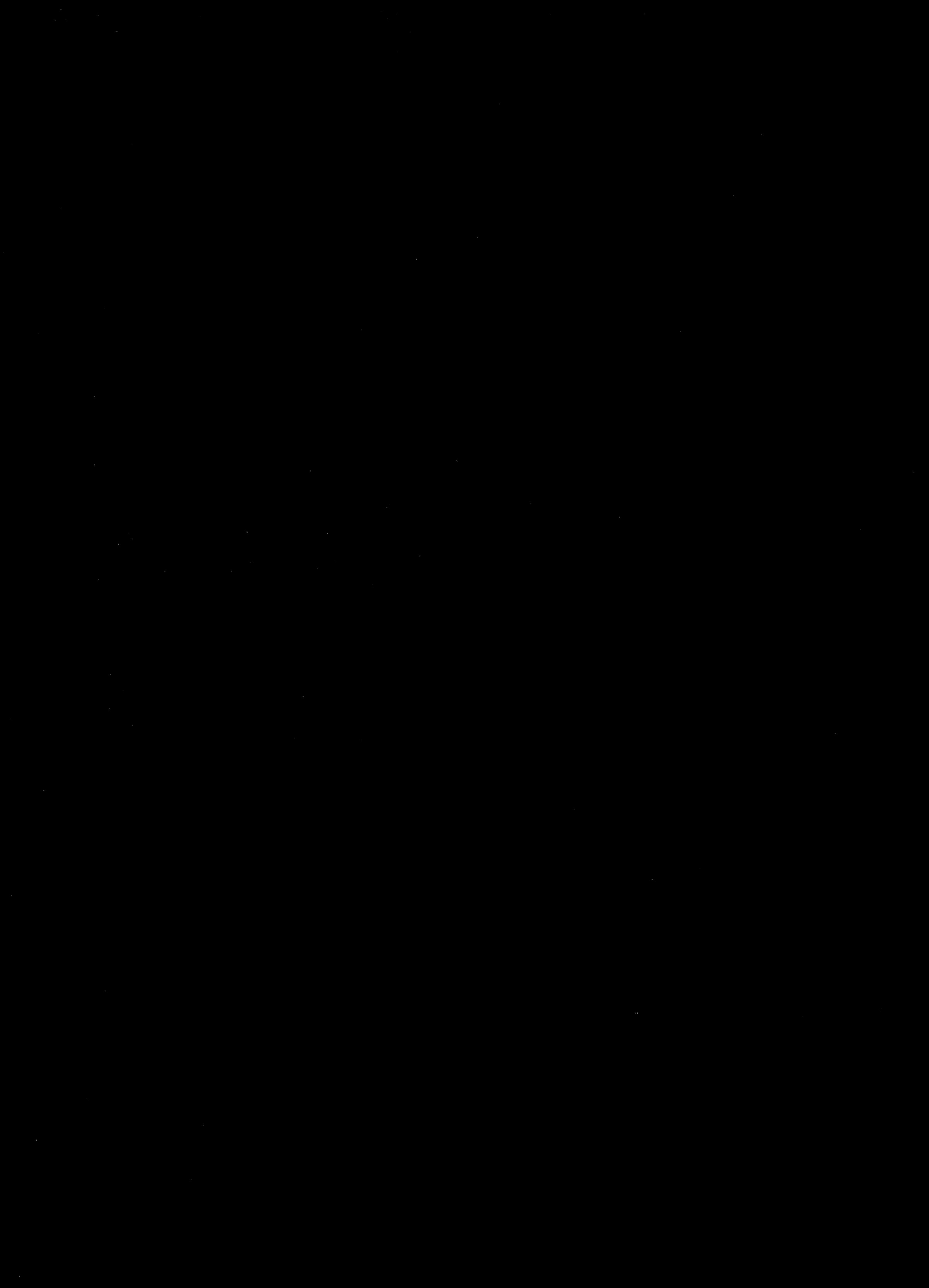

# 上篇：传统建筑特征分析

# 第二章　选址与总体布局特征

自古以来，中国北方都是少数民族的聚居地。鲜卑、高句丽、靺鞨、契丹、女真均先后登上历史舞台。这些北方民族或过着“逐水草而居”的游牧生活，或过着“居山谷”的渔猎生活，他们与以农耕为主的中原民族，在选择生活环境上有着完全不同的理念。此外，历史上北方边陲的少数民族与强大中原之间战事频繁，在建筑的选址和布局上维护国家和人民的安全是必须考虑的问题。从夏初，华夏族的一支移居辽西，建立孤竹国开始，一直到清末，历朝历代均有大量的中原汉人进入到包括今天辽宁在内的辽河流域。由于辽河流域与黄河流域的中原相毗邻，与中原关系密切，是中华民族疆域不可分割的一部分。辽河流域好似活跃的民族对流运动的枢纽和桥梁，是历代中原王朝统治和经营北方的基地。无论是自上而下，还是自下而上，中原汉文化对本地建筑的选址和布局的影响都是深远而广泛的，特别是明显效仿中原的礼制思想和环境选择方式。

# 第一节　凸显北方少数民族的人居环境观

寒冷的气候，多山的地貌，北方少数民族特有的生活和生产方式，以及自身安全和防卫的需求，使得这些民族在选择居住环境上，有着自己独特的理念和方式——择山筑城、因山就势、居高建屋。

## 一、择山筑城

择山筑城是北方少数民族选择居住环境的主要手段，延续了整个古代社会。典型的实例有高句丽人和女真人修建的众多山城。

图2-1-1　桓仁五女山山城远望（来源：沈阳建筑大学建筑研究所 提供）

### （一）著称于世的高句丽山城

高句丽是中国古代边疆的少数民族政权，从西汉时期开始，存世700多年，与中原和周边小国征战不断。强盛时期的疆域，东临日本海，西滨黄海，南到汉江流域，北抵辽河，是东北亚地区较大的民族政权之一。高句丽民族以大量构筑山城著称于世界。《旧唐书·高丽传》149卷记载，唐灭高句丽后，其国“旧分为五部，有城百七十六，户六十九万七千”。据考古调查发现，辽宁、吉林两省境内经确认的高句丽大型山城达120多座；分布在汉江等鸭绿江右岸的古城约有40余座。由此可见，高句丽民族在克服了地形条件的制约下，掌握了具有地域特色的建设山城的技术。高句丽山城的特殊选址，是经过周密考虑的。首先，高句丽民族分布的长白山系，有着丰富的自然资源，生态环境优越，同时这一地区分布着鸭绿江等众多水系，山间还密布着天然泉水，这些自然条件为高句丽人生存提供了便利。聚居地周边丰富的动植物资源弥补了因平原不足而引发的落后的农业生产，人们可以通过打猎、捕鱼等活动在自然环境中索取生活资料。其次，险要的地形利于军事防御。从高句丽政权的建立到消失，所经大小战事不断，由于水平低下的生产技术以及落后的经济发展，相对弱小的高句丽民族只能依靠“地利”作为优势，凭借天险来加强高句丽城市的防卫力度。在山体条件的制约下，高句丽民族形成了军事防御功能突出的山地城市规划体系。

辽宁境内高句丽山城的典型实例是位于桓仁县城东北8.5公里处的浑江右岸五女山上的五女山山城。五女山的主峰在山的中段突兀而起，四周悬崖峭壁仿佛如刀削一般，高度超过百米，主峰顶部地势平坦（图2-1-1）。山城总平面呈不规则的靴形，南北长1540米，东西宽350～550米，总面积约60万平方米。山城分山上、山下两部分。山上部分位于山城的西部和西南部，是主要的遗址分布区。山下部分位于山城东部、北部和东北部，地势为平缓的坡地，遗址分布较少（图2-1-2）。五女山山城作为高句丽的第一座王都和早期山城代表，其高大的城墙、完备的防御体系和丰富的文化内涵，是中国古代汉唐时期东北地区少数民族高句丽政权初创时期的真实反映。2004年，五女山山城被正式列入世界遗产名录。

### （二）选择于山地的女真古城

早期女真人的城址大多选择在山地。佛阿拉城是努尔哈赤独自领军以来的第一座城池，所以也被后人称作是努尔哈赤崛起的肇兴之地（图2-1-3）。努尔哈赤从1587年到

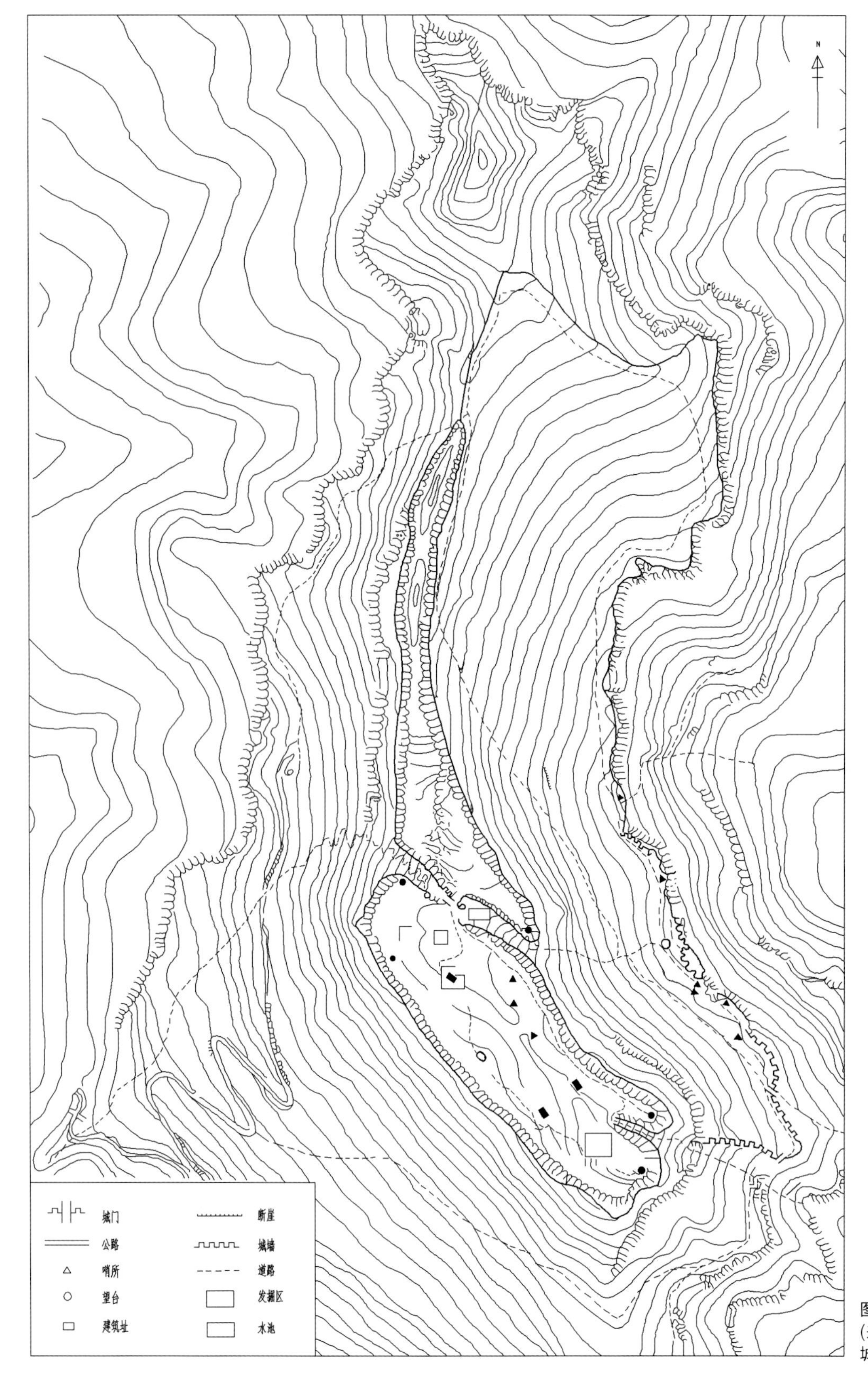


图2-1-2 桓仁五女山山城平面图
(来源:《1997-2004年五女山山城考古发掘报告》)

1603年在这里一共居住了16年。佛阿拉城建在一个不很高的山冈上。该城三面环山，北面是峡谷中的一片小平原。嘉哈河与硕里加河从城前流过，汇入苏子河。佛阿拉依山傍水，物产丰富，不仅是耕猎采集的良乡佳壤，更是征战屯兵的理想去处。这也正是努尔哈赤起兵伊始即择此冈筑城垣、建宫室的必然初衷。赫图阿拉城（图2-1-4）是努尔哈赤的祖居之地，也是后金政权建立后的第一座都城。它距佛阿拉城仅五里之遥，在羊鼻子山向北延伸成一条东西走向的山冈之上。山城以北为苏子河，东有皇寺河，西邻嘉哈河并与呼兰哈达山隔河相望。城址所在的山冈呈南高北低的一块台地。界藩城位于抚顺一处东西狭长，由东向西延伸的山峰上。在此处建城，其军事意图是显而易见的。一是这里地势险峻，易守难攻；其二则在于这里临近明境，出兵方便(图2-1-5)。

女真人择山筑城的原因，首先来自当时为适应征战的需要，而选择既要有险峻的天然屏障，具备进可攻，固可守的有利条件，又要可以满足牧猎、农耕和操练军士的环境修筑城池。其次也是由于早期源于长白山一带所形成的生活习惯。大多山城的城址也并非选择在深山之中，而是在山地与平地的相邻之处。城外多有开阔的平川，又要有较丰富的河流水系，因为这是军事与生活要求的基本条件。

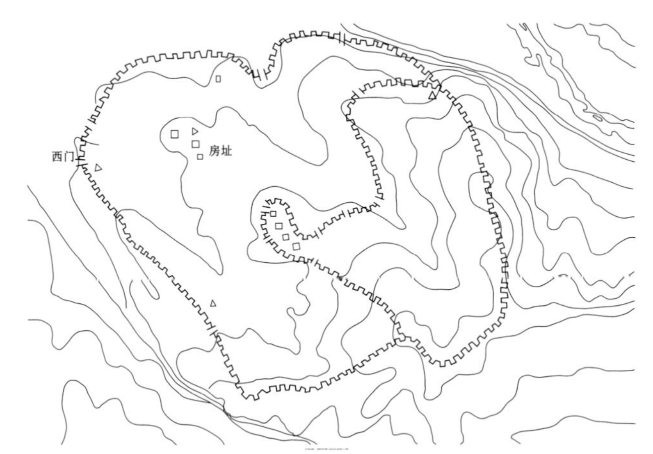


图2-1-3　佛阿拉城平面图（来源：根据《抚顺地区清前遗迹考察纪实》，高赛玉 改绘）

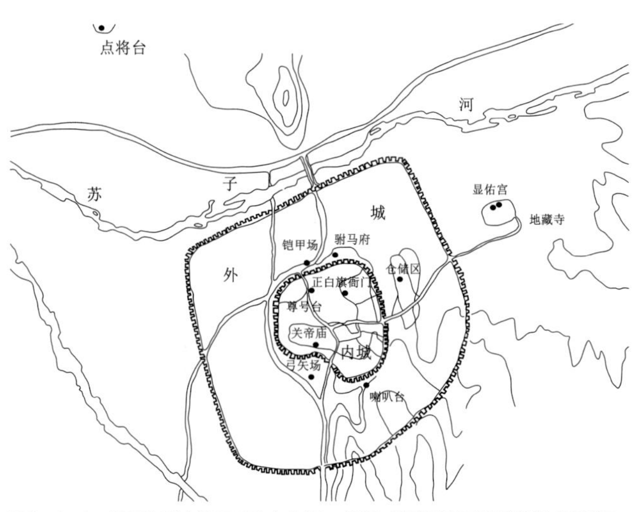


图2-1-4　赫图阿拉城平面图（来源：根据《抚顺地区清前遗迹考察纪实》，高赛玉 改绘）

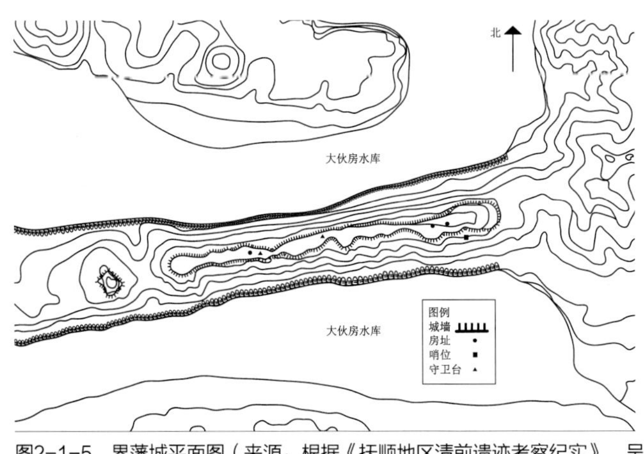


图2-1-5　界藩城平面图（来源：根据《抚顺地区清前遗迹考察纪实》，吴琦 改绘）

## 二、依山就势

北方少数民族山城的内外城墙一般都是沿山脊就崖壁而建造，利用自然条件增加城垣的险峻与坚固。在无崖地之处，城外常以人工挖筑深壕。城门和道路皆随地势确定。除宫殿、衙署、寺庙等必然分别占据着内城中位置最高的那些山冈、台地之外，其他建筑大多也都是一组组地分布在城内的各个山头之上，通过顺势而筑的道路把它们相互联系起来。居处的高低不仅出于安全的需要，也是居者地位尊卑的象征。操练军士的教场，一般都选在外城之外不远的平地上，并用方便短捷的道路与之连通。

高句丽人的五女山山城城内道路共有4条，4条道路依据地势和使用功能而设，巧妙地解决了山城的交通问题。以军事防御为目的五女山山城，城内的建筑（图2-1-6～图2-1-7）和设施（图2-1-8）均是为了满足战争的需要。遵循山城城墙“筑断为城”的原则，五女山城城墙大部分为天然墙，仅仅在山下东、南部山势稍缓处和山上重要山体断口处，筑有人工墙体，进行封堵。五女山山城上的人工砌筑的城墙（图2-1-9）均为石筑，局部内壁与顶部填充泥土。五女山山城共有3座城门——南门（图2-1-10）、东门（图2-1-11）和北门，南门位于山城东南角，由城墙和山崖间的空隙形成，东门位于两端城墙之间，具有瓮城的雏形，西门位于山上的主峰西部，建在山谷的上口，山谷下宽上窄，两侧石崖峭立，在石崖间筑有城墙，陡峻的石崖、高大的城墙和城门构成了内凹的翁门。可见山城的城门均设在易守难攻的重要位置。在山城的东南建有瞭望台，此处是山城的制高点，是山城控制浑江水路及其两岸陆路的最佳瞭望地点。在城内山上地势较为平坦的东南部共有21座兵营。在城内山上和山下均分布有哨所，山上的哨所主要位于山口附近，山下的哨所主要位于靠近城墙的山地上，或位于东墙沿线的山口两侧。此外，在城内山上的中部，山顶地势最低洼的地方，建有蓄水池。城内山下有一处泉眼是整个山城最重要的水源。在山顶较为平坦的地方，建有三座大型建筑，其功能应该是宫殿，在城内山上平坦向阳的地方还零散分布着一些居住建筑（图2-1-12）。

《满洲实录》以满文记载了佛阿拉城，译成汉语为：

图2-1-6 桓仁五女山山城一号大型建筑址(来源：朴玉顺 摄)

图2-1-7 桓仁五女山山城二号大型建筑址（来源：朴玉顺 摄）

图2-1-8 桓仁五女山山城蓄水池(来源：朴玉顺 摄)

图2-1-9 桓仁五女山山城城墙（来源：朴玉顺 摄）

图2-1-10　桓仁五女山山城南门遗址（来源：朴玉顺 摄）

图2-1-11　桓仁五女山山城东门遗址（来源：朴玉顺 摄）

图2-1-12　桓仁五女山山城居住建筑遗址（来源：朴玉顺 摄）

“丁亥年，太祖淑勒贝勒（即努尔哈赤）在硕里口呼兰哈达河东南、嘉哈河两河之间的山冈筑城三层，建造了衙署、楼台”。所谓“筑城三层”，实则内、外城两层，加上努尔哈赤的木栅栏院落。佛阿拉城随山势沿峰脊借助自然条件筑造城墙。城门设在低矮隐蔽的沟谷中，顺山筑路。内城布置在全城地势较高的东部。

努尔哈赤于1603年又开始重建赫图阿拉，外城周十里，为圆角方城，除南隅地形高起之外，其余皆为平地。外城一面临山，如天然屏障，三面环水，皆为天然护城河。内城周五里，平面呈“ㄱ”形，建于台冈之上。四面壁立，高达十米，非城门而不能入。内外城周围皆筑有高高的城垣。赫图阿拉城与当年的佛阿拉城相比较，虽然都是依地形条件建城筑屋，但无论城内布局还是建筑的空间组织都有了明显的发展。城的规模加大了，特别是内城中的建筑密度明显增高，建筑类型增多，开始出现了城市的繁闹气氛。

界藩城依山循势而建。在中、东、西三个山头上，分别建造了主城和两个卫城，面积约63000平方米。山城剖面走势南低北高，平面形状不规则，东西长，南北短。城周结合地形，充分利用崖壁峭石，辅以人工砌筑修起险峻坚固的城墙。主城位于中段主峰狭峻的山脊之上。在东、西两端分别设有城门，城内有道路与两门相连通，并直通东、西卫城。主城规模很小，建筑依地形修造，有的为半地下，有的建于较宽敞又相对平坦的台地上。东卫城所在的山头低于主峰。山顶平面呈“凹”形，南向一边向内凹曲。周边城墙上开有四门：一门在北侧，与主城有路相连；另三门均设于南侧的内凹部位，其中最西面的一门为东卫城的主城门。城内现存遗址仅一处，也是依顺地势而建，建筑面向西南，而非正南正北朝向。房屋三面砌墙，仅东面削山为壁。这些作法典型地反映了女真人和满民族的生活习俗与民居形式。西卫城即建在原界藩寨的旧址上。它占据了最西面的山峰，两侧的苏子河与浑河流向其西端并相互交汇为一处，东面隔一条陡然跌落的山脊与主城相望。城址平面接近正方形，城墙周长约325米。仅在南侧的城墙上设有城门一座，由马道与主城的西城门相连。卫城内东高西低，呈两级平台状。所以说，界藩城没有沿用“内外城”的做法，主要采取了以东、西两卫城拱卫着中间主城的独特形式，它不同于女真人和满人常规的城垣营造方式。这充分反映了他们依赖自然条件，重视功能作用，而不拘泥于某种习惯做法，也不过多地强调某种尊卑模式的实用思想和建城原则。

东京城位于辽阳城东五里太子河北岸，建于一面临河，两面依山的丘陵之上。该城“地形逼仄，城内山势隆起，自外可以仰攻，无险可守”（金毓黻《文献征略》转引《辽阳县志》）。这也是后来迁都沈阳的原因之一。东京城地势由南向北逐渐升高，依山就势建城，城呈菱形。“周围六里另十步，高三丈五尺，东西广二百八十丈，南北袤二百六十二丈五尺。”（《盛京通志》卷五记载）

## 三、居高建屋

由于女真人起源于深山之中，登高远眺，居高保安成为他们的一种嗜好与习俗。这不仅体现在他们择山筑城和选岗建房方面，只要有权势钱财的人家，还要填造高台和兴建楼阁。所谓高台，最早是将单幢房屋的地坪用土填高形成基台，在台上筑房或筑楼。这必然给使用者出入、上下带来了许多麻烦，但换来了对其登高心理和习俗的满足。这种做法随着他们向平地城的迁移过程，而更发展为高台上建院落——抬高的不仅是单幢建筑，而是将整个院落空间，包括其中所有的建筑建造到人工高台之上，成为满族建筑的又一个显著特征。除此之外，他们还喜欢兴建楼阁。这一点不仅体现在后来于平原建造的沈阳故宫中的楼阁建筑几乎居半，而且即使在早期山城佛阿拉舒尔哈齐的山冈宅院之中，也建有楼阁三座，甚至还有一座为三层楼的建筑。但是楼阁并非用作重要宫殿，除将它们用作登高观赏、歇息或鼓乐使用之外，很多被作为藏贮之用的仓楼了。

从早期的山城开始就已经存在着内外城的做法。一般来说，头领们及其近亲的府第和衙署、寺庙等布置在内城之中，而兵士、百姓居于外城。在山地城中，内城又总是要布置在地势更高的位置，形成内城高于外城的定式。佛阿拉城中努尔哈赤的宅院(图2-1-13)位于内城中的最高处，其胞弟舒尔哈齐的宅院(图2-1-14)在“奴酋家”之南的外城中，两院皆围以木栅栏。院落中的建筑型制、规模、用材等标准都不高，却建有楼阁多座，而且凡楼阁皆建在高台之上。“高可十余尺上设二层楼阁，或于高台八尺许上设一层楼阁”。这种高台建筑、高台筑楼的形式不仅成为当时的一种时尚，而且在后期的满族建筑特别是皇宫建筑中更进一步被强化和发展。努尔哈赤当年登基称帝建元后金举行大典的金銮殿——尊号台（亦称“汗宫大衙门”）位于内城最北部，北门内道路的东侧，全城地势最高的一块台地上。似乎嫌这一天然山冈还不够高，又用人工填筑的方法在山头有造成一个梯形高台，将这座面宽仅三间的青瓦房高高举起。由此看来，当时对建筑等级的强调并非着眼于建筑的规模、形体或装修，而更注重它所处的位置和基座的高度。抬高建筑的地坪是显示尊贵地位的重要手段。努尔哈赤和福晋们居住的寝宫被设于尊号台的后面，也是两座高台式的建筑。三座宫殿一前两后，犹如一个“品”字，却无严格的轴线和对位关系，完全是按地势走向，顺应自然的构图结果。东京城宫殿与城池是同时修造的。“宫”与“殿”，分设两处。选择城中高处为指挥中心“大衙门”即“八角殿”的所在地。八角殿居高临下，其方位正朝着天佑门。东京城汗王宫建在距八角殿之西约100米处的高岗上。在原地表上以人工夯筑成台，高约7米。

女真人进到沈阳城以后，修建的皇宫皇陵仍选址于地势相对较高的三个地理皱褶上。沈阳东高西低，西部是辽河、浑河冲积平原，东部山地是长白山哈达岭的余脉，此山脉由沈阳、抚顺交界的观音阁一带过来，在沈阳东部形成辉山、棋盘山、天柱山等大小数座山峰，其中：天柱山海拔65米，是清太祖努尔哈赤陵地，天柱山向西延续，在市区的北部形成一条岗脊，皇太极的陵寝昭陵就坐落在这条地理皱褶的南坡，在市区的南部延展形成一条冈脊，恰恰穿过沈阳城中心，即盛京城的位置，而沈阳故宫又处在盛京城的中心。

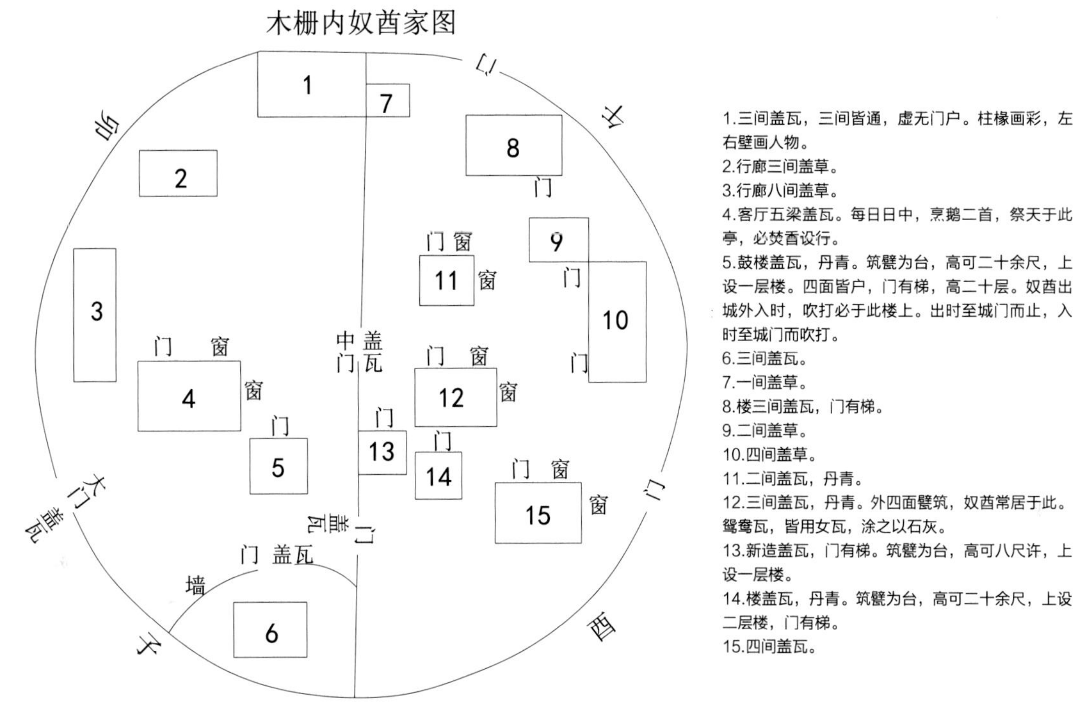


图2-1-13　“奴酋家”图（来源：根据《抚顺地区清前遗迹考察纪实》，刘盈 改绘）

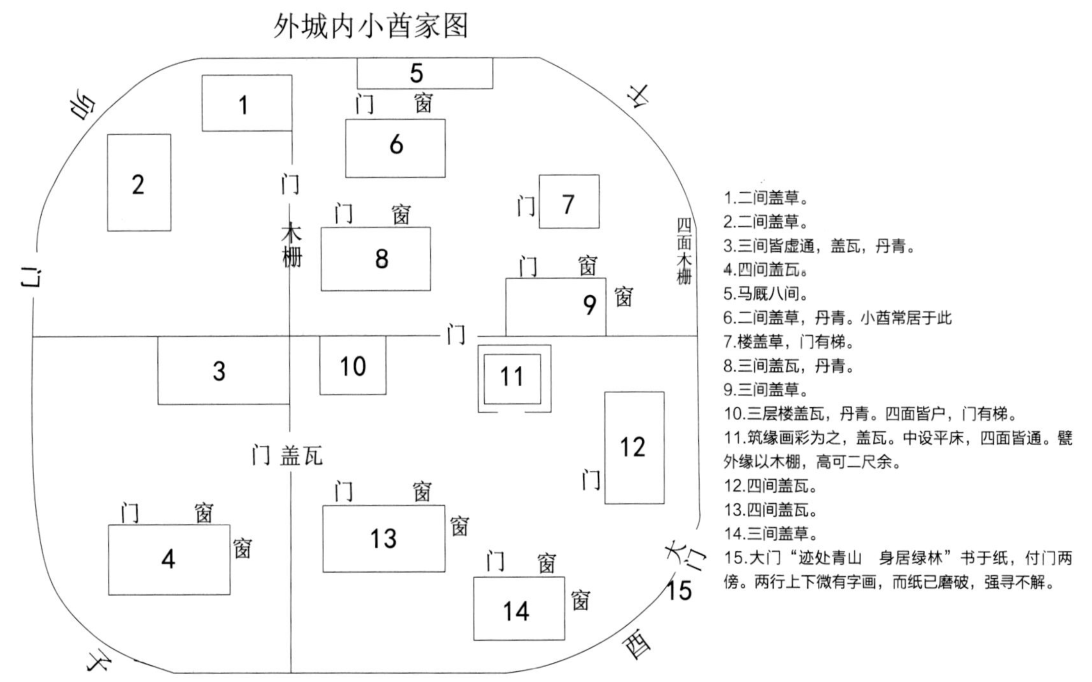


图2-1-14　“小酋家”图（来源：根据《抚顺地区清前遗迹考察纪实》，刘盈 改绘）

## 第二节　学习并实践着中原选址理念

对于以渔猎和游牧为主要生产生活方式的北方少数民族，中原建筑先进的营造理念和营造技术对其有着极大的吸引力，从辽宁地区的传统建筑上可以看出，历朝历代，无论是官式建筑还是民间建筑均争相效仿和学习，并践行于具体的建筑营建上。

### 一、效仿中原环境选择观念的满族皇陵选址

#### （一）昭陵

清初满人为了更好地统治这个历史悠久的庞大帝国，努尔哈赤与皇太极时代都大量地吸收汉族士大夫为他们服务，同时也竭力学习汉民族的传统文化如伦理道德、典章制度等等。如在明万历三十一年（1603年）努尔哈赤在建造自己都城——赫图阿拉城时，就请求朝廷差派专门人士“相地而筑”。在对陵寝的体制和建筑规划上也开始模仿、参照明陵体制，汉民族的环境选择理念也就开始影响着其陵寝的选址。清昭陵就是满族人受中原环境选择观的影响而建造的陵寝（图2-2-1）。清昭陵就在北部的冈脊上，东与上岗子，北与三台子山为邻，此地为一漫冈，陵寝前约三华里有牛轭湖，在《盛京通志》曰“福陵发源于长白，昭陵自城东北叠献层峦至此，宽平洪敞，辽水右回，浑河左绕，有包罗万象控驭八荒之势”。昭陵的选址有着明显中原环境选择观念的影响。但昭陵的选址并不完全符合中原理想的环境选择观念，还存有许多缺陷，如无陵山、左右护砂、前案山、前朝山等等，故清顺治八年（1651年），在昭陵之后人工堆造了陵山，称之为“隆业山”，使其与理想的环境选择观念更加接近。

#### （二）福陵

清太祖努尔哈赤于天命十一年（1626年）病逝，先被暂厝于沈阳城内西北角，天聪二年（1628年），太宗皇太极以政局略为平稳，派专人为太祖相度陵址，遂选中沈阳城东二十里处的石咀头山，后又于康熙元年，由钦天监杜如

图2-2-1　清昭陵所在地域的地形地貌（来源：《盛京宫殿与关外三陵档案》）

图2-2-2　清福陵所在地域的地形地貌（来源：《盛京宫殿与关外三陵档案》）

图2-2-3　桓仁县县城大环境图（来源：桓仁文史资料丛书《桓仁八卦城》）

预、杨宏量专程至盛京为福陵、昭陵和永陵选址，确定地宫位置。清福陵虽背靠辉山、兴隆岭，前临浑河，但与典型的明清皇陵的选址还是有许多差异（图2-2-2）。清福陵主体部分即内城与宝城部分都坐落在天柱山山顶，其北则是山阴坡地，再向北的兴隆岭规模不大且距离较远，使福陵的后靠势单力薄，而福陵南面由一百单八磴而下是地势甚为平坦开阔的平地及浑河流域，远无朝山相对，近无案山遮挡，实不能算作理想的陵址环境，这从一个侧面反映出当时在清入关前，满人还未有熟谙汉人的环境选择知识，并也说明在当时动荡的岁月里，在盛京古城有限的地理条件下，他们在客观上与主观上的所及之力。

## 二、践行传统聚落和民居选址布局思想

负阴抱阳，背山面水，是中原传统环境选择观念中宅、村、镇基址选择的基本原则和基本格局，这种实用的，以抵御野兽、异族、气候等的侵害，还有技术的、美学的、经济的择址理念也是指导辽宁各民族传统的居住环境的主要思想。以桓仁镇八卦城为例，建县之初，经《易经》分析，现桓仁县城址是建县的内太极之地(图2-2-3)。浑江在北山前后流淌：曰“两江事环兮，气聚风藏；五岫屏列兮，原蔽

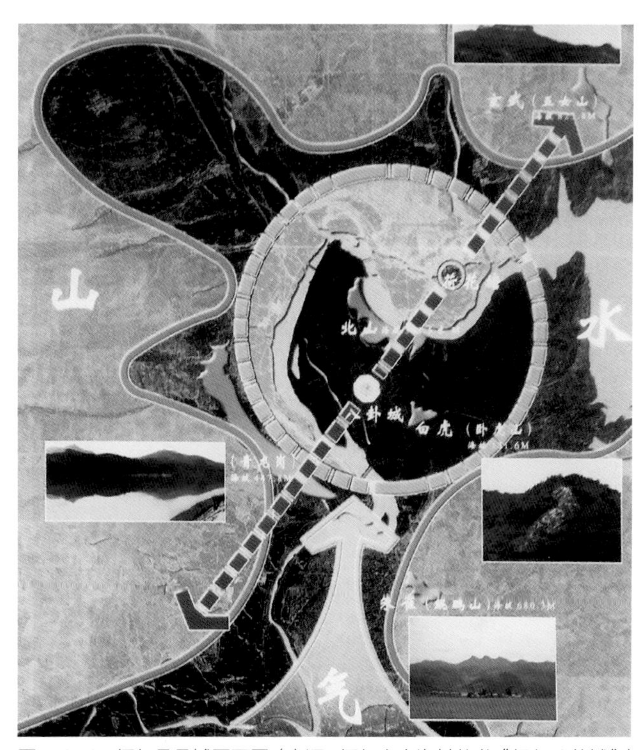


图2-2-4　桓仁县县城平面图（来源：桓仁文史资料丛书《桓仁八卦城》）

形固”，其上可“开市井，建公廨，置营房、立庠塾、设津渡、兴驿递”有利于发展地区经济和文化。同时，按照古代的“天圆地方”说，修筑八角形城墙在外，四方形县衙府地在内。天地相互照应，使阴阳调和(图2-2-4)。城中间修

一条横穿东南和西北的大街，大街沿着城中的县衙向南弯绕成弧形，构成太极中轴线，把八角形城池分成两部分，南面谓之阳，北面称作阴。县衙门坐北朝南，表示以地敬天，保持关系平衡。当时设计的八卦城属乾南坤北向的先天八卦。城内外工、农、士、商各行业建筑分布都安排在各自相应的金、木、水、火、土的五行位置之上(图2-2-5)。

在建筑物的高低、长短尺寸方面也是遵循阴阳规则的。四座城楼，四角设炮台。每座三间，宽一丈四尺的城墙，其高一丈三尺。墙形八角八面似八卦(图2-2-6)。四为阴，三为阳，三与四相对，以示阴阳相配。阴阳不调属于自然气候不利，按八卦的说法，阴阳不调形成风，风有四面八方吹来，为此，设计八角城池，以应对或掌管八面来风(图2-2-7)。就是说，八角形的城郭可以调节四季的气候，以调和天、地、人三种关系，让天地来养育人，也表达了以此来接日月星辰，培育和树立天地人三才的希望。因此，修建了东、西、南三面门，分称为“宾阳”、“朝京”和“迎薰”。打开三面门，放进三面的阳光照射县衙，以象征天、地、人“三才”的和谐统一。也据称是，东朝阳寓东方之意，西面京城为敬君之意，北面则依山而无门。没有北门，北面靠山，怕断山脉气运，所以只修了城楼(图2-2-8)。据说县城建成后，桓仁风调雨顺，国泰民安，人丁兴旺。

绥中县的小河口村，虽然是在防卫敌人和戍边而建成的长城脚下的小村落，但是它的整体聚落形态很大程度上是在中原传统环境选择观念的指导下形成的。村子是由群山环

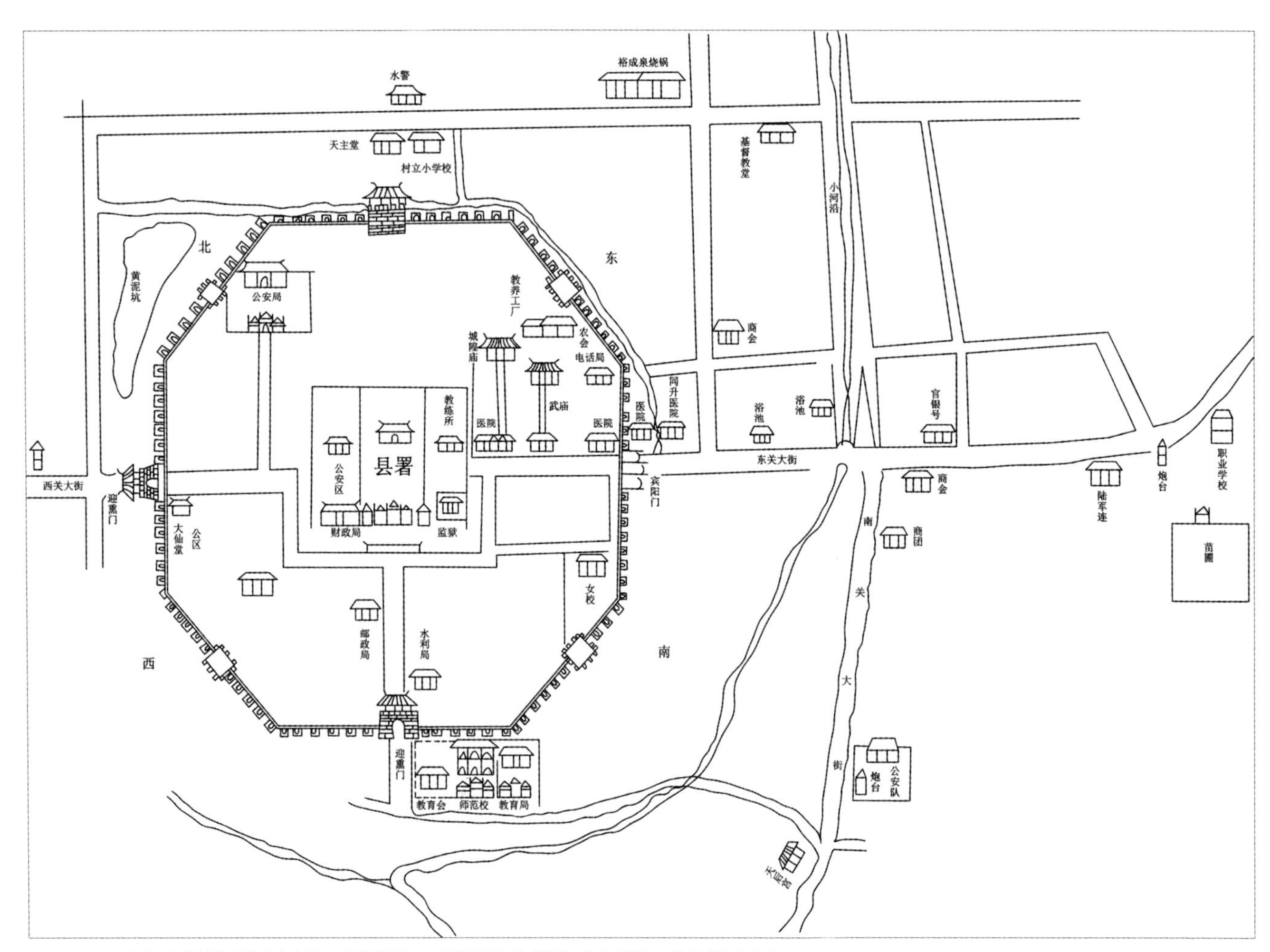

图2-2-5 桓仁八卦城布置图（来源：根据桓仁文史资料丛书《桓仁八卦城》，楚家麟 改绘）

图2-2-6　桓仁县复原后的八卦城鸟瞰图（来源：沈阳建筑大学建筑研究所 提供）

图2-2-9　绥中县小河口村鸟瞰图（来源：朴玉顺 摄）

图2-2-7　桓仁县复原后的商业街（来源：沈阳建筑大学建筑研究所 提供）

图2-2-8　桓仁县复原后的门楼（来源：沈阳建筑大学建筑研究所 提供）

抱，远望都是群山，进入村口人们首先看到的是一河道，河道穿越的是早期的农田和村落，并且在农田的边都修建的用于灌溉的储水池，但是发展到现在水源明显不足，中间平地则是大片的房屋，如同被山水拱卫。在冷兵器时代可以想象村落的排外性。它被山体围合，并以此作为屏障，给予村民极强的领域感和安全感（图2-2-9）。

# 第三节 多元文化影响下的总体布局特征

从辽宁地区目前遗留下来的古城布局、传统村落的布局以及建筑群的布局分析，都是北方少数民族文化和中原汉文化共同影响的结果，下面以清初的皇宫皇陵为例，具体说明多元文化影响下辽宁传统建筑在总体布局上特征。

## 一、满族“融合式文化”在清初宫殿建筑群中体现

沈阳故宫是满人建造宫殿建筑达到鼎盛时期的典型。天命十年（1625年）由努尔哈赤颁命为自己修造的东路宫殿群所反映的是女真人骑猎经济和征战政治背景下的建筑形态；而仅仅六年之后的天聪五年（1631年），由皇太极始建的中路宫殿群却已成为代表满族进入农耕经济和集权政治背景下的建筑的典型形式。

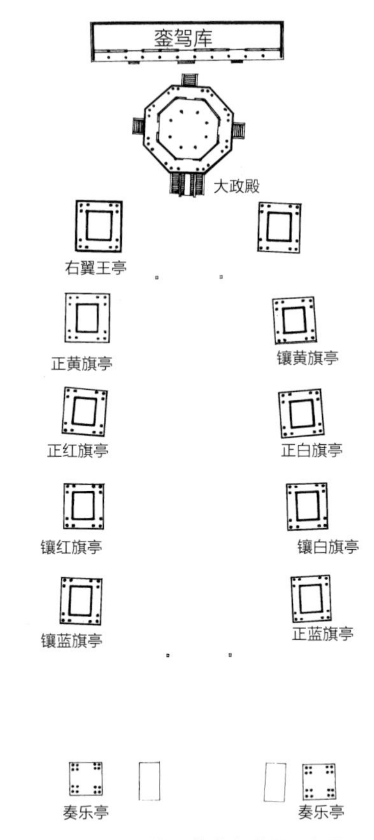


图2-3-1 沈阳故宫东路平面布局（来源：沈阳故宫博物院测绘资料）

### （一）骑猎经济和征战政治背景下的东路布局

沈阳故宫东路建筑在建筑的群体形态上呈现为大政殿居中，十王亭分列于两侧的“外八字”形布局（图2-3-1），这种布局方式与中外历史上任何一朝的宫殿建筑布局均不相同。它完全来自对当时的历史客观及其背景的体现和别出心裁的创造，是当时女真人和努尔哈赤头脑中所特有的某些观念在其宫殿建筑中所反映出来的外向性和象征性思维的结果，以及设计师巧妙地利用透视学原理所渲染出的对帝王的崇尚气势（图2-3-2）。首先，东路的布局具有“外向型”的特点。沈阳故宫的东路殿宇一反中原的传统模式，将宫殿群直接暴露于城市、面向城市，它不在乎“一眼望穿”，反而以一目了然的方式，直白地强调和渲染出它的身份与地位。这种建筑布局形态生动地表达着女真人粗犷、率直与奔放的民族性格及其流动性的经济和征战性的政治背景。在这一点上，他们与具有深层文化内涵，中庸、细腻与内向的中华主体文明存在着明显的

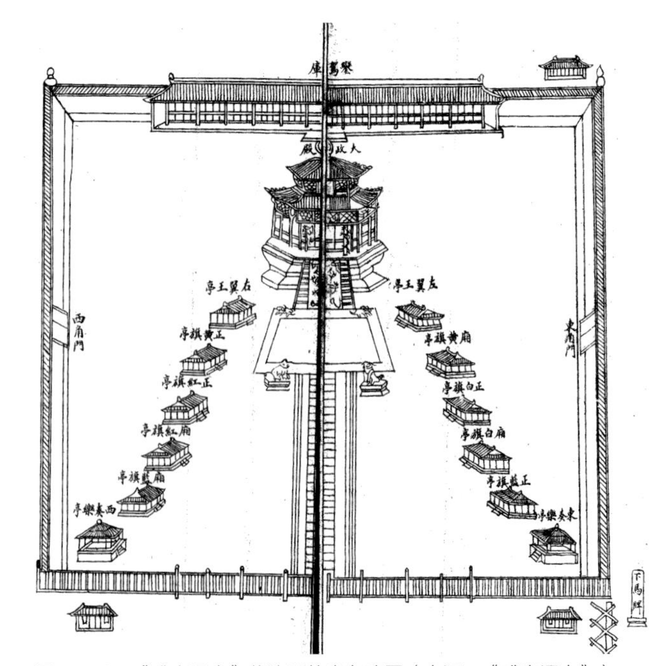

图2-3-2 《盛京通志》载沈阳故宫东路图（来源：《盛京通志》）

差异。其次，沈阳故宫东路建筑群突出了对“八”字内涵的象征与表述。以“八”作为崇尚与吉祥，与满族的“八旗”制度有着深层的关系。八旗制是努尔哈赤最杰出的创造性成果之一。它作为满族（女真）早期军政管理的基本体制，使满族在军事、生产和行政管理方面都取得了巨大的成功。东路宫殿群虽以居中的大政殿为中心，十个王亭摆成了“八”字形平面布局形式。在这一组建筑中，以“八字形总体布局”“八角形大殿”再加上“八旗衙门”的数字象征手法，实现了预期的心理暗示目标。在这组建筑中，人们还可以非常明显而直观地理解当年宫殿建造者将游猎和征战过程中动态的帐幄形式转化为固态殿宇形式的设计意图。这一构思无论在政治还是文化的层面上，的确都具有十分别致的创意。以努尔哈赤为代表的女真人，再一次表露出他们与中原传统风习的差异。在他们的建筑中忽略了对时间的表述，却更加重视对大型场面空间的感觉。

## （二）农耕经济和集权政治背景下的中路布局

皇太极时期兴建的中路“大清门—崇政殿—凤凰楼—清宁宫”院落序列呈现出了与中原传统的院落式组合相似的空间形态，但是这其中又浓烈地体现着皇太极时代满族文化对建筑营造诸多而深邃的影响（图2-3-3）。传统满族经济、政治体制的转变决定了中路空间布局特色的形成建筑是历史中每一个特定时期的物化形态。中路建筑群则改变为封闭的、内向的、相对独立的和集权的。它与以农耕经济为基础的封建制度所表现出来的稳定、内向、自给自足的社会特点相吻合，又集中体现着皇权至高无上的礼制思想。建筑布局的形式随着经济与政治体制的变化发生了巨大的改变。沈阳故宫中路建筑群在整体上首次接受了中原传统皇家宫殿建筑“前朝后寝”的布局方式。前部的大清门、崇政殿院落是朝政空间；凤凰楼后部的台上五宫院落是帝后的生活空间。但在它们的竖向高度上，又呈现为“宫高殿低”的特殊布局（图2-3-4）。中路“宫高殿低”的格局主要来自一个坐落在高为3．8米人工夯土台上的皇宅内院。由于内宫前面的院落与“台上五宫”院落地坪高差很大，建造者以一个高耸的

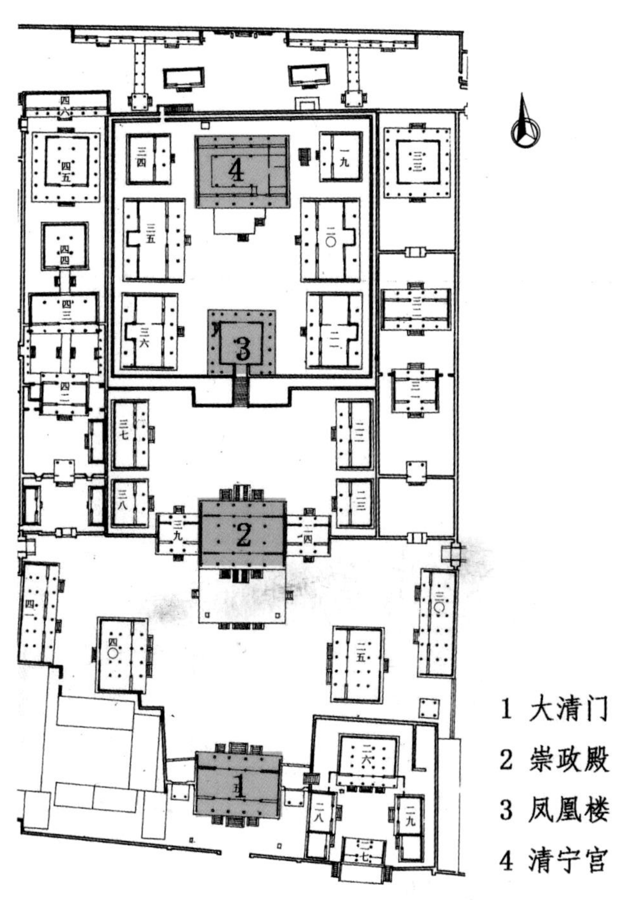


图2-3-3　沈阳故宫中路平面图（来源：根据沈阳故宫博物院测绘资料，吴琦 改绘）

凤凰楼作为不同地坪的联系与过渡因素，这无论在空间构图上还是防卫功能上，都十分重要。凤凰楼（图2-3-5）在空间构图上既是前后院落的联系与过渡，又是整个故宫建筑群以至沈阳全城的制高点，它对中路建筑在三路之中的主体地位起着强调作用，又在中路的主体建筑崇政殿的后面，作为它的背景和衬托。在防卫上，凤凰楼作为台上五宫的入口，恰是一座高高耸立的城楼，与高台周围的更道一起构成保卫台上五宫的防御系统。

沈阳故宫早期建成部分——东路和中路的建筑群，散发着醇厚的满族和地域性文化的芬芳，它们以此区别于中国历朝历代的宫殿建筑。同时，尽管它们建设间隔短暂却分别受制于差别甚大的政治与经济背景，又使得东路与中路建筑群之间体现为形态迥然的空间格局。

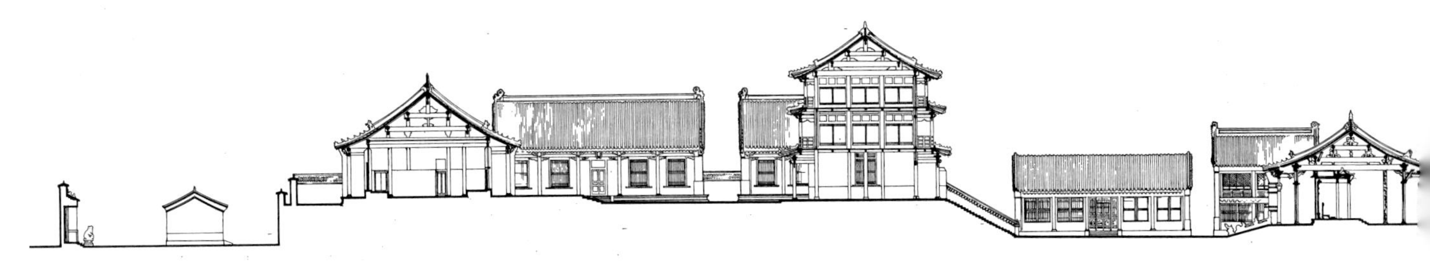

图2-3-4 沈阳故宫中路群体建筑纵剖图（来源：沈阳故宫博物院测绘资料）

图2-3-5 沈阳故宫凤凰楼（来源：朴玉顺 摄）

## 二、“阴城”理论与礼制思想指导下的陵寝布局

### （一）清初皇陵的“阴城”理论

清初福、昭二陵的总体布局可以看出两者其实还是比较相近的，概括而言，它们都有一条贯穿始终的中轴线，而且它们的大红门、神道石象生序列、神功圣德碑亭、主体祭祀区、宝城区域等这些比较主要的区域或单体建筑也都基本依此轴线由南而北布置，只是清福陵主体部分建在天柱山上，其前部还设有一百单八磴这样的设施，从而营造出了独特的空间气氛，而它们各自的内城体系也由于其自身在尺度与形态上的差异从而给人带来了不同的心理感受，两陵大红门外空间设置的构筑物也由于各自在内容和空间组织上的差别而给人以不同的空间感受。纵观清初福(图2-3-6）、昭两陵的总体布局(图2-3-7），其外围设有一圈红墙，墙内遍植松柏，内为一方城，四周建高达5米的青砖城墙，墙上有雉堞及

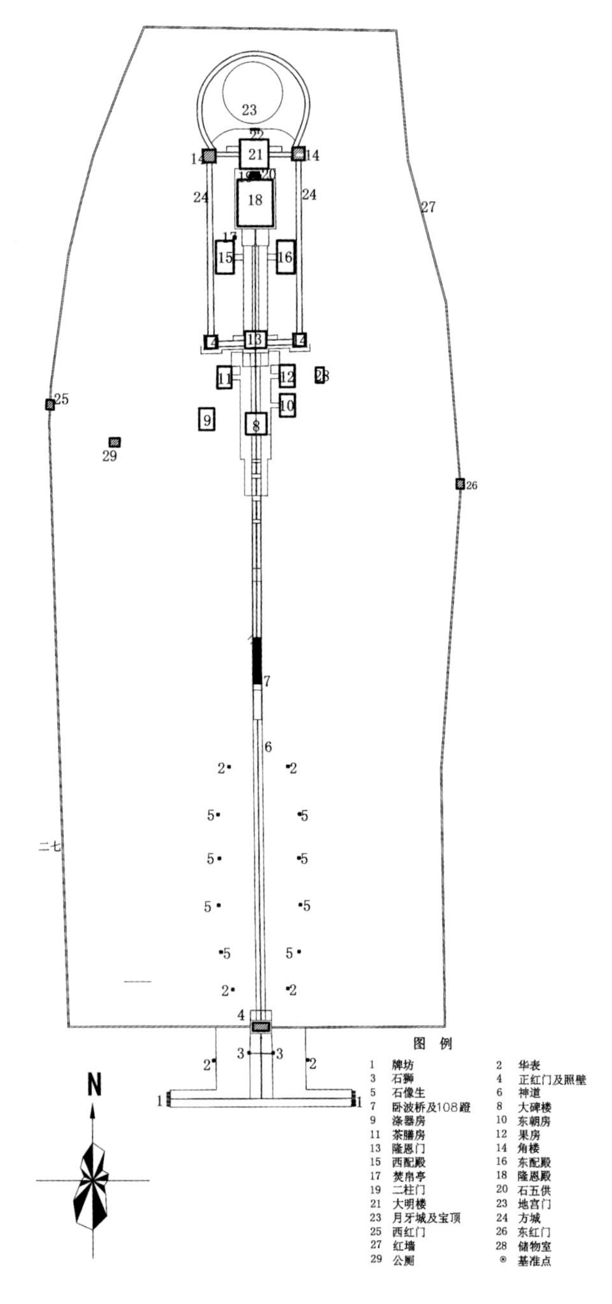


图2-3-6 沈阳福陵总平面图（来源：沈阳建筑大学测绘资料）

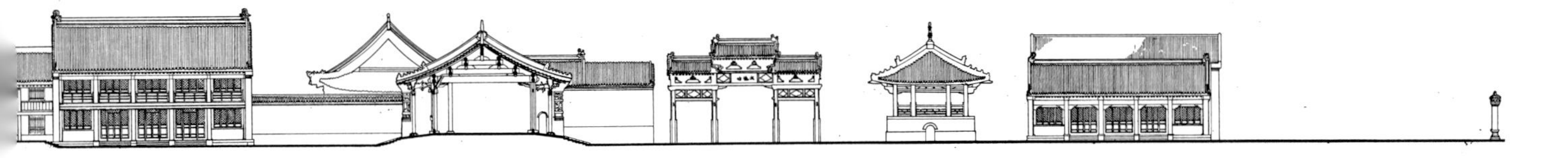

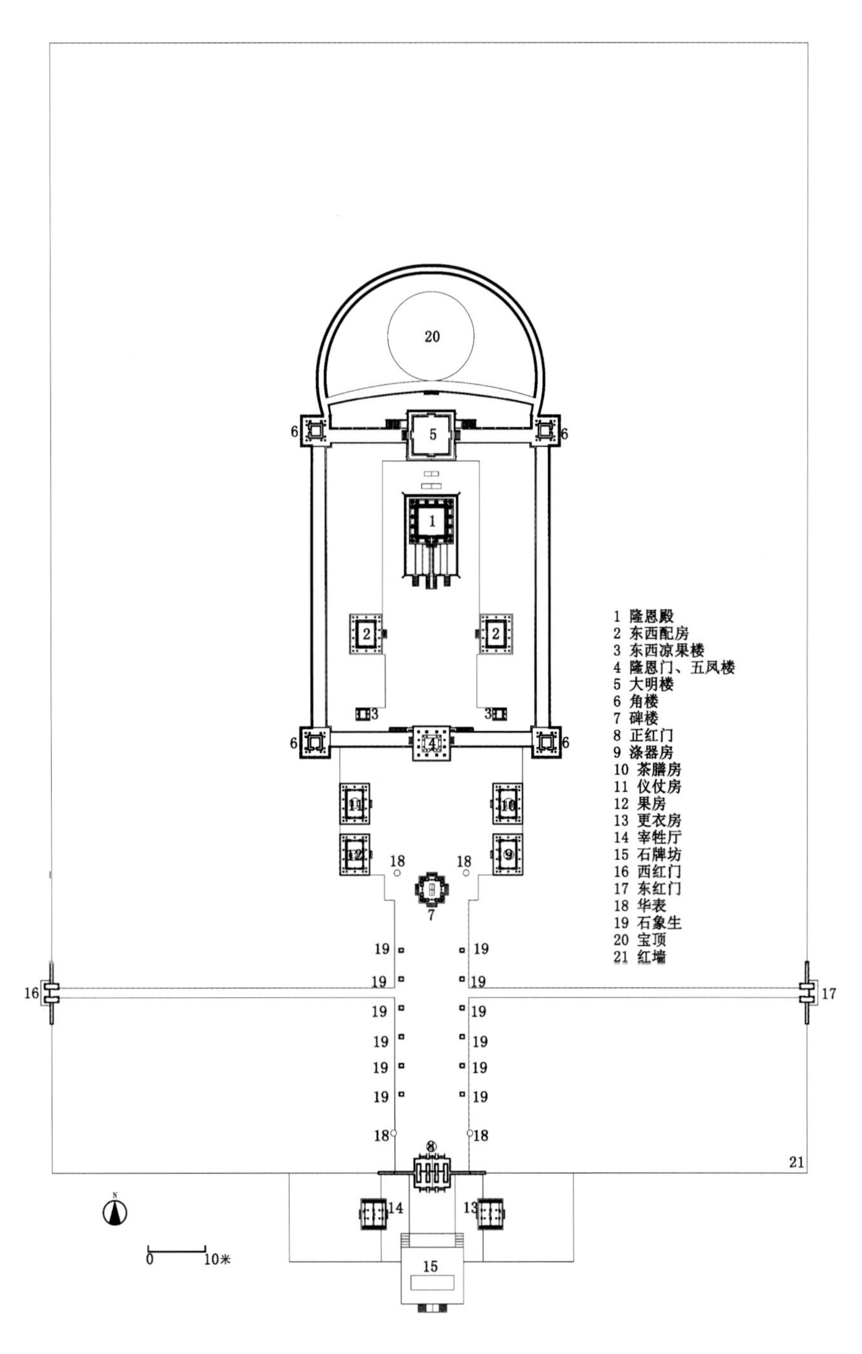


图2-3-7　沈阳昭陵总平面图（来源：根据沈阳北陵公园管理中心测绘图，梁玉坤 改绘）

女墙，前设隆恩门，四周建角楼，应该说，这种格局与建筑形式，让人感到它不仅仅是一座陵寝，更像是一座城池，这也恰恰就是沈阳昭陵、福陵作为关外清初帝王陵寝，与明陵和关内清陵最大的不同点。昭陵与福陵将封建帝王陵寝的形制与东北传统的封建城堡结合起来，由此构成出了一种极具民族特色的陵寝形式。

这种建“城”概念下形成的陵寝形式，一方面体现出了中国传统的“事死如事生”的陵寝礼制文化，是清初满族人政治、军事形势在陵寝建筑的真实再现，亦从另一方面反映出其在长期的战乱下形成的极强的“自卫防御”心理。所谓“城”，其中包含有两个层面上的含义：其一，皇陵组构的其实是一个具有满族特色的“二重城”，即红墙与方城之间形成的“外郭”和方城本身构成的“内城”，且内城在地势上略高于外郭。其二，对于内城，由于四周建有高大的城墙，前有隆恩门楼，四角设角楼用以警戒，这些“城”的要素在昭陵中的应用使得方城在形式上颇像一座封建城堡，而且隆恩门（图2-3-8）与当时盛京城的八个城门楼（图2-3-9）极为相似，很容易让人联想到这是皇太极生前居住的盛京城的缩影。而对于红墙组成的外郭，正是关外皇陵与关内清陵、明陵的不同之处。关内诸陵，亦设置红墙，均自正红门开始向两侧延伸，至山下戛然而止，红墙仅是作为了陵区与外界相互分割的界限，而未形成一个实质意义上的城；而福、昭两陵则不然，红墙依山循势而建、封闭围合成了一个带有防御性的城墙。二者之间的这种差异并不是简单意义上的封闭与否，而是恰好反映出了满族在特定历史阶段下所形成的民族防御心理。“二重城”的陵寝模式应该说是源自满族传统的营建都城的做法。这种“二重城”的建城概念，已影响到了满族后来在平原上的都城营建中，如盛京城（图2-3-10）亦是内城外郭，郭圆城方，设八个门，上建楼阁式门楼，四角建角楼，以警戒周围。应该说，福、昭两陵

图2-3-8 沈阳清昭陵隆恩门（来源：张勇 摄）

图2-3-9　盛京城中城楼（来源：《沈阳老照片》）

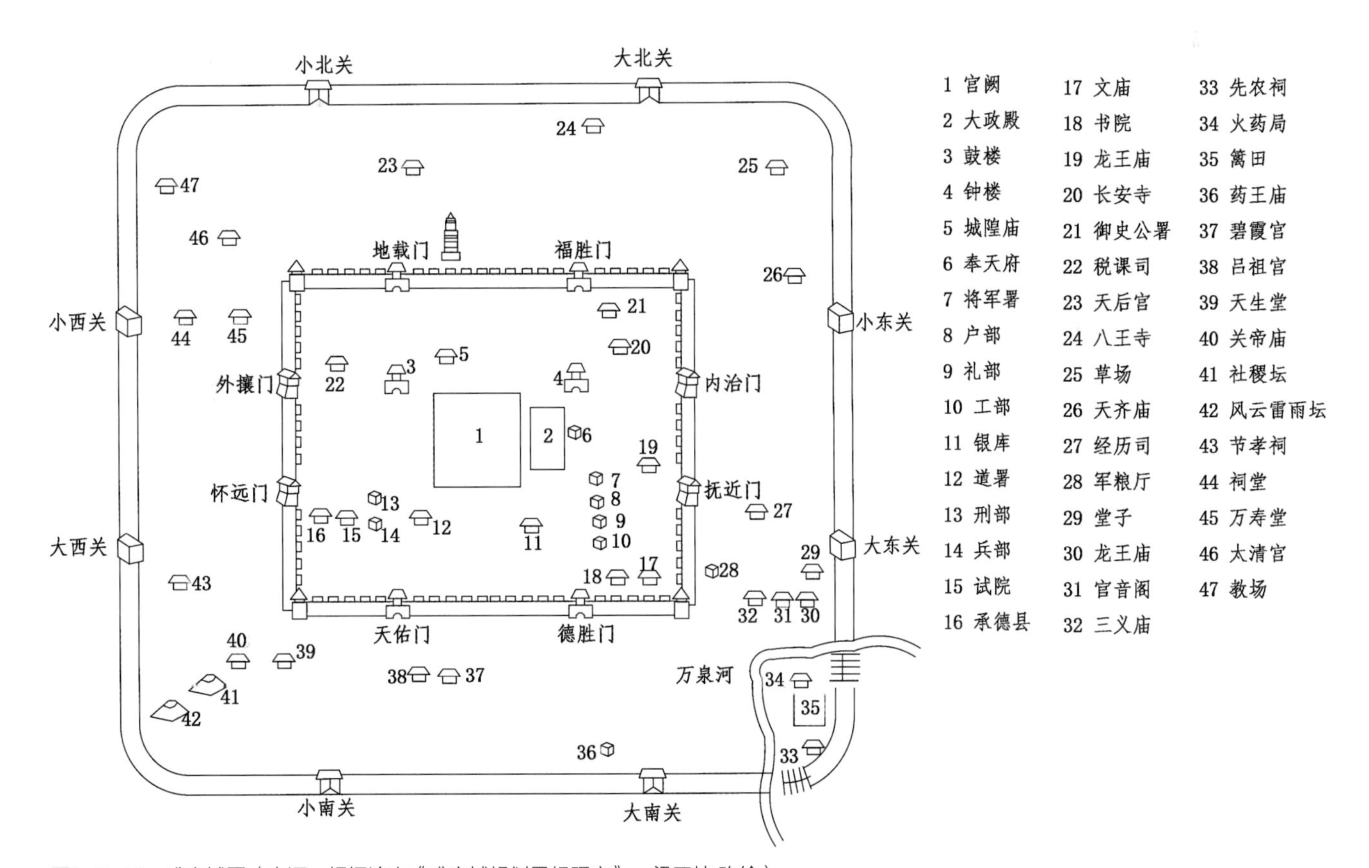


图2-3-10　盛京城图（来源：根据论文《盛京城规划思想研究》，梁玉坤 改绘）

作为盛京城外的一处皇家建筑，在当时动荡的政治社会背景下，出于安全性的考虑，不仅设殿以祭之，而且还模仿盛京城，建城以卫之，时刻防备着敌人的侵犯，显现出满族在特定阶段高度的民族防御心理。但后来清入关后的陵寝，由于满族人的生活逐渐稳定，不必担心外来的入侵，均裁撤了陵墙四隅的角楼建筑，墙上亦不再设马道，隆恩门也改成了一层建筑，使得其形成了与关外陵寝截然不同的布局。

## （二）梯形空间的运用

通过对清昭陵的总体平面布局的仔细分析，会发现在昭陵的几个重要建筑物前，都有一个相似的空间形式——“梯形”空间，且均是南宽北窄：第一处是神功圣德碑亭前的石像生，呈八字形排列，东西石象的距离为25.5米，而东西石狮的距离却为27.5米（图2-3-11）；第二处是隆恩门南面的仪仗房等几个祭祀辅助用房，其房屋的南北轴线都与神道的中心线偏差了一个角度，四间房屋在整体上也呈南北向的八字形，茶房与果房的北面侧墙间距为55.5米，而仪仗房与膳房南面侧墙间距增大至58.5米；第三处是方城内东西配殿及配楼，各自的基座亦倾斜陵寝的南北中心线，配殿南端间距要比北端间距多出一米，此外两配楼比两配殿更偏离陵寝中心线，形成了一个南开北合的梯字形空间（图2-3-12）。依照常理，在传统的皇家宫殿陵寝建筑中，建筑的摆布应该平行或垂直中轴线，不应出现这种不正不方的空间布局。但在沈阳的皇家建筑群中，却数次出现这种“梯形”空间形式，如在沈阳故宫东路的十王亭及清盛京皇宫的台上五宫（图2-3-13），以及福陵的石像生排列布置，均采用了相似的手法。究其原因，并非是由于设计者的偶然行为或是

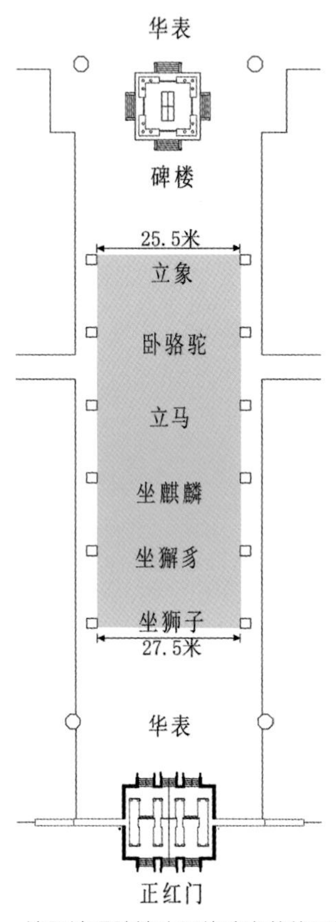


图2-3-11　沈阳清昭陵神功圣德碑亭前的石像生布置图
（来源：根据沈阳北陵公园管理中心测绘图，吴琦 改绘）

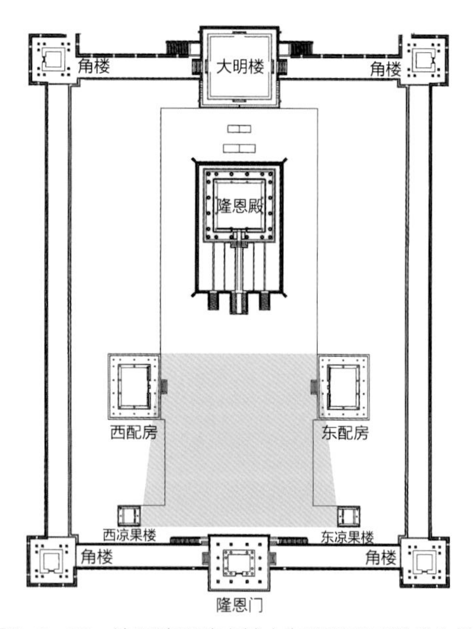


图2-3-12　沈阳清昭陵方城内东西配殿及配楼布置图
（来源：根据沈阳北陵公园管理中心测绘图，吴琦 改绘）

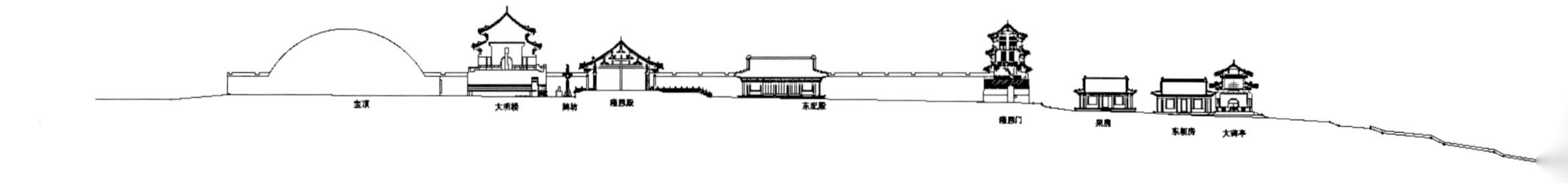

图2-3-15　沈阳福陵纵向剖面图（来源：沈阳建筑大学建筑研究所测绘资料）

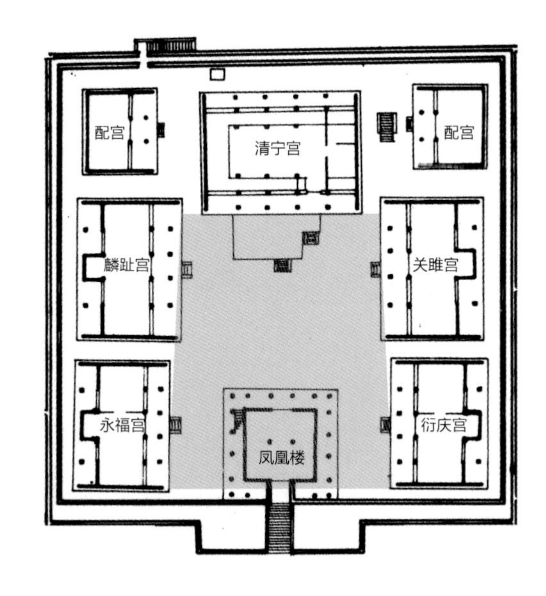


图2-3-13 沈阳故宫台上五宫布置图（来源：沈阳故宫博物院测绘资料，吴琦 改绘）

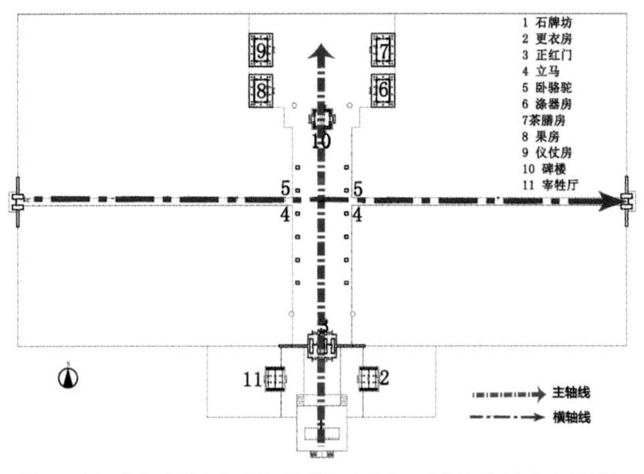


图2-3-14 沈阳昭陵东西红门轴线图（来源：根据沈阳北陵公园管理中心测绘图资料，梁玉坤 改绘）

施工中的误差造成，亦不是迎合汉字“八”的字形与满族独特的八旗制度之间的偶合关系，而是满族人在长期的生活实践中形成的对“梯形”空间的一种偏爱。

清昭陵作为清初帝王陵寝，虽然在建筑形制上不甚合乎礼制，但却对中轴线给予了重视，根据选址时按照中原的环境选择倾向所确定的陵寝山向为基础组织中轴线，中轴线与陵后的隆业山成一“丁”字形。神道即作为了中轴线建筑化的标志。应该说昭陵中对轴线的使用体现出了浓郁的满族特色——只重视纵深轴线的发展变化，而在使用横轴线时却极其随意。如东西红门的设置即形成了一条横轴，但此轴的位置却在石像生的卧骆驼与立马之间，不当不正，全然未考虑其与整个陵寝的关系（图2-3-14）。这是与满族传统的宅院布置相联系的。满族早期在山区生活，地形的限制以及出于安全的考虑，使其养成了沿地势方向建造房屋的习俗，同时，由于军事活动逐渐成为他们生活的主要内容，他们无过多精力考虑等级观念在建筑上的体现，故在宅院之间的布局中无严格的主次关系，仅是相互之间横向并列布置，除极少宅第外，一般无跨院，这样就导致了满族人无论在宫殿、陵寝还是王府、民宅，均只注重其纵深方向的轴线，这是满族与汉族在轴线使用上的差异所在。从新开河北岸下马碑到正红门可作为陵寝的引导部分：一条南北走向的神道绵延数里，空间层次较少，故有些单调，通过设置石雕刻、石牌坊与神桥来对气氛加以调节；从正红门到棱恩门是陵寝的过渡部分：神功圣德碑亭居中设立，两侧的石像生与油松林的拱卫使之成为整个空间的视觉中心，绕过碑亭，几座低矮的朝房与高耸的隆恩门的强烈对比暗示了高潮的到来，穿过狭长的隆恩门洞，便来到整个陵寝的高潮部分：院落较为宽敞，

其北面是一座雕刻精细的须弥座，隆恩殿设立其上，并与东西两配殿成一正两厢组合，其台基的高度与装饰的等级衬托出隆恩殿的重要位置，森严的城墙使整个方城内空间趋于安静，渲染出了祭祀的氛围，隆恩殿后空间局促，低矮的石五供反衬出了明楼的巍峨高大，自月牙城后便是整个轴线序列的终结——宝城、宝顶，在树林茂密的隆业山的衬托下，更显寂静。整个轴线的序列有张有弛，秩然不紊，随地势从低到高，变化有层次、有节奏，既有很强的整体感，又有机地融入到了自然环境当中，营造出了帝王陵寝应有的氛围（图2-3-15）。

在北方少数民族独特居住环境选择理念和中原建筑选址与布局理念的共同影响下，辽宁传统建筑在选址和布局上，有着区别由于其他地区的明显特征。首先，无论城市还是村落，抑或建筑群的选址和布局，明显体现了北方少数民族的生产生活方式和战争频繁的时代特点。比如，城或村落多建在山顶或半山腰，城墙依山就势砌筑，城中建筑根据实际地形灵活布局，特别是早期，不过分强调轴线。重要的建筑一定建在基地的最高处，这种“居高建屋”的习惯一直延续到从山上进入到平原地区以后，重要建筑通过建在人工夯筑的高台上，来体现“居高为尊”的思想。其次，北方的各民族历朝历代在选址和布局上，都在学习和实践着中原的指导思想。从现存的实例看，尽管早期极力地学习和效仿中原环境选择理想模式，但在实际应用中，有很多不完善的地方，以至于到清中后期不得不进行环境的修补。而乾隆之后，在满俗汉化等一系列思想观点的引导下，城市或村落乃至建筑的选址和布局基本与中原的范式无二了。第三，辽宁地区传统建筑群的布局，是满、汉、蒙、藏等多元文化共同影响下的产物，是多民族文化融合的载体。

# 第三章　室内外空间特征

辽宁传统建筑室内外空间是地域特色与向心性的交融。由于其地理环境的边缘性，自古以来，不论是早期中原羁縻统治还是后来正是纳入中原政治版图，抑或北方民族入主中原时期，辽宁并不是故步自封的，而是对中原传统建筑文化保持开放学习的态度。因此在建筑空间外在表现形式上学习中原传统形制的“向心性”明显。在对中原博大精深文化学习的同时，辽宁传统建筑室内外空间也保留了自身的地域特色与文化记号。比如，建筑群整体院落规模较大而进深层次简单，且没有采用高墙深院的围合遮挡，方位的偏转调节、各个构成要素的左右变量等对传统建筑形式的传承与变化凸显了辽宁建筑群较为粗犷的品格与相对边缘的独特性。

# 第一节 自由灵活的建筑群整体空间

建筑群整体空间是指建筑群全部建筑的外部空间，它是由不同功能的各个独立的院落组合而成。辽宁传统建筑群的整体空间，从空间制式、空间构成要素和组织布局手法既有自己的独特性，又有对中原的传承。

## 一、创造性继承了中原建筑群空间布局的制式

不同地域和民族其建筑艺术风格各有差异，但其传统建筑的组群布局形式却有着共同的特点。前人通过直觉与抽象赋予建筑群一定的规则，加之理性化与制度化的功能设置，逐渐形成世代传承发展的建筑群空间形制。尽管建筑群功能类型多种多样，但最终基本形成以传统礼制宗法为核心的制度形式，比如：整体布局以轴线贯穿全局始终；主体建筑布置在中轴线上；以轴线左右对称布置建筑；宫殿建筑采用左祖右社，前朝后寝的基本制式等。辽宁传统建筑群的类型很多，有宫殿、陵墓、寺观祠庙及民居与宅第等。由于独特人文地理等诸多因素的影响，不同功能类型的建筑群在对传统形制的继承与发展方面也各具特色。

### （一）宫殿

沈阳故宫作为辽宁现存唯一宫殿建筑群，是清朝入关前(1625～1643年)清太祖努尔哈赤和清太宗皇太极所建造的宫殿。沈阳故宫建筑群的空间布局学习汉人营建制度，但仍然保留了满族的布局理念。努尔哈赤最初将东路作为办公常朝之所，而他却居住在盛京城的九门里，皇太极时期，东路仅作为出征、凯旋的司仪广场，其并非“前朝后寝”之制。东路建筑群布局仪典功能单一，而是采取外向开敞的“非庭院式”八字布局。中路建筑群的前导空间没有采用始于宋代的“千步廊金水桥”的传统形式，而是利用牌坊进行引导转换。大清门至清宁宫院落基本符合传统形制，又反映出对满族宅邸式合院建筑的承袭，“宫高殿低”的总体布局处理是

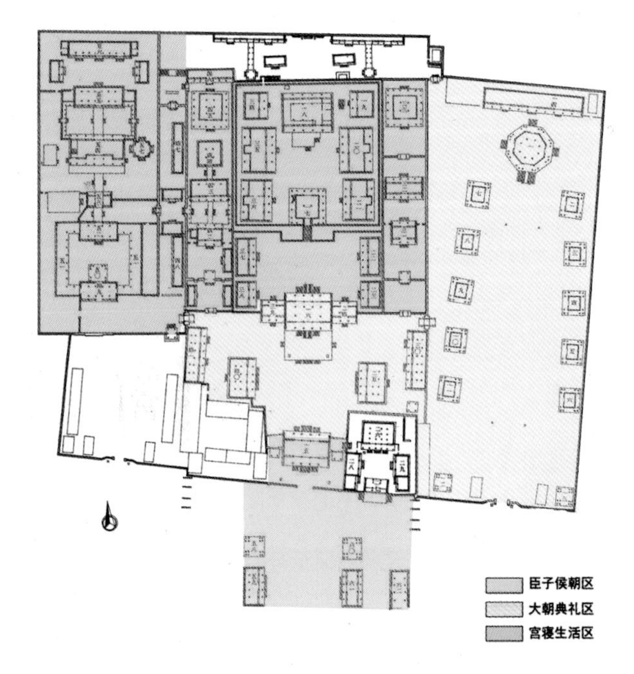


图3-1-1 沈阳故宫功能布局图（来源：根据沈阳故宫博物院测绘资料，吴琦 改绘）

满族营城特色的体现。中路建筑群第五进院落以御膳仓储功能为主，内廷部分并没有与花园景观相结合。东西所由于是乾隆年间修建，基本上承袭北京故宫形制。西路建筑群格局最大特点是“以前为后”，形制服从于功能，建筑空间布局顺应了皇帝便利的需要，戏台形制是对北京故宫宁寿宫畅音阁戏台的效仿。北侧皇帝书斋，形制继承传统。文朔阁与仰熙斋由抄手游廊连接。由于加建的条件限制，院落尺度亲近又略显局促（图3-1-1）。

### （二）寺观祠庙

合院式是中国最早也是最为普遍、最为简单的建筑群的空间组合形式。纵观辽宁的寺观祠庙建筑群，绝大多数采用了合院式布局。合院式布局的又可分为简单合院式和合院组合式两类，其中沈阳中心庙与普兰店关帝庙都属于前者，锦州奉国寺（图3-1-2）、普兰店清泉寺（图3-1-3）、大连观音阁（图3-1-4）属于后者。

朝阳关帝庙整体布局依循了中原传统关帝庙形制，而单体建筑功能方面融入了地方特色，加入戏楼（图3-1-5）、

图3-1-2　锦州奉国寺鸟瞰图（来源：赵兵兵 摄）

图3-1-3　普兰店清泉寺鸟瞰图（来源：邵明 摄）

图3-1-5　朝阳关帝庙戏楼（来源：朴玉顺 摄）

图3-1-4　大连观音阁（来源：邵明 摄）

钟楼（图3-1-6）、药王殿、财神殿等殿宇。平面基本呈“凸”字形，重要建筑中轴对称，入口处四柱三门式设棂星门与牌楼（图3-1-7），之后并没有依循宫殿式端门、午门的传统上朝过渡空间，而是采取月台之上南北分设神马殿（图3-1-8）与仪仗殿（图3-1-9），二者间距13.45米，为民众的朝拜提供充足的缓冲与准备空间。关帝殿与财神殿、药师殿共同坐落在1米高的高台上（图3-1-10），没有刀楼、印楼结义园而是与财神、药王并列供奉，凸显了关帝作为神的信仰属性。如简单形式的关帝庙由山门、东西配殿

图3-1-6 朝阳关帝庙牌楼（来源：朴玉顺 摄）

图3-1-7 朝阳关帝庙钟楼（来源：朴玉顺 摄）

图3-1-8 朝阳关帝庙神马殿（来源：朴玉顺 摄）

图3-1-9 朝阳关帝庙仪仗殿（来源：朴玉顺 摄）

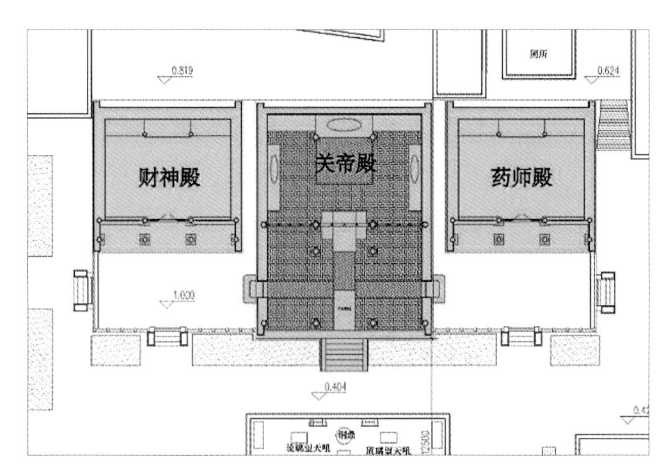

图3-1-10 朝阳关帝庙三殿并置平面图（来源：沈阳建筑大学建筑研究所测绘资料）

以及正殿组成（图3-1-11），而中心庙（图3-1-12）仅仅由单间庙宇与围墙构成回字形院落，突出了庙宇的向心性、单一性。不论是明朝的十字形街道还是后来改扩建的井字形街道都与这个向心的庙宇有着紧密的联系。普兰店关帝庙也在单一合院式的基础上进行了简化，去掉配殿的同时加大院落进深并且设置腰墙，而且绿植丰富。台基之上，正殿与东西两侧三圣殿、玉皇殿（图3-1-13）并列设置，经过左右殿宇的衬托以突出正殿。

文庙建筑群布局最终定式化大约是在明代，与其他古代建筑的庭院组群一样，不论是孔氏家庙、国庙还是学庙都普遍采用均衡对称的方式，沿着纵轴线与横轴线进行设计，其中多

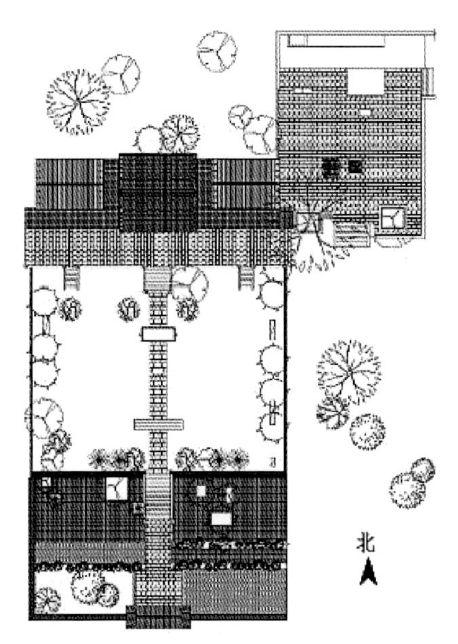


图3-1-11　普兰店关帝庙总平面图（来源：沈阳建筑大学建筑研究所测绘资料）

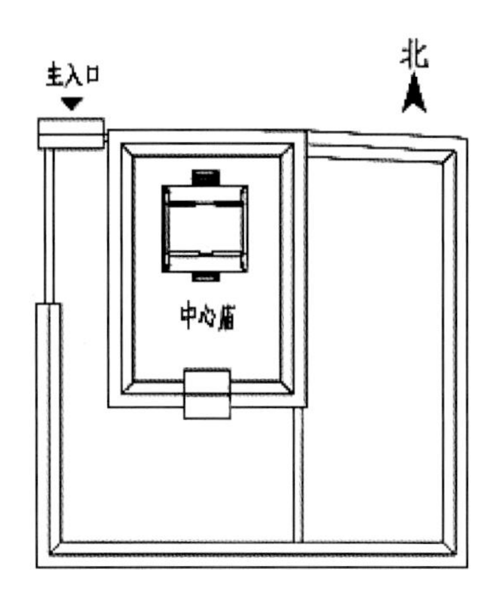


图3-1-12　沈阳中心庙总平面图（来源：沈阳建筑大学建筑研究所测绘资料）

图3-1-13　普兰店关帝庙三圣殿（来源：邵明 摄）

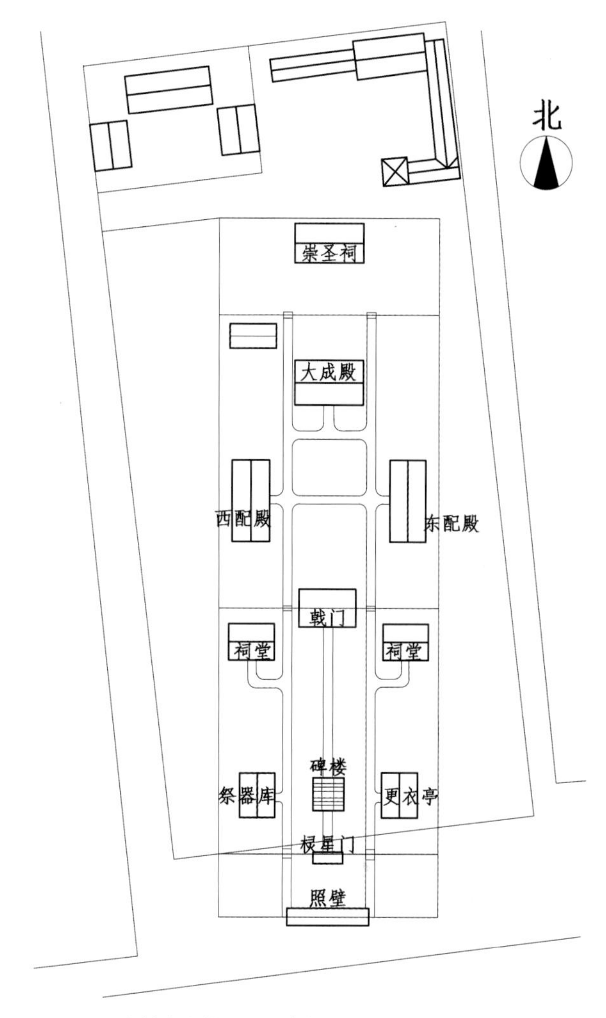


图3-1-14　兴城文庙总平面图（来源：沈阳建筑大学建筑研究所测绘资料）

数以纵向轴线为主，横向轴线为辅。一般万仞宫墙或者照壁至大成门为第一进，大成门至大成殿为第二进，大成殿至崇圣祠为第三进，是地方孔庙比较普遍的制式。文庙建筑群是儒家思想渗透到辽宁地区的最佳佐证，坐落于兴城古城东南隅的兴城文庙正是现存典型传统的文庙建筑群（图3-1-14）。兴城文庙是传统三进式文庙建筑形式的典型传承，由照壁（图3-1-15）、棂星门泮桥（图3-1-16）至戟门（图3-1-17）形成拜祭的前导空间，戟门至建在大型拜台之上的大成殿（图3-1-18）院落则成为祭祀核心空间，第三进院落以崇圣祠（图3-1-19）、碑林（图3-1-20）构成，怀古于今。建筑群体例完整、布局合理、结构严谨，基本比照传统形制功能营

图3-1-15　兴城文庙照壁（来源：张凤婕 摄）

图3-1-16　兴城文庙棂星门泮桥（来源：张凤婕 摄）

图3-1-17　兴城文庙戟门（来源：张凤婕 摄）

图3-1-18　兴城文庙大成殿（来源：张凤婕 摄）

图3-1-19　兴城文庙崇圣祠（来源：张凤婕 摄）

图3-1-20　兴城文庙碑林（来源：张凤婕 摄）

建。由于修建等级与场地环境的关系，兴城文庙第一进院落并没有采用多进门坊与绿化的结合将庙宇空间与世俗街道分隔过渡形成前导，而是巧妙的采用连接左右院墙的照壁，与两侧的悬山式角门构成顺应街道由东西两端进入的入口院落。戟门虽名为门，实为面阔三间进深两间的硬山式殿宇，与传统大成门或戟门正门侧门结合的形制有所差异。府州县孔庙与儒学结合，常有用于教化的建筑物穿插其间，如明伦堂、敬一亭等。而兴城文庙之中祭祀仪典建筑居多，以“大成殿”院落的祭祀空间为核心，并没有设置“明伦堂”院落内廷空间，也没有形成内庙外学、前庙后学的空间格局。

辽宁地区宗教建筑群类型以佛寺、道观和清真寺为主，其中佛寺居多且最具有代表性。留存至今的寺庙建筑中除个别为辽代所建外，大部分寺庙建筑是明清所建或者修缮的结果。对于辽宁传统佛教建筑群而言，多数建筑群结合实际建造需要，整体布局追求对称与轴线的严整布局，在可能的营建条件之下协调与场地环境的关系，形成规整方正的宗教建筑群布局。而在继承传统宗教建筑形制的同时，又受到当地少数民族文化的巨大影响，形成了中原供奉神灵中不存在的殿堂功能与形制格局。清朝初年营建的实胜寺（图3-1-21）、南清真寺（图3-1-22）等整体空间布局都规矩而完整，依循古代建筑群空间布局的基本形式的同时也出现了不同的建筑功能和与之相应的建筑单体甚至院落空间，如实

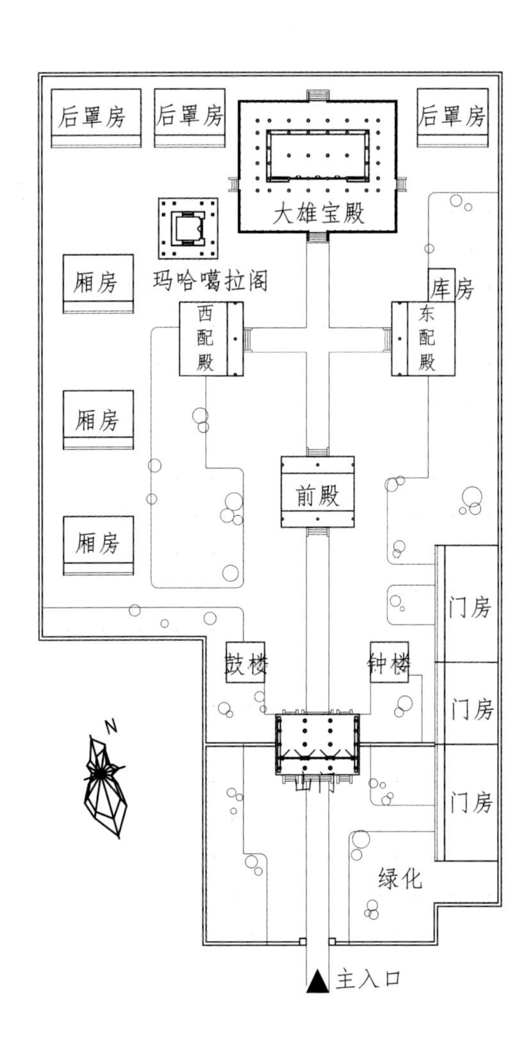


图3-1-21 沈阳实胜寺总平面图（来源：沈阳建筑大学建筑研究所资料）

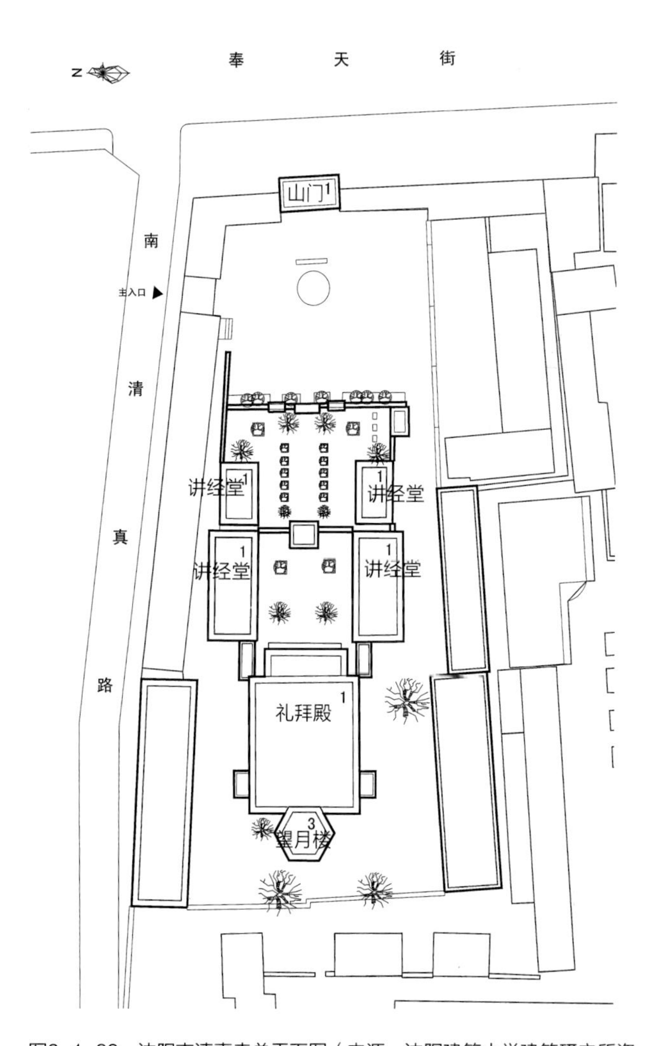


图3-1-22 沈阳南清真寺总平面图（来源：沈阳建筑大学建筑研究所资料）

图3-1-23 实胜寺玛哈噶喇佛楼（来源：沈阳建筑大学建筑研究所 提供）

图3-1-24 沈阳南清真寺大殿（来源：沈阳建筑大学建筑研究所 提供）

图3-1-25 沈阳南清真寺望月楼（来源：沈阳建筑大学建筑研究所 提供）

胜寺中玛哈噶喇佛楼（图3-1-23）、沈阳南清真寺中大殿（图3-1-24）与望月楼（图3-1-25），它们都是地方特殊建筑形式功能的代表。辽宁也遗存有许多宫观。基本上都属于高山型、滨海型以及岩洞型庭院式空间布局，并结合地势选址与所处的文化氛围形成风格各异的空间布局。

## （三）陵墓

清代陵墓布局以明陵为蓝本，沿着修长的神道布置六柱五间石牌坊、大红门、神功碑亭及四隅石华表、石像生、龙凤门、石桥、神道碑亭、石桥、月台及东西朝房、隆恩门、隆恩殿及左右配殿、卡子墙及琉璃花门、棂星门、五供祭台、方城明楼、月牙城、宝城封土，最后以罗锅墙结束，层次分明，循序渐进，形成肃穆的空间序列。在整条序列上仅龙凤门及朝房、班房为新增建筑，其余皆依明陵之例。这种规制可以说是总结了历代帝陵规划经验而形成的一套艺术上较成熟的中国式的纪念性建筑方案设计。若以神道碑亭作为划分，则前部神道部分的布置方式繁简、长短变化较大，而碑亭至宝城一段基本为定制，大同而小异。

福陵、昭陵的整体布局借鉴了中原的制式，但其石像生采用弧形透视排布（图3-1-26），与前朝沿神道直线排列的形式不同，尤其早期福陵最为特殊，沿展开的石像生间距由南北两端向中心逐渐加大，与周围森严的松柏绿植结合，进深深远又不会给人以狭窄拘泥之感，正红门至隆恩门的神道区间由此显得肃穆而不乏变化（图3-1-27）。

福陵正红门内地势渐高，神道由此向前伸展，漫长深远，松柏林立，两侧布置石像生。随着地势渐高，设石阶一百零八磴（图3-1-28），层叠递上，更增神道“深邃高耸，幽冥莫测”之感。登上台地以后，神功圣德碑亭（图3-1-29）耸立于前，亭后即为雉堞四围的砖构方城（图3-1-30）。另外盛京三座陵墓祭拜大殿（图3-1-31）与宝城宝顶（图3-1-32）之间均没有采用琉璃花门。沈阳福陵、昭陵两座陵墓于墙垣上建陵门（图3-1-33），北建大

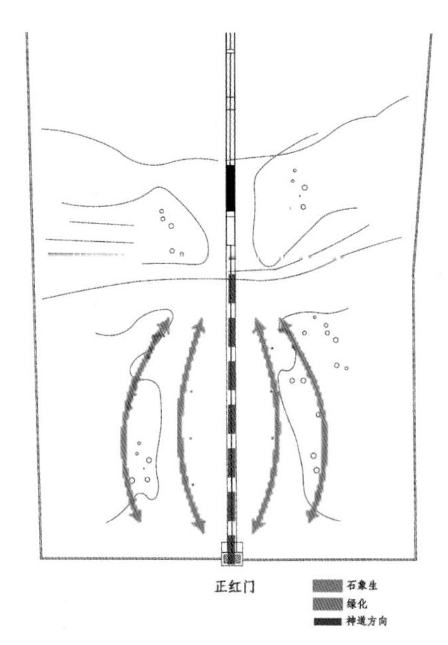

图3-1-26 沈阳昭陵石象生平面图（来源：根据沈阳北陵管理中心测绘资料，梁玉坤 改绘）

图3-1-27 沈阳昭陵石象生（来源：吴琦 摄）

图3-1-28 沈阳福陵石阶一百零八磴（来源：沈阳建筑大学建筑研究所 提供）

图3-1-29 沈阳福陵神功圣德碑亭（来源：沈阳建筑大学建筑研究所提供）

图3-1-30 沈阳福陵砖构方城（来源：沈阳建筑大学建筑研究所 提供）

明楼（图3-1-34），垣上建堞垛（图3-1-35），四隅建角楼（图3-1-36），尤为罕见。反映出后金政权军事防卫观点在建筑上的折射，包括宫室、城池，皆选择高地、台地，或作高台，以居高临下，易守难攻，死后的陵墓同样显露出这种临战的观念，是满族择高筑城的军事防御思想在陵墓建筑群上的投射。昭陵碑亭四隅各设华表一座（图3-1-37），互为映衬。昭陵的另一特点即是宝城后的隆业山不是自然山峰，而是人工天造的假山，侧面说明此时清陵规划亦吸取了山水风景观的原则。

（a）永陵启运殿

（b）福陵隆恩殿

（c）昭陵隆恩殿

图3-1-31 关外三座陵墓祭拜大殿（来源：朴玉顺 摄）

（a）永陵宝顶

（b）福陵宝顶

（c）昭陵宝顶

图3-1-32 关外三陵宝顶（来源：朴玉顺 摄）

图3-1-33 沈阳昭陵正红门（来源：王严力 摄）

图3-1-34 沈阳福陵大明楼（来源：梁玉坤 摄）

图3-1-35 沈阳福陵墙上堞垛（来源：梁玉坤 摄）

图3-1-36 沈阳福陵角楼（来源：梁玉坤 摄）

图3-1-37　沈阳昭陵华表（来源：朴玉顺 摄）

图3-1-38　抚顺新宾肇宅（来源：《诗意栖居—中国民居的文化解读》）

图3-1-39　丹东凤城关大老爷旧居（来源：吕海平 摄）

### （四）民居与宅第

由于交通、军事、经济等实际需要，辽宁地区产生了大量的集镇与少数民族聚落。地域特征鲜明的各民族传统民居宅第就坐落于这些官修民建的州府县城与村镇聚落中。辽宁的民居宅第建筑按照民族以满族民居、汉族民居为主，另有朝鲜族民居、回族民居、锡伯族民居和蒙古族民居。辽宁地区民居与宅第均采用多采用合院式布局，廊院式布局较少出现。但沿轴线形成的院落式空间尺度较大，这样既可以是其受到较少的遮挡，又可能使各个主要建筑南向的室外地面在冬季也能获得一定日照。对辽宁传统民居院落主要有单座独院、二合院、三合院、四合院、大型组合院。典型实例包括：新宾肇宅（图3-1-38）、岫岩吴宅满族民居、开原李宅汉族民居、凤城关大老爷旧居（图3-1-39）。

## 二、各具特色的构成要素

### （一）功能与形制变异的建筑单体

辽宁传统建筑群空间布局中，一方面传承中原传统制式，另一方面又有一定的可变性，正是空间构成要素结合自身文化的适度变化调节，使得辽宁建筑群空间特征呈现出自身的特点。尽管基本的构成模式与中原相似，但其具体表现形式却不尽相同。就“建筑单体”这一建筑群构成要素而言，产生功能与形制的变异的情况是十分常见的，这也成为辽宁古代建筑群空间形态的一大特征。如铁岭的银冈书院（图3-1-40、图3-1-41）是东北地区唯一保存下来的古代书院，是清代著名的五大书院之一，是关东第一书院。它是曾任湖广道御史，后流放铁岭的郝浴的私宅，后来成为其讲学的场所。郝浴在此讲学十八载，至康熙十四年（1675年）

图3-1-40 铁岭银冈书院1（来源：王严力 摄）

图3-1-42 满族民居的索伦杆（来源：朴玉顺 摄）

图3-1-43 满族民居的跨海烟囱（来源：朴玉顺 摄）

图3-1-41 铁岭银冈书院2（来源：王严力 摄）

图3-1-44 沈阳故宫的嘉量（来源：朴玉顺 摄）

图3-1-45 沈阳故宫的日晷（来源：朴玉顺 摄）

交职还朝，留所居宅院为书院，并命名为“银冈书院”。对建筑群中功能位置相对固定的建筑单体而言，其屋顶样式、开间尺寸、内部格局或多或少都会反映出辽宁本地区的地缘特征，这在文中会有论述。

## （二）凸显地域文化内涵的构筑物

辽宁传统建筑中附属的构筑物有满族民居的索伦杆（图3-1-42）、跨海烟囱（图3-1-43）；沈阳故宫崇政殿前的嘉量（图3-1-44）与日晷（图3-1-45）；宗教建筑中的塔以及陵墓建筑群的石像生（图3-1-46）、焚帛炉（图3-1-47）等。这些构筑物不但是各个类型建筑群功能需求的体现，更是地方文化的投影。特别是沈阳故宫内部不同功能不同类型的构筑物包含了独特的地方韵味，东路大政殿前一对石狮子（图3-1-48）雕工质朴，形象威严；大清门前相对应的文德坊（图3-1-49）与武功坊（图3-1-50）不但是皇家禁地的标志，也承担着轴线由水平向垂直的过渡；而清宁宫作为满族民居式的皇帝寝宫，院落中的寝宫月台（图3-1-51）、烟囱和索伦杆的运用正是满族居住文化的标志性展现。这样的实例在辽宁古代建筑群中数不胜数，尤其在民居与清初皇家敕建的宫殿、陵墓、宗教建筑群中，更是风格独特韵味十足。

## （三）相对简单直白的景观铺设

总的来说，辽宁古代建筑群中的景观设计相对简单，

图3-1-46　沈阳清昭陵石像生（来源：朴玉顺 摄）

图3-1-47　沈阳福陵焚帛炉（来源：梁玉坤 摄）

图3-1-48　沈阳故宫大政殿石狮（来源：张勇 摄）

图3-1-50　沈阳故宫武功坊（来源：朴玉顺 摄）

图3-1-49　沈阳故宫文德枋（来源：朴玉顺 摄）

图3-1-51　沈阳故宫清宁宫月台（来源：朴玉顺 摄）

这和辽宁冬季严寒的气候与粗犷的人文环境是分不开的。通常府邸和民居的前院比较开阔，以保证冬天有足够的阳光，根据不同民俗习惯，民居入口过道或正房后院布置栅栏与菜地，既满足了生活物质需要又是一处良好的田园景观。而一些民间修筑的小型寺庙道观、坛庙宅邸的景观则往往与当地传说轶事联系，或如千山无量观观音阁（图3-1-52）结合自然，在“一步登天石”下开动设券门，开凿高宽深均为1.5米的石洞，内奉菩萨塑像；形成富有当地文化韵味的空间意境。而相对于乡村民居、城镇中的宅第会馆、小型寺庙而言，皇家兴建的大型宫殿、坛庙以及大型宗教建筑群的景观则更为质朴，手法更直白，景观基本成为绝对的陪衬。巧妙利用地势，结合自然环境成为辽宁传统建筑群景观配置的主要手段，这与本地区纯朴自然的地域文化和气候特点相适应。当然，简单直白，不复杂的景观设计，结合开敞的院落，辽阔的天空往往会塑造天高地广、苍翠葱茏的背景，重要的建筑整体按照序列轴线排布，配殿分立两侧，这正是天

图3-1-52　鞍山千山无量观观音阁（来源：王严力 摄）

然与人造的结合，辽宁地域精神的抽象传达，不求形制样式的尊贵与层次序列的复杂，旨在追求建筑群自身与环境“天人合一”的精神。

## 三、多样统一的组织布局手法

### （一）中心与中轴

中心是构成建筑群外部空间的必要因素，成为建筑空间区别于纯自然的特质。辽宁传统建筑群中心具有以下特征：所在位置是整个院落或者整个群体的重点核心；其规模大小决定或者影响了使用者的地位；拥有较好的朝向和采光，占据有利资源；与周围其他元素联系密切。辽宁传统空间视觉中心多为建筑单体。正是这种建筑群主体中心空间属性的单一化，使整体布局主题突出且效果特征明显。

辽宁传统建筑群整体布局的“中心”，具有明显的消解与强化的对立倾向。一方面，中心的消解表现在并未通过夸张的体量和尺度来营造空间效果，而是经过消解模糊中心的识别且与周围环境相协调。而通过体量和尺度的突出达到中心的强化，造成对场所周边的控制，视觉震慑和心理暗示通过对比映衬油然而生。其中“消解”的情况多见于灵活布局的道教建筑群、城镇或山林中的小型寺庙以及清代初期营建的建筑。这些建筑群由于自身宗教信仰、场地条件以及种种实际营建情况的影响，对儒家思想或皇家统治之下形成的古代建筑群形制并没有采取绝对的承袭。另一方面，中心的“强化”在受到中原传统建筑整体布局影响较大的建筑群中更为明显，在这些建筑群中，轴线序列关系与对称的空间格局凸显，并遵循森严的等级制度，由此中心的突出成为必然。对于辽宁数量众多的传统宗教建筑来说，由佛法僧三区构成具有“中心”性的建筑单体无疑成为寺院最为主要的崇拜空间，其中由于大雄宝殿体量与功能的重要性，必然成为其寺院形制首要中心。平时僧众诵经膜拜或者举行重大的佛教仪式都围绕这个“中心”进行。以大雄宝殿为核心的庭院式布局自然需要周边配殿的协调来完成神圣空间的布局并承担辅助功能。沈阳慈恩寺（图3-1-53）、沈阳太平寺（图3-1-54）以及锦州天后宫等地方民间营造的建筑群可谓是中心消解的典型代表，而新宾永陵则在此基础上进一步通过中心与边缘的模糊置换，为观察者呈现出建筑群形制中心的消解与不确定。由于地源文化的影响，明末清初时期受满族文化影响较大的建筑群，如沈阳故宫东路（图3-1-55）、

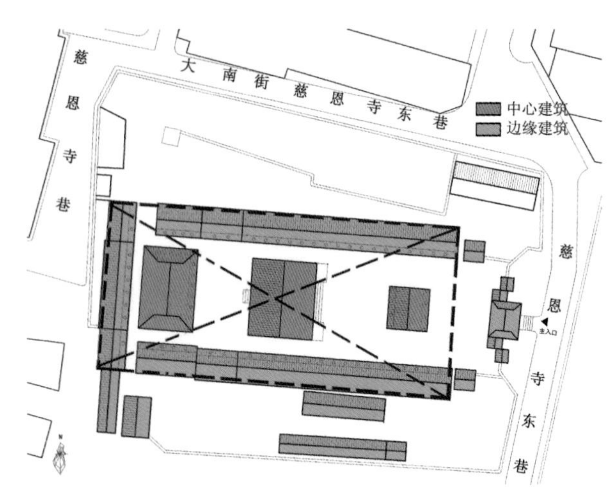


图3-1-53　沈阳慈恩寺中心与边缘分析（来源：沈阳建筑大学建筑研究所测绘资料）

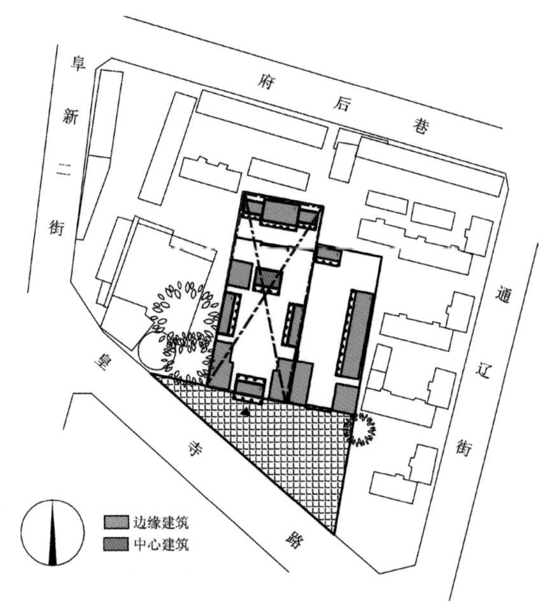


图3-1-54　沈阳太平寺中心与边缘分析（来源：沈阳建筑大学建筑研究所测绘资料）

永陵碑亭院落（图3-1-56）就会出现中心与边缘的识别性模糊的情况发生，也就是说中心与边缘发生了模糊置换。沈阳法轮寺（图3-1-57）、长安寺（图3-1-58）、福陵见（图2-3-6）与昭陵见（图2-3-7）等官修建筑群及位数众多的民居则通过多种手法将中心凸显强化。前者多为城市中规模较小的寺庙院落，由于实际营建因素的影响制约，通过不同的组织手法达到建筑群整体中心的模糊。

此外，分布辽宁地区的各民族民居基本上都是突出中心的典范。正房作为民居建筑中心，具有极强的识别性。如石佛寺一村的夏宅（图3-1-59）就是辽宁传统民居中心强化的典型范例。院落构成要素简单明了，一明两暗的正房将院子划分为前院和后院，唯一的附属功能就是东北侧的厕所，周围布置矮墙绿植作为边缘与边界，从而显示出中心正房的

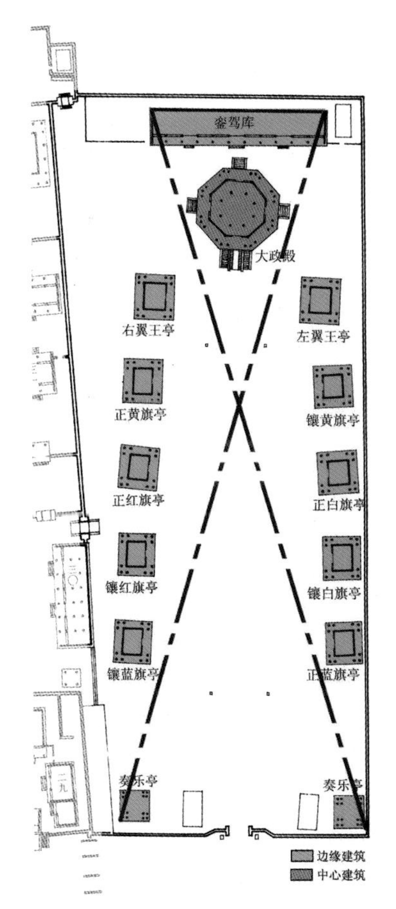


图3-1-55　沈阳故宫东路中心与边缘分（来源：根据沈阳故宫博物院测绘资料，梁玉坤 改绘）

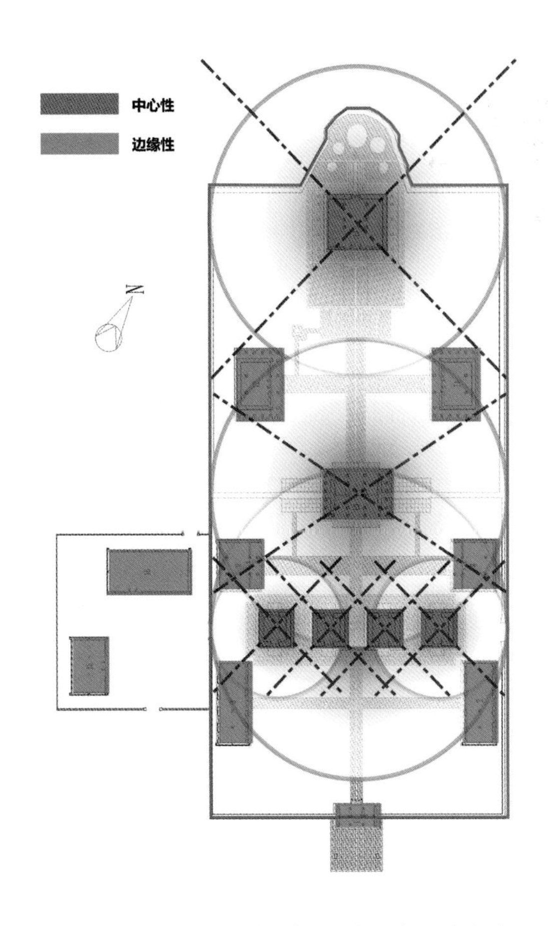


图3-1-56　永陵碑亭院落中心与边缘分析(来源：根据沈阳建筑大学建筑研究所测绘资料，邢飞 改绘）

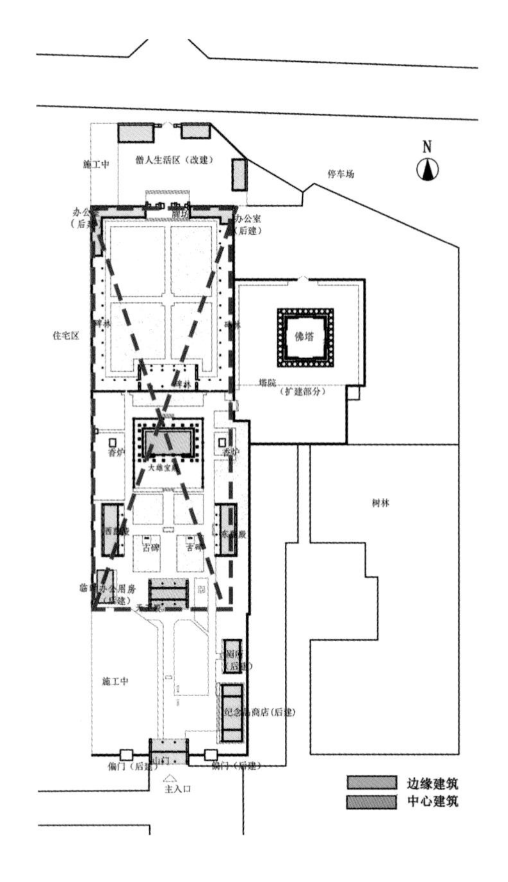


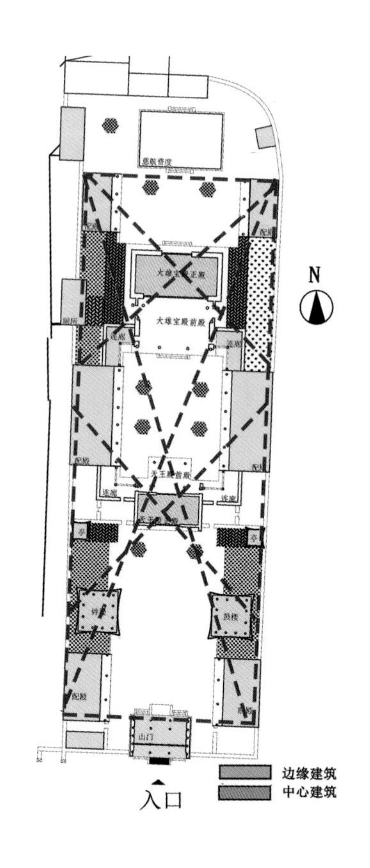


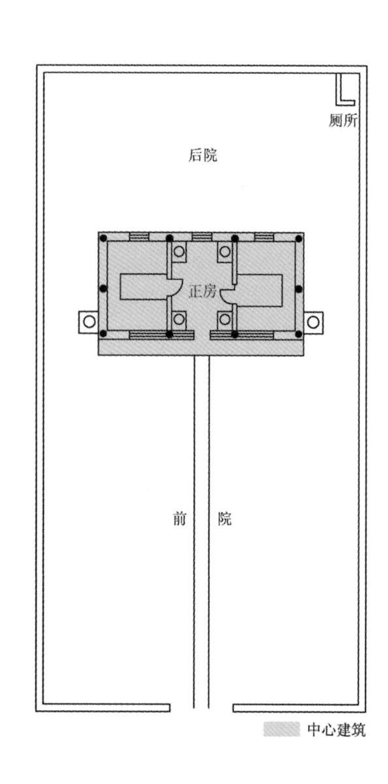


图3-1-57 沈阳法轮寺中心与边缘分析（来源：沈阳建筑大学建筑研究所测绘资料）

图3-1-58 沈阳长安寺中心与边缘分析（来源：沈阳建筑大学建筑研究所测绘资料）

图3-1-59 石佛寺一村的夏宅（来源：沈阳建筑大学建筑研究所测绘资料）

绝对突出，辽宁地区民居粗犷的建筑风格尽显无疑。总之，辽宁传统建筑群整体布局中，对于中心的“消解”与“强化”是处理建筑群空间形态的重要手法，基本上通过以下三种方式来实现：建筑单体层数、体量、规格、位置的变化；整体建筑布局的灵活变化与规整严格；中心的并置与孤立。由此，辽宁古代建筑群的中心建筑或显现或隐藏，空间形态也得到了自由灵活或禁锢严整的呈现。

辽宁传统建筑群中心位置具有灵活多变的特性，即整体空间核心基本上都属于重要院落的视觉中心，与平面几何中心的相对位置呈现后移或者偏离的情况，或与建筑群平面几何中心重合一致，或位于平面几何中心后侧，或位于平面几何中心后侧的前端。

鞍山千山香岩寺（图3-1-60）建筑群整体中心后移，

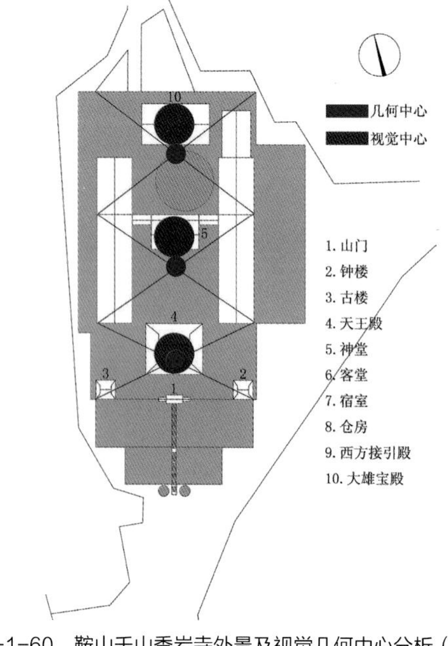


图3-1-60 鞍山千山香岩寺外景及视觉几何中心分析（来源：根据沈阳建筑大学建筑研究所测绘资料，邢飞 改绘）

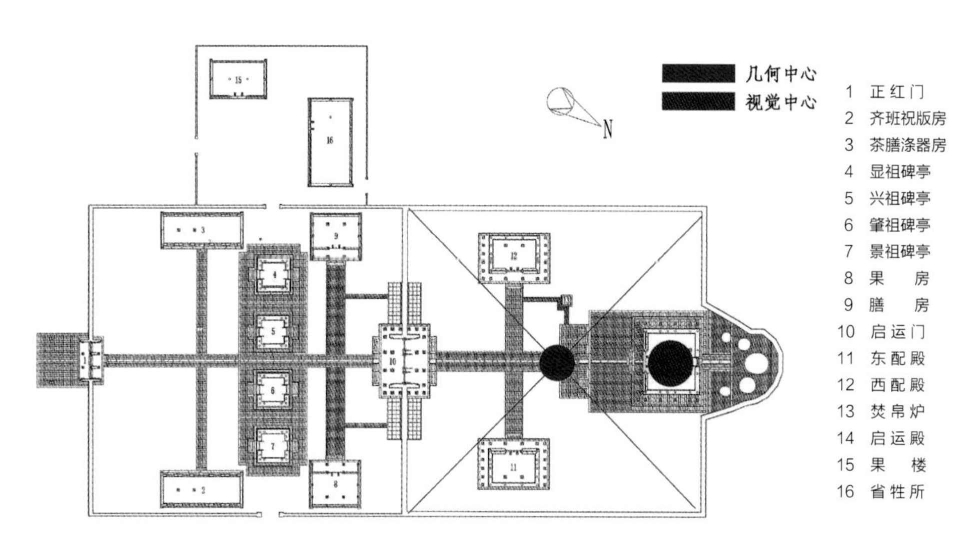


图3-1-61　抚顺永陵建筑群的中心位置分析（来源：根据沈阳建筑大学建筑研究所测绘资料，邢飞 改绘）

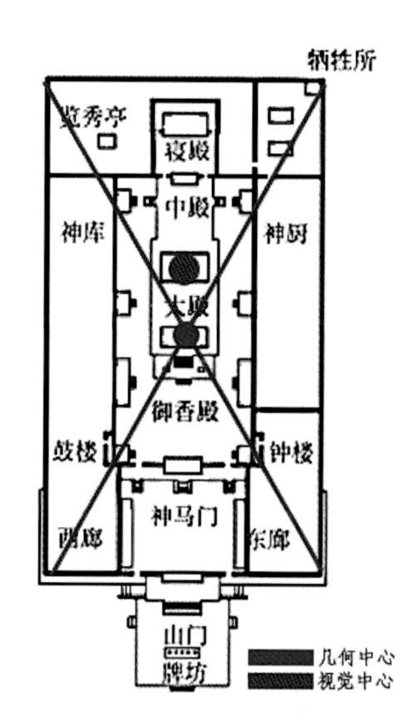


图3-1-62　锦州北镇庙总平面（来源：根据《钦定盛京通志》，邢飞 改绘）

且三进院落分别呈现出视觉中心与几何中心的重合、后移以及上文提到的“消解”的情况。由此看出辽宁古代建筑群中心位置的不确定性可见一斑。此外典型实例还有抚顺永陵（图3-1-61）、医巫闾山北镇庙（图3-1-62）、沈阳四塔四寺（图3-1-58）。辽宁传统建筑群中多数的中心往往不在几何对角线的焦点，不论是视觉中心还是几何中心在建筑群全局中的位置都向后偏移，在清初皇宫皇陵及诸多寺庙建筑群体现得尤为突出。究其原因，是因为皇权或者宗教崇拜对中心空间的占用，向纵深方向偏移。由于多数建筑群南北向的固定延伸以及民俗文化的深刻影响，多数视觉中心北移，出现空间视觉中心与平面几何中心分离，削弱了整体向心性的同时丰富了空间形态。如果说建筑群形制重心与平面几何中心的重合是建筑群布局的基本形式，而中心的后移是宗法皇权的需要，那么少数辽宁传统建筑群中心的前置就可谓地方建筑空间布局的特征体现。清初的大量建筑群受到满族传统文化影响，建筑群布局变化明显。例如沈阳故宫中路崇政殿作为皇帝临朝的庄严场所，崇政殿、左右翊门以及月台共同构成建筑群的中心所在，但中路建筑群几何中心是凤凰楼之前的前朝后寝转换的广场空间（图3-1-63）。这一

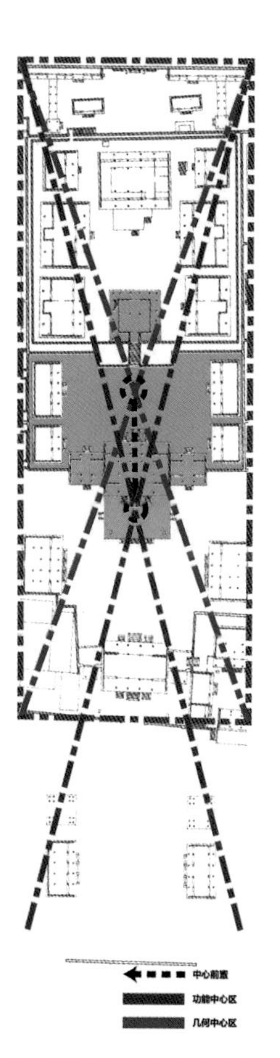


图3-1-63　沈阳故宫中路中心前置（来源：根据沈阳故宫博物院测绘资料，邢飞 改绘）

院落仅仅用做过渡，所以院落狭小，功能性十分突出。只是在后来，将两厢的龙、凤二楼拆除，使这一院落的空间尺度在感觉上才更为得体。

辽宁传统建筑的陵墓、宫殿、寺庙等建筑群重要的连续院落都拥有明显的中轴，其主要建筑安排与入口至后院的中轴上，且具有极强的指向性。而附属院落与联系院落或者位于边路的建筑群则有意无意地消解中轴的支配地位。其原因一方面由于过于严谨的轴线容易给人造成紧张压抑的气氛，不适于放松休闲；另一方面通过转移、转换等手段使中轴模糊，也能使置身其中的使用者在一个相对封闭的环境里生活起居。如，辽宁传统大型典仪建筑群采用突出中轴的布局手法，彰显其崇拜特征。典型实例包括：沈阳昭陵（图2-3-7）和福陵（图2-3-6）、朝阳佑顺寺（图3-1-64）、北票惠宁寺（图3-1-65）。还有一部分位于千山、大连等山地地区的宗教建筑群，由于场地高差与简单的院落进深组织，院落之间发生联系偏转，中轴的消解从而产生。同时由于多路建筑的平行并列或者角度偏转在部分建筑群整体布局中的应用，同样会产生轴线的模糊甚至隐藏。这种手法在道教建筑群与临海山林建筑中屡见不鲜。典型实例包括千山大安寺（图3-1-66）、东港大孤山古建筑群（图3-1-67）、辽阳

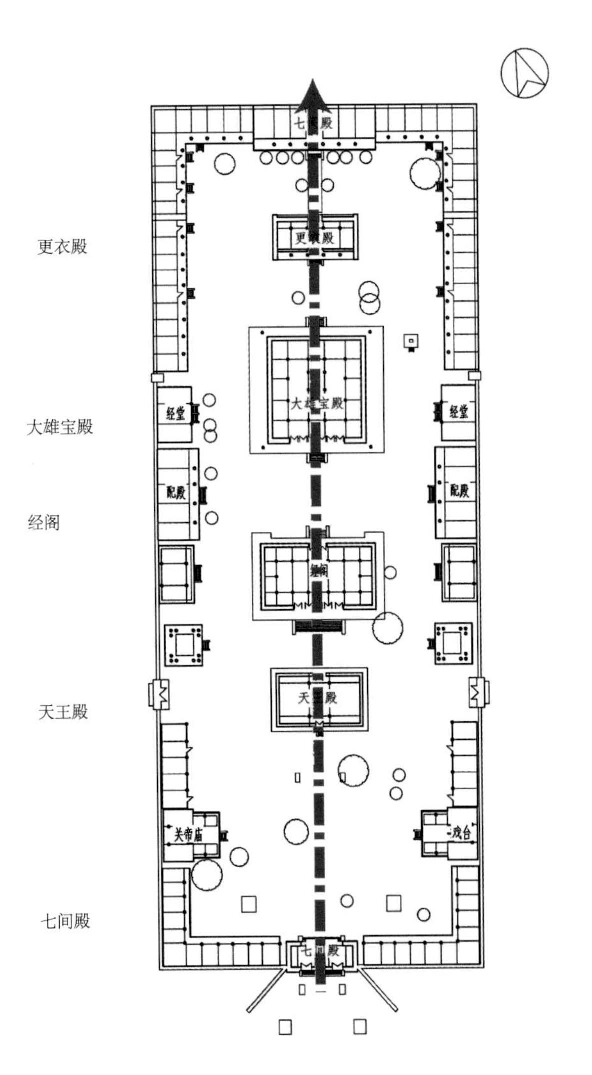


图3-1-64 朝阳佑顺寺轴线分析图（来源：根据沈阳建筑大学建筑研究所测绘资料，梁玉坤 改绘）

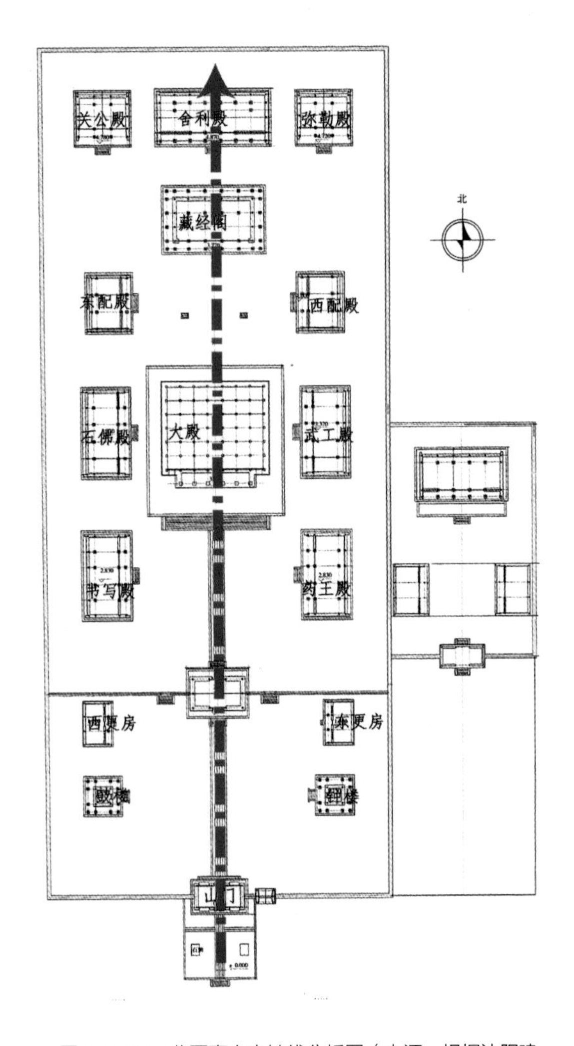


图3-1-65 北票惠宁寺轴线分析图（来源：根据沈阳建筑大学建筑研究所测绘资料，梁玉坤 改绘）

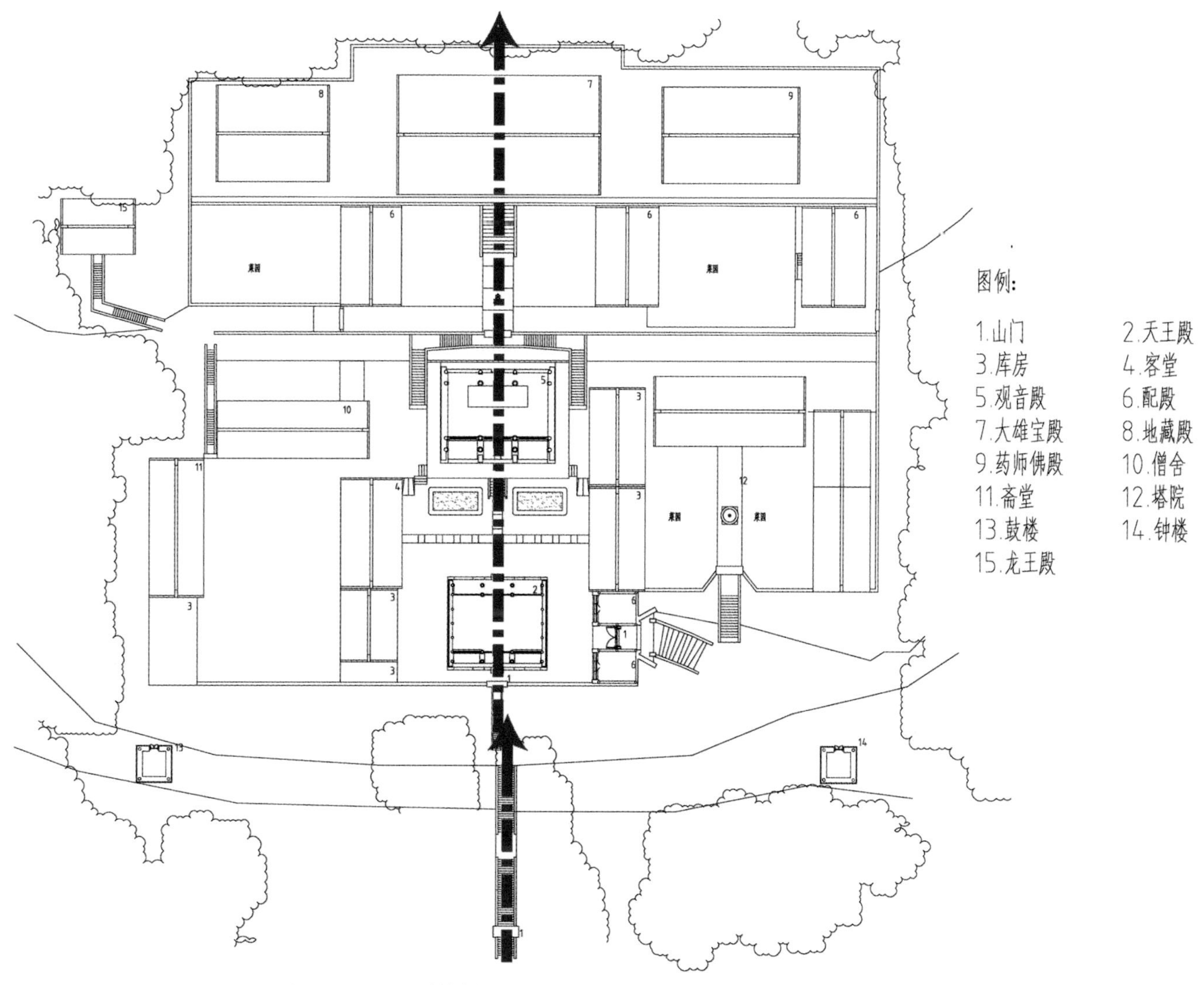


图3-1-66 千山大安寺轴线分析图（来源：根据沈阳建筑大学建筑研究所测绘资料，梁玉坤 改绘）

首山清风寺（图3-1-68）等。

辽宁传统建筑群布局由于受到环境的制约与人文的影响，经常出现由轴线控制的各个建筑群，或者自成一体形成相对独立的建筑群单元；或者并列而置，相互协调成为统一整体；抑或有主有次、相辅相成形成主要轴线与次要的辅助轴线院落。而轴线偏移的情况则较为多见，坐落于山野的小型寺庙道观与城镇宅第坛庙等，由于场地及使用要求的综合限制，其轴线通常发生相应的偏转。典型实例如沈阳故宫总体布局由东路、中路和西路三个部分组成，每一部分又承载着各自功能，各路空间构成规律自成一体。分期建设的积累式院落组合是沈阳故宫的一个突出特点。三条主要纵深轴线分别为东路大政殿与十王亭院落轴线；中路大清门至凤凰楼轴线；以及西路扮戏房至仰熙斋轴线。其中在沈阳故宫营建初期东路及太庙轴线发生了较为明显的偏转（图3-1-69）。此外，锦州广济寺、沈阳锡伯族家庙（图3-1-70）等，都是轴线并列与偏移的典型实例。

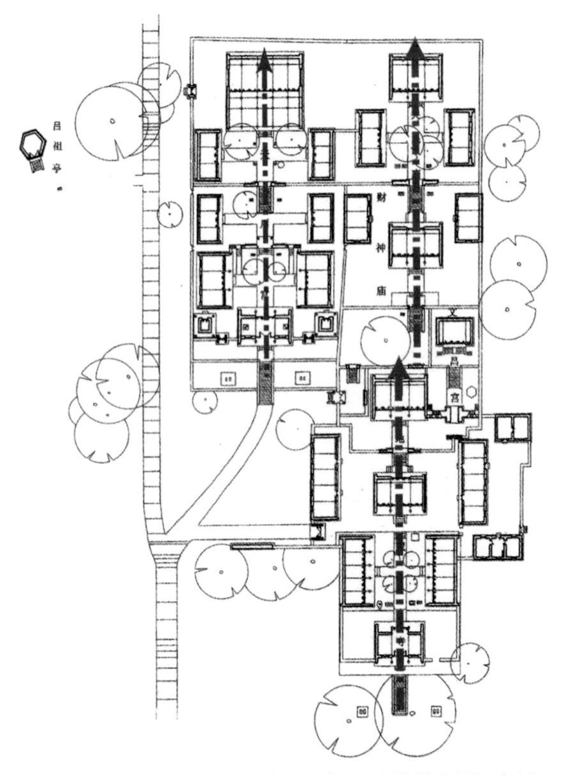


图3-1-67 丹东大孤山建筑群（下庙）轴线分析图（来源：根据沈阳建筑大学建筑研究所测绘资料，梁玉坤 改绘）

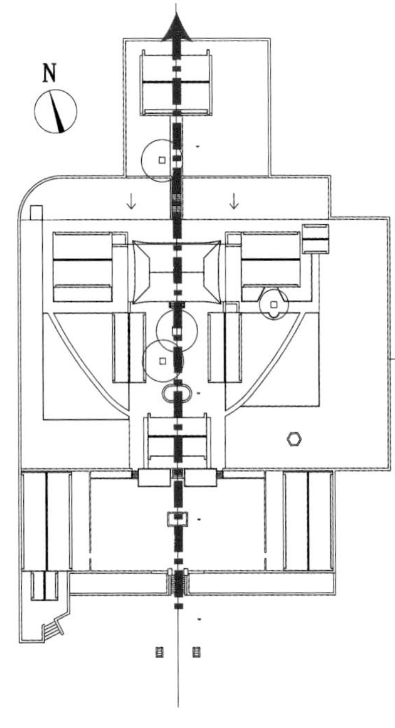


图3-1-68 辽阳首山清风寺轴线分析图（来源：根据沈阳建筑大学建筑研究所测绘资料，梁玉坤 改绘）

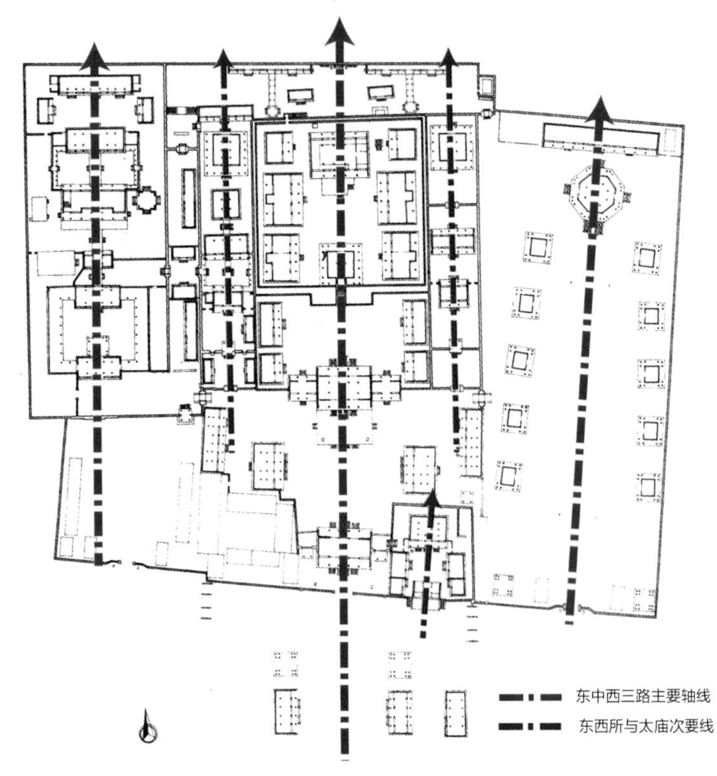


图3-1-69 沈阳故宫轴线分析图（来源：根据沈阳故宫博物院测绘资料，梁玉坤 改绘）

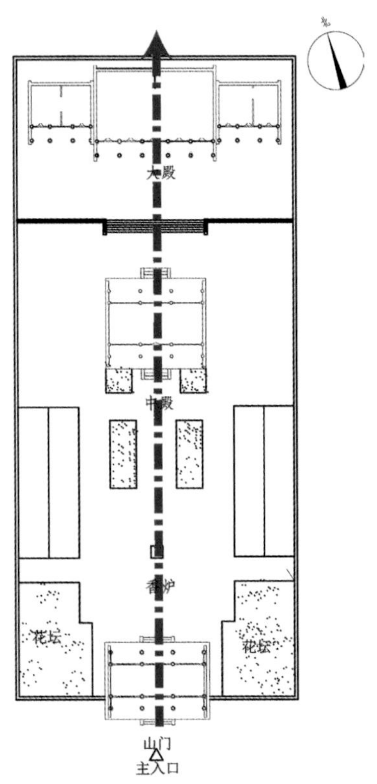


图3-1-70 沈阳锡伯族家庙轴线分析图（来源：根据沈阳建筑大学建筑研究所测绘资料，梁玉坤 改绘）

图3-1-71　北票惠宁寺大雄宝殿（来源：沈阳建筑大学建筑研究所 提供）

## （二）边缘与边界

边界是最外部边缘形成的界面，具有整体性与隔断性。作为划分空间的要素，边界是边缘对中心进行修正、对建筑群实施限定的手段。

边缘与边界对于多数辽宁地区古代建筑群而言，边缘多为偏离中心主体建筑的配殿偏房，边界多为建筑群与外界环境交界的矮墙，由此建筑空间形成一种边缘建筑与边界围墙形成的二元结构。就不同建筑类型而言，由于辽宁夏季燥热冬季严寒的气候特征，不论是民居宅第还是皇家宫殿，在处理建筑群与外界的关系时，基本上都采取单座建筑与外墙的布局，从而产生双层的防风御寒结构，外围边缘的建筑与四周围墙留有一定距离，而这种围墙与建筑构成的双重防寒御风结构可谓辽宁甚至东北建筑群的一大特点。如北票惠宁寺尤为突出明显。虽然为藏传佛教建筑群，但其院落布置依然采用禅宗的伽蓝制度。边缘建筑与边界围墙之间留有空间，相对分离，不但形成二元的防寒结构，而且使得建筑群显得开敞大气，产生寺庙独有的宗教崇拜的空间，其建筑以南北为轴线对称布置，中轴线由南向北贯通着四重院落，东西为纵轴，对称布局（图3-1-71）、喀左天成观（图3-1-72）。新宾永陵、沈阳太清宫（图3-1-73）、朝阳关帝庙（图3-1-74）、凤城关大老爷旧居（图3-1-75）等均是这种二元结构的典型实例。

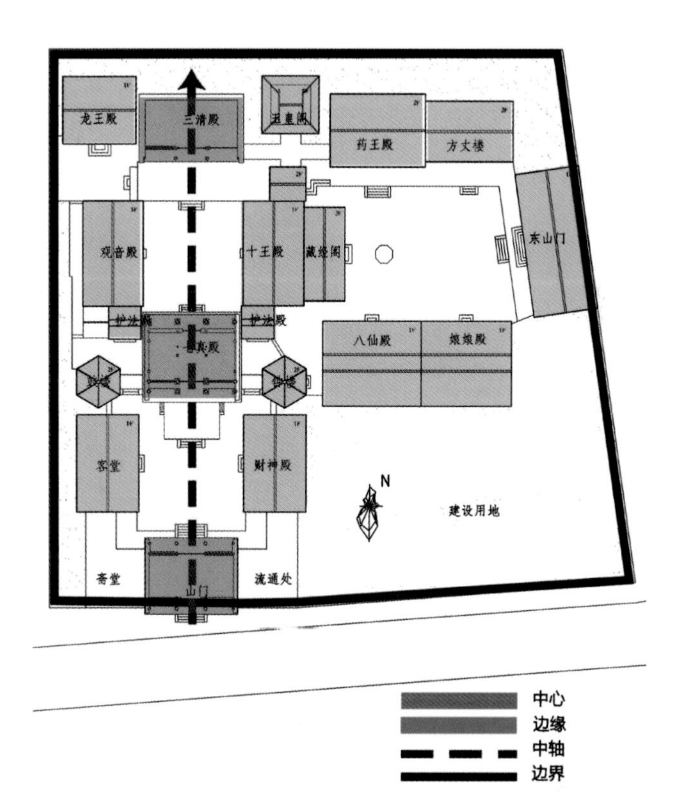


图3-1-72　喀左天成观边缘与边界分析图（来源：根据沈阳建筑大学建筑研究所测绘资料，梁玉坤 改绘）

辽宁古代建筑群不论是单独院落或是整体建筑组群甚至与周围外部环境相结合，“边缘”拓展层次并不十分复杂，所以导致“边缘”相对于“中心”识别明显。并且不

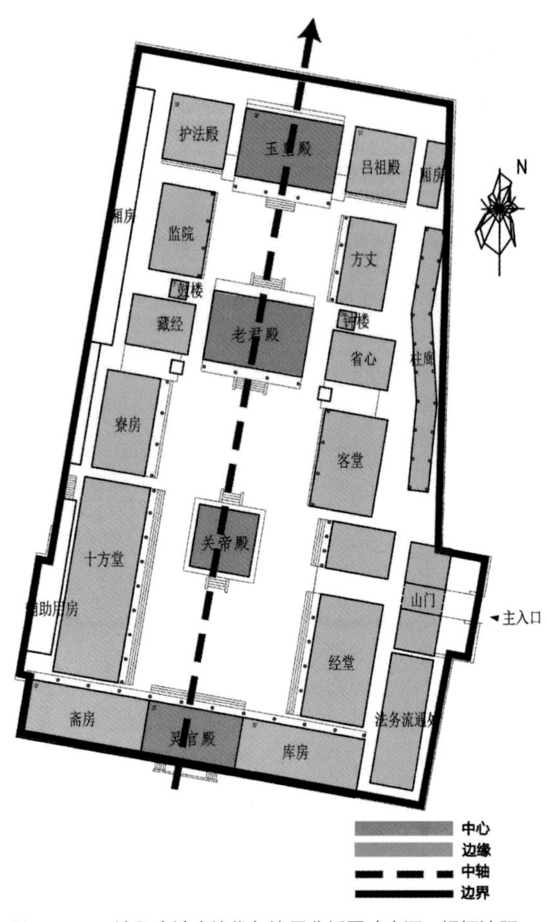


图3-1-73　沈阳太清宫边缘与边界分析图（来源：根据沈阳建筑大学建筑研究所测绘资料，梁玉坤 改绘）

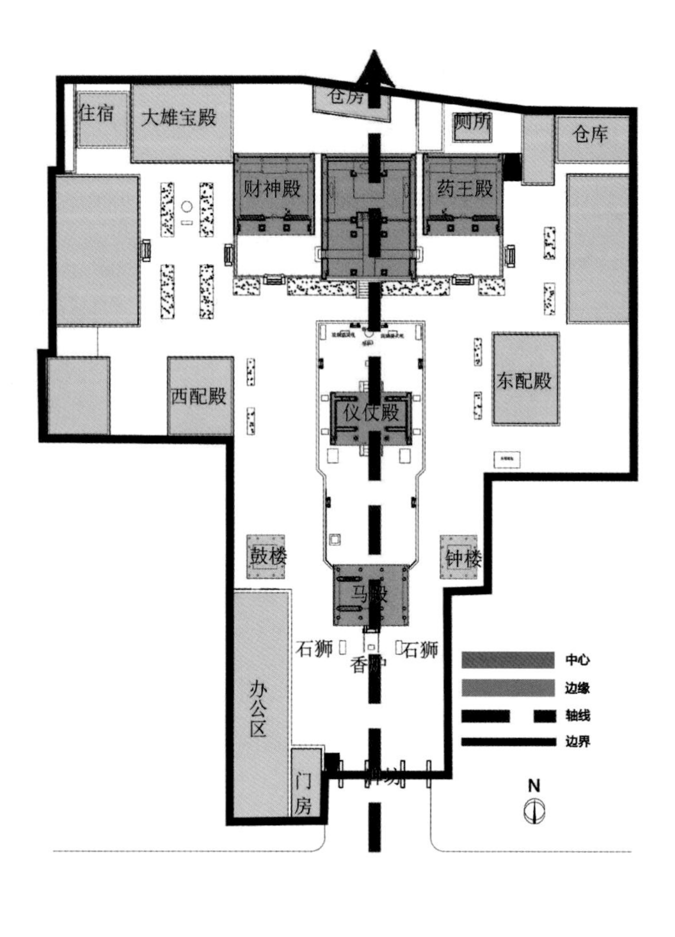


图3-1-74　朝阳关帝庙边缘与边界分析图（来源：根据沈阳建筑大学建筑研究所测绘资料，梁玉坤 改绘）

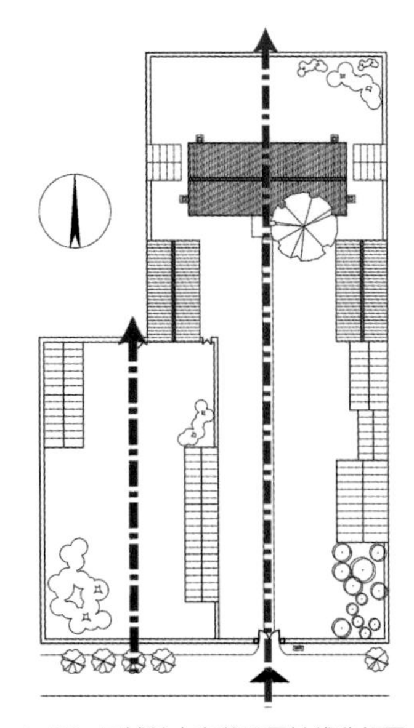

图3-1-75　凤城关大老爷旧居轴线分析图（来源：根据沈阳建筑大学建筑研究所测绘资料，梁玉坤 改绘）

论皇家宫殿还是百姓民居，边缘的属性相对单一，就单独院落而言，多以房屋与围墙等明确实体作为边缘的载体，而整个建筑群层面而言，边缘则多为偏离中心的院落。这种边缘属性的单一固化与辽宁人简单直接的地域性格影响是分不开的。

## （三）方向与方位

中原传统的方向与方位观念作用于辽宁传统建筑群外部空间布局，在方向扩展与方位调节上，遵循传统的“中正”与因地制宜的“偏转”相辅相成，特征明显。“中”是针对轴向布局做出的具体规定，“正”则为涉及尊卑的方向性特征，在建筑群空间布局中“中心”后移所形成的不对称格局中，主体建筑居中而置已经具有了“正”与“背”的指向。其中“正”乃帝王或家长所处的尊位，不能被臣子或者晚辈僭越，否则视为纲常败坏。体现出本地区对中原儒家思想的学习与利用。由于辽宁地区地处我国东北的地域环境和民众喜暖恶寒、背阴向阳的天性，另一方面也离不开封建社会长期存在的伦理观念的影响，“面南”的方位观在本地区建筑群中也有着显著体现。表现在空间布局上，则是全部重要主体建筑或者院落空间均安排在中正面南之位。辽宁85%以上的建筑群朝向正南或者偏南。当然也有清真寺建筑由于其特殊的宗教信仰向东而立，此外由于各不相同的场地营建条件，许多宗教建筑因地制宜，结合地形顺应山势布局，形成向西或向东的特殊建筑朝向，以及有别于传统的空间格局。

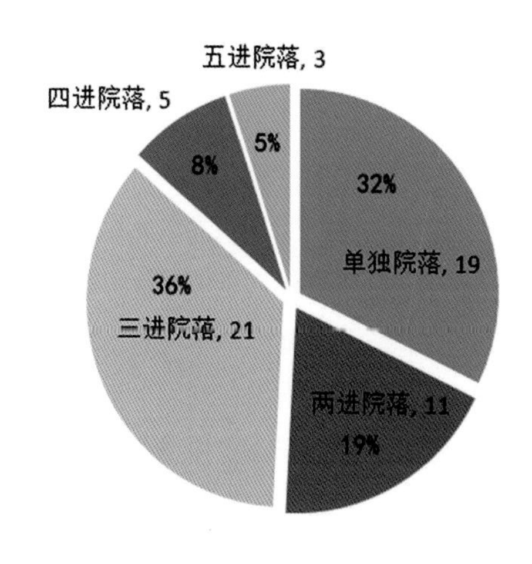


图3-1-76　辽宁古代建筑群院落进深分析（来源：邢飞 绘）

### （四）层次与序列

辽宁传统建筑群整体空间的动态化层次建构并非以院落进深数量取胜，而是通过特殊性格的院落空间联系表达，其序列安排多采用严密的规整格局，串联式纵深布局表现出高度的有序性。采取相对严谨的布局，重要组群都尽量争取南北向的主轴，保持纵深轴线上的一连串正门。正殿处于坐北朝南的最优方位。纵深轴线的两侧分布次要的建筑，严格采用平衡对称的格局，都成双成对地对称排列以强化居中的轴线。建筑群多依循传统布局形制，虽然建筑类型不尽相同，但整体的“起承转合”的序列架构基本一致，那就是由前导空间引导进入并逐渐向高潮的核心建筑发展，基本上加入楼阁、或碑林等文化景观为序列的结尾，并可能依照功能需要在东西添加附院。这种相对固定的程式化序列安排被辽宁大部分建筑群所广泛传承。

辽宁地区传统建筑群单独院落、两进院和三进院占到85%以上（图3-1-76），并没有对多进的热切追求，这反映出对建筑空间纵深序列并没有重视。不论是中轴序列还是旁支侧院或者山地建筑多级高差上庙下庙，抑或多路并列组合的院落组合，三进及以下院落的建筑群占有绝大多数，这与南方或者中原许多层次繁复的大型建筑群有着明显的区别。辽宁大部分建筑群这种相对单调的层次变化背后蕴含着其质朴的性格与宽广的情怀，不求形式变化的层次流转，更偏向于地方性格的凸显。当然，这是经济制约的结果，但同时不可否认，也是其简单质朴的人文情怀在建筑群空间序列层面的展示。

本节主要对现存古代建筑群的整体空间形态进行了分析，并归纳其特征。辽宁现存古代建筑群虽然功能形制各有不同，但是总的来说，在自然与人文环境影响之下，不论是建筑群的各个构成要素还是其组织布局，基本上都是在继承传统形制的基础上结合地域特色适当变化，传达出粗犷而开放的艺术内涵，形成个性鲜明辽宁古代建筑群特征。

## 第二节　简单直白的院落空间

单独的院落作为整体院落式布局中的主要构成单元，辽宁传统院落基本上是由单体建筑、墙体、建筑小品和自然环境四种要素构成。以上院落构成要素通过体量形制以及布局手法的变化形成了不同使用功能的院落空间。

### 一、相对完善的院落功能类型

院落空间按不同功能大致分为三类，即主体院落空间、附属院落空间和联系院落空间。总的来说由主体院落统辖全局中心，附属院落提供辅助服务功能，再经由联系院落连接组合形成辽宁建筑群特有的直接开放的空间格局与精神内涵。首先，辽宁古代建筑群中的主体院落概括为以下特点：矩形居多，平面形式相对规整；主体院落一定是建筑群中心所在，一定位于中轴线上；面积较大且识别性强；并且是体现辽宁地域精神的院落空间。如沈阳故宫中路第二进院落是中路朝政空间的主体院落空间，是这个序列的高潮部分（图3-2-1），这里是皇帝常朝的空间，也是整个中路的中心，且这进院落位于中路的主轴线上，崇政殿及其左右翊门是整个第二进院落的主体建筑，在院落之中起到了主导的作用，是等级最高的建筑，具有明显的可识别性。其次，辽宁传统建筑的附属院落布局或位于偏轴的边缘，或居于建筑中轴序列的末尾或次要位置。第三，辽宁传统建筑群联系型院落式是传统建筑组群中的过渡空间，是以门殿、门屋、过厅为主的建筑类型。它在建筑组群中起到交通联系、层次铺垫、空间衬托、流线导向等不可忽视的重要作用。对不同类型完整的院落空间来说引导性质的联系院落空间不仅仅是山门或者门房所在的院落，往往是从这座建筑群的外围空间就已经开始逐渐提升对主体院落精神的强调，穿过通向山门的外围空间使得人们不断融入到主体建筑群中来。沈阳故宫中路大清门引导空间就是其中典型代表。中路第一进院落引导空间为今天沈阳路南侧的影壁与大清门之间的一组建筑，还包括东西两侧的朝房，位于沈阳路上的文德坊和武功坊。作为整个中路建筑群的起始点，第一进院落有效地把沈阳故宫的建筑空间从城市中分离出来。从功能方面讲，沈阳路上的文德坊和武功坊起到了地标性建筑的作用。同时，又由于牌坊的开放性，使沈阳路的空间增加了层次（图3-2-2）。

建筑群中主体院落与附属院落的结合并不是生硬的碰撞连接，而是通过过渡型院落联系衔接，并最终协调形成整体。院落单元通过平面的过渡、高差的变化、方位的转移等手法使得主体院落与附属院落之间进行或为缓和舒展或为局促紧张的过渡。

## 二、重实用的院落空间营造手法

### （一）体量与规模

辽宁地区的传统建筑群院落之中，不论是居于主轴线上

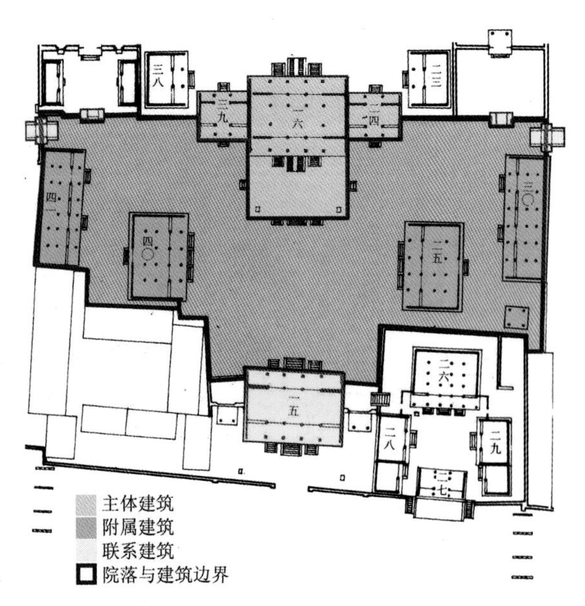


图3-2-1　沈阳故宫中路主体院落空间分析（来源：根据沈阳故宫博物院测绘资料，梁玉坤 改绘）

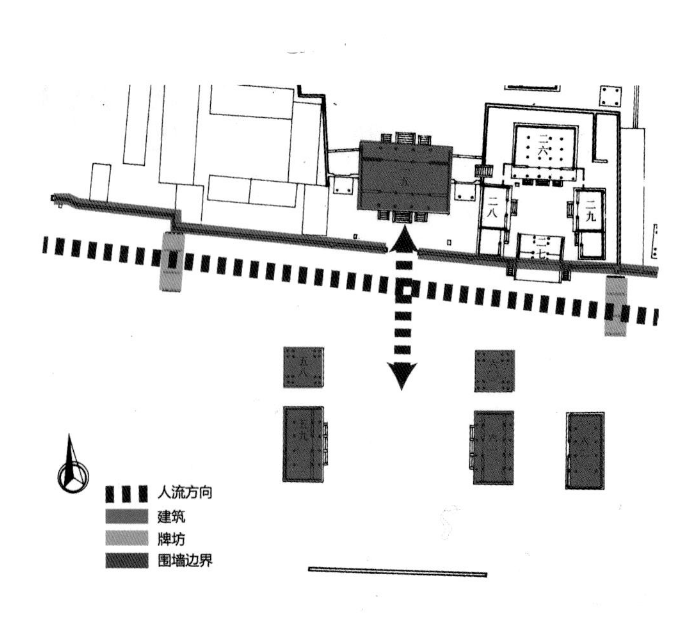


图3-2-2　沈阳故宫中路引导院落空间分析（来源：根据沈阳故宫博物院测绘资料，梁玉坤 改绘）

的主体建筑还是位于次要地位的附属建筑，相比之下都没有对庞大建筑体量的过分追求，甚至由于经济与技术的多方制约，使得辽宁传统建筑群院落中的单体建筑体量较小且形制单一。其建筑开间数一般不多于7间，3～5间居多，进深也较窄，屋顶形制基本上都采用硬山屋顶且建筑净高都较小，且形体变化少，这样有利于防寒保温。建筑为了防雪隔寒、保护基础，多采用加高台基的做法，除去清真寺、佛教大殿采取复杂的形体组合外，辽宁建筑群院落中的建筑单体多为3～5开间的一层硬山顶。如建于明宣德五年（1430年）的兴城文庙大成殿作为建筑群最重要的礼仪祭祀场所，就是典型的三开间硬山顶建筑（图3-2-3），而大成殿东西两侧配殿也同属此形制。

图3-2-3　兴城文庙大成殿（来源：朴玉顺 摄）

辽宁古代建筑群院落之中，往往通过增加院落中建筑的数量从而适应使用的需要并形成院落规模。如新宾永陵启运门碑亭院落中，清初四祖碑亭一字排，开单个碑亭体量很小，但通过建筑数量积累以达到主体院落精神的控制（图3-2-4）。院落中除去功能相似的主体建筑重复组织之外，居于次要的附属建筑数量叠加的现象在辽宁古代建筑群院落中更为普遍。许多整体规模不大的建筑群由于实际营建条件的制约，会形成独具一格的院落建筑布局，其中包括数量众多的附属建筑组合布置。如沈阳素有“十方丛林”之称的慈恩寺，这是沈阳最大的佛寺(图3-2-5)。建筑群结合周围街道环境，依循东西方向轴线组织重要建筑单体，而南北两侧布置相对次要的厨房、库房等附属建筑。相对主体建筑，其体量明显较小，都是连续紧凑的硬山顶建筑并列排布，从天王殿至比丘坛对主体建筑进行不间断的围合，这种附属建筑数量的叠加积累在辽宁地区屡见不鲜。虽然居于次席的附属建筑体量小形制低，但是经过数量的叠加之后自然形成了富有地域特色的建筑格局。典型实例还有首山清风寺（图3-2-6）、沈阳般若寺（图3-2-7）等。

图3-2-4　清初永陵四组碑亭（来源：朴玉顺 摄）

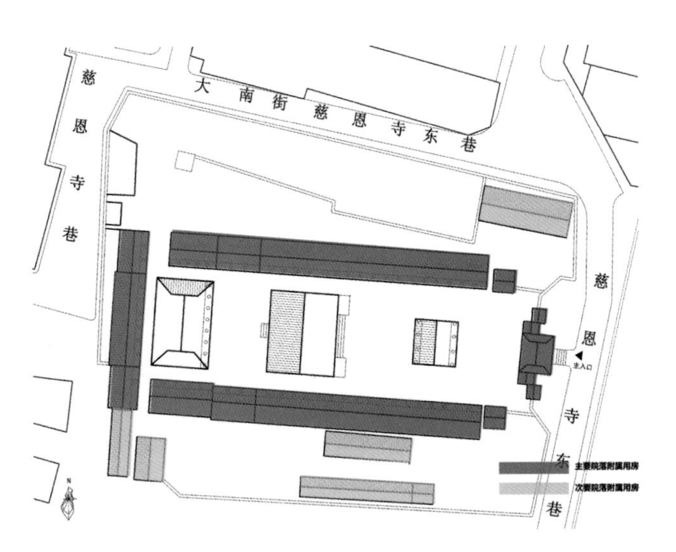


图3-2-5 沈阳慈恩寺附属建筑分析图（来源：根据沈阳建筑大学建筑研究所测绘资料，梁玉坤 改绘）

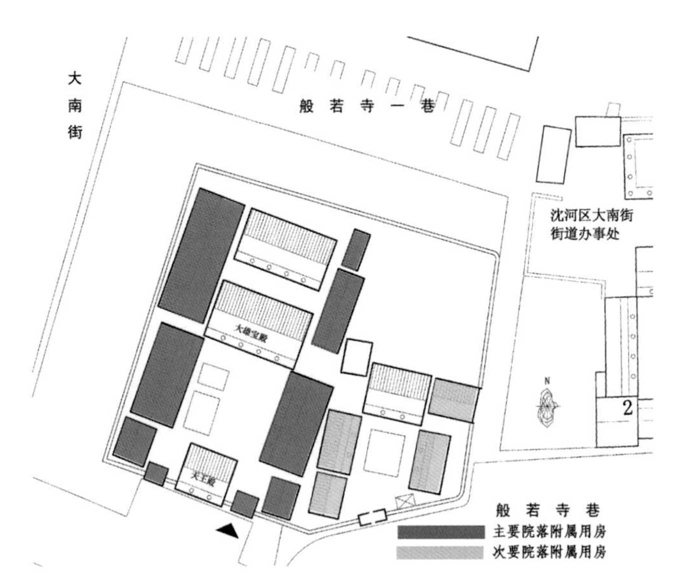


图3-2-7 沈阳般若寺附属建筑分析图（来源：根据沈阳建筑大学建筑研究所测绘资料，梁玉坤 改绘）

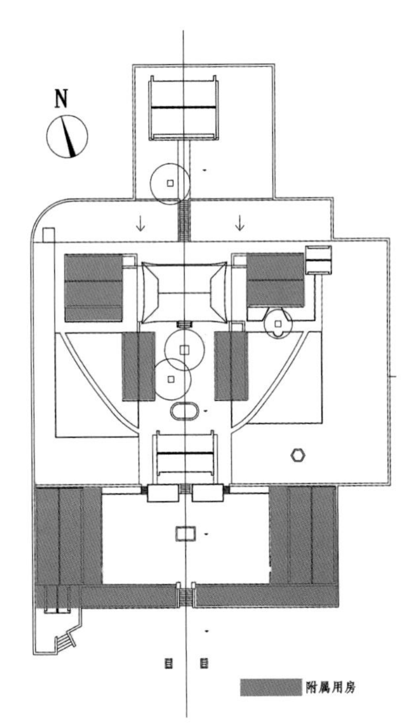


图3-2-6 辽阳首山清风寺附属建筑分析图（来源：根据沈阳建筑大学建筑研究所测绘资料，梁玉坤 改绘）

## （二）比例与尺度

辽宁传统建筑群特殊的比例与尺度控制造就了风格鲜明的院落空间，官式建筑群形制森严，民间建筑群则形态变化多样、因地制宜。皇权与儒家的影响之下，辽宁宫殿、坛庙、陵墓以及寺庙等庄严的建筑群，古人通过垂直与水平的三维视距控制，以及严谨规范的模数与网格关系等，并与建筑功能、距离、方位、体量的实际要素相结合设计布局形成了规范严格的建筑院落空间。而许多民间的道观、寺庙院落比例与尺度则显示出一种相对自由的情况。这种严谨与自由对立统一的院落布局是辽宁所特有的。建筑群院落空间的比例和尺度在人对环境的选择过程中至关重要。视角与视距、建筑物与观察者之间的高宽比值都是院落比例尺度的重要手段，是场所人文关怀的体现，网格模数的控制则是院落布局中理性的规划，当然这是由于对中原建筑群布局手法传承的结果。

辽宁传统建筑群中，尤其是大型建筑群中，单体建筑在空间定位中所受比例控制的多少往往因重要性而异，且多随重要性的降低而减少。一般来讲，中心建筑的定位所受控制最多，其位置也最稳固；次要建筑的定位所受控制有限，在建筑群中的位置显示出较大的“游离性”。朝阳佑顺寺基本符合方五丈的网格规制，由佑顺寺中不同建筑在网格中的相对位置即可看出其中差异(图3-2-8)。其中藏经阁居于整个建筑群中心位置并且由于其层高两层，以较高的体量统辖全局；而大雄宝殿由于其较大的体量，重心后移统辖钟鼓楼以北建筑群院落，轴线之外的如关帝殿、戏台以及僧房等次要

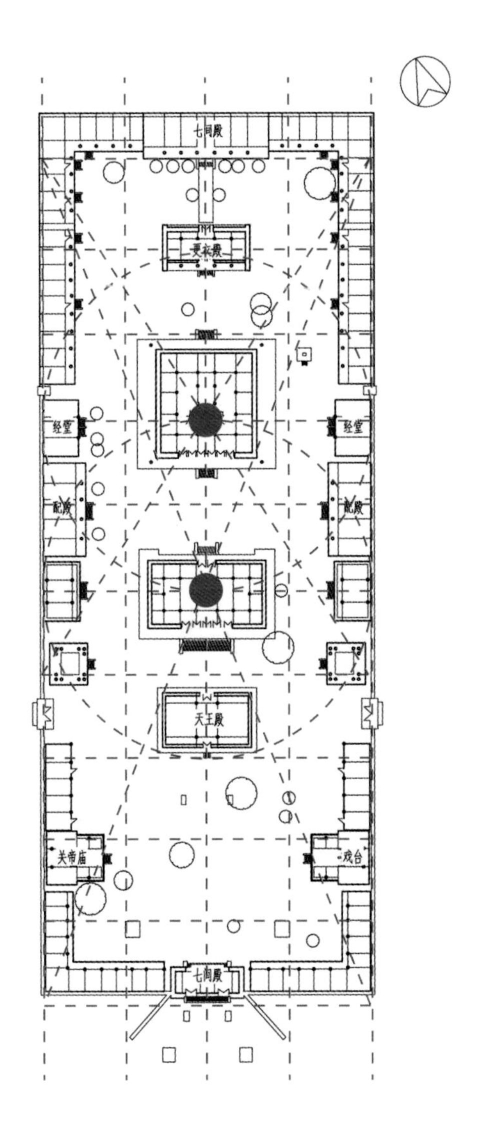


图3-2-8 朝阳佑顺寺平面尺度布局分析(来源：根据沈阳建筑大学建筑研究所测绘资料，邢飞 改绘)

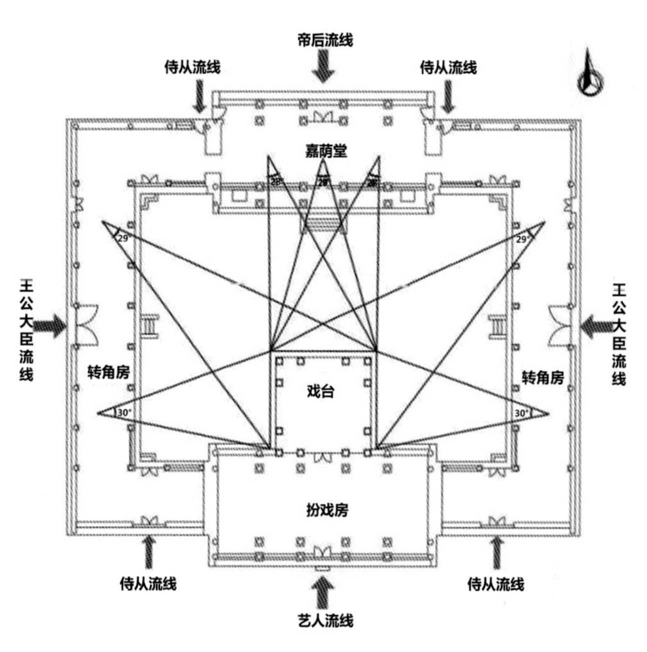


图3-2-9 沈阳故宫嘉荫堂院落水平视线分析图（来源：根据沈阳故宫博物院测绘资料，邢飞 改绘）

建筑的位置则相对随意。建筑群东西总宽度恰好为4格即20丈、南北进深10格即50丈，中轴线上由北向南的主体建筑与网格相呼应。佑顺寺为康熙年间官修的藏传佛教寺庙，形制规整，建筑之间组织的比例与尺度得到了规矩的控制。这种模数与网格的严谨规划在辽宁众多深受皇家、儒家及宗教思想影响的古代建筑群中体现得尤为明显。

辽宁传统建筑群院落中也不乏对平面与立面视线控制的典例，以满足使用人群的观赏感受与审美效果。如为了满足乾隆皇帝东巡谒陵出巡期间的文化生活需求，在沈阳故宫中路的西所以西位置修建了一组文化娱乐性质的建筑，这组建筑沿一条南北纵深轴线形成院落式的空间组合。整个西路组群分为两大部分，一个是由嘉荫堂、戏台、扮戏房、转角房组成的观演部分，一个是由文溯阁、仰熙斋、碑亭和九间殿等组成的书院部分，两部分南北并置，中间有一条通路与中路的西所相连。沈阳故宫嘉荫堂、戏房的布置方式也是对北京故宫同类建筑的一种效仿，院落空间由两侧供大臣观演的转角房形成限定围合。为了突出皇帝的尊严和保证最佳的观看位置，留给大臣们的却是视觉条件不甚理想的“偏座”席位。在两侧还开有专门的小门使人员疏散，不至于影响皇帝的使用。空间视线设计层面，在嘉荫堂分别取若干视点，然后同戏台台口连线来计算一下观众的水平视角。连线所形成的夹角没有超过40度，一般在29度～36度之间，且正面嘉荫堂观众水平视角大部分位于眼睛转动的最大角度——30度左右。在对比之后发现，皇帝所坐的位置，视线效果好于王公大臣的座席，这一点也体现出了整个观演空间服务客体的唯一性（图3-2-9）。嘉荫堂与戏台垂直视角的计算，向上

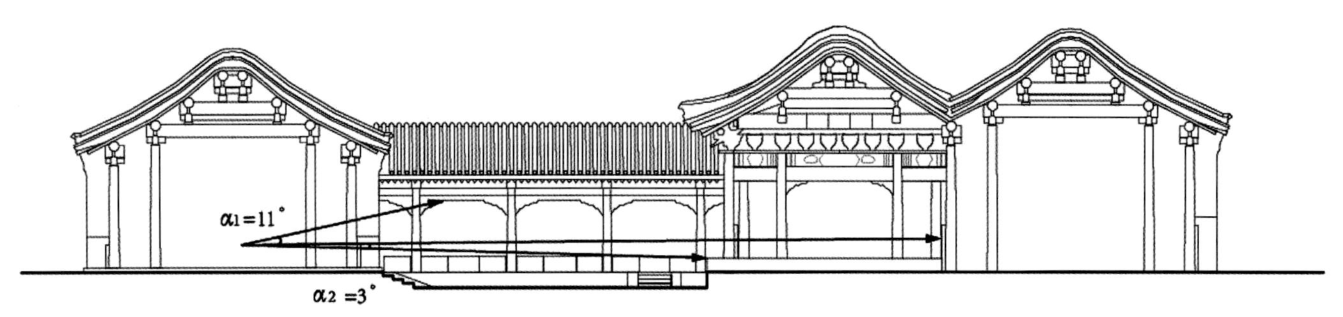

图3-2-10 沈阳故宫嘉荫堂院落垂直视线分析（来源：根据故宫博物院测绘资料，梁玉坤 改绘）

的角度记为$\alpha_1$为11°，向下的角度$\alpha_2$为3°，在人眼垂直视角的最佳范围是0°～15°，所以其垂直视角也是合理的（图3-2-10）。

辽宁大部分官式建筑由于受功能需要以及建设者的营建意图等影响，多呈现出相对工整森严的院落布局。而某些特殊院落由于其因地制宜的随性布局将辽宁地域特色显露无疑。例如沈阳故宫崇政殿院落，其氛围却不似北京故宫那般威严、肃杀，相反却处处体现出亲切、适宜的空间氛围和尺度感觉。造成这种效果的一个主要原因是整个院落中的建筑尺度与院落尺度之间的相互关系。崇政殿高11.85米，面阔23.80米，连带东西翊门的总宽度为45.80米，崇政殿本身的建筑尺度在“百尺为形”的尺度范围之内，本身的尺度是宜人的，体量适中。通过与太和殿的对比可知，崇政殿的建筑体量还不足太和殿的一半，所以对于人的威慑感、崇高感就会大大地减弱，相反表现出了一定的亲切感。

### （三）封闭与开敞

开敞性院落蕴含着辽宁包容开放的地域精神，而封闭性院落则是多方面实际营建因素的共同产物，同时也是随性粗犷民族性格的缩影。清初的皇宫、少数民族民居与大型宗教建筑群等由矮墙或栅栏围合，有的甚至在营建初期不设围墙，这不但是冬季采光的需要，同时也是辽宁开放包容的地域精神的具体写照。从辽宁汉族民居与北京合院式民居的对比分析看，不论是内院还是外院，北京四合院都更为封闭，而东北民居由边缘厢房与边界围墙组成的二元结构明显，空地面积大，且流线简洁，这些都是与辽宁本地人文环境因素分不开的（图3-2-11）。再如，沈阳故宫东路大政殿院落，则是开阔空间的典范。其名为院落，更具有广场的性质，而实质上建成之初是不设置围墙的，开阔大气尽显满族彪悍之风。

建筑体量的制约、建筑功能要求、传统合院形式、营建场地情况甚至经济支持等方面都限制了院落尺度，从而能产生相对封闭的院落空间，如沈阳故宫西路建筑群北侧文溯阁与仰熙斋院落则突显封闭（图3-2-12）。

## 三、形式独特的高台院落

辽宁地区是满族的发祥地和肇兴地。满族人是以渔猎为生的山地民族，长白山、大小兴安岭曾是他们从事生产和生活的场所。这种久居山地所形成的生活习惯便一代一代地相传下来。他们“近水为吉，近山为家”，居所位于山地间，在山上的平整地带建房居住。若无合适的地形，便自己在山顶（坡）上筑台，再在台上建楼或房。当他们迁往平原之后，权贵们的宅院还要特地把用作主人起卧的第二进或第三进院落的地坪以人工填土夯造的方法抬高，形成特色极为鲜明的满族“高台院落”。不同高差的两进院落之间由一片挡土墙进行分隔，并设有门房和单跑室外大台阶作为竖向间的相互联系（图3-2-13）。从明朝末年努尔哈赤在建州起兵时，不论在建州老营、赫图阿拉、界藩山城、萨尔浒山城，或是在辽阳东京城，都是把生活区的“宫室”建在山地之上或半山坡上。努尔哈赤率众迁都沈阳后，后金所处的形式仍然十分险恶，沈阳地处平原，但他们仍用人工堆砌高台，然

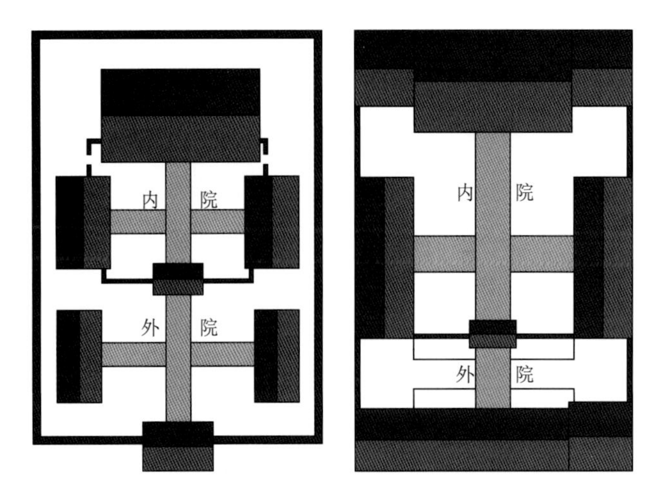

图3-2-11　辽宁汉族民居与北京合院式民居对比分析(来源：邢飞 绘)

图3-2-13　罕王宫复原图（来源：沈阳建筑大学建筑研究所 提供）

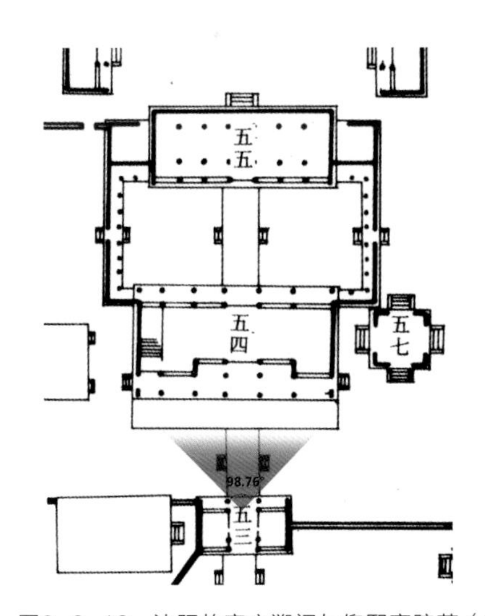

图3-2-12　沈阳故宫文溯阁与仰熙斋院落（来源：根据沈阳故宫博物院测绘资料，邢飞 改绘）

后于高台上建盖宫室。这种高台上建楼，楼后的宫室也建在高台之上，不仅是独具匠心的创造，也是符合满族先人——女真人长期生活在山区的传统生活习惯的一种延续，更是他们赖以取得生存安全的有效办法，到后来也成为他们对崇高地位的一种标榜。从保留下来的《盛京城阙图》中所绘的各个亲王、贝勒的王府，甚至当年皇太极为自己建造的沈阳故宫中路后宫部分，都是这种高台院落的模式，将居室建在高台之上（图3-2-14）。不仅皇家如此，满族的王公、贝勒家亦如是。关于这一点是有史可查、有“图”为据的。据《盛京城阙图》所绘示的十一座王府，每座王府都建有高台，可拾阶而上。再者档案上亦有记载，如睿亲王多尔衮的王府就有“台东正房五间，……台下殿五间”；巴图鲁王（阿济格）府亦有高台建筑，其中“台东边有正房七间、东厢房五间、门三有楼五间”。以上足以说明，除皇宫大内将

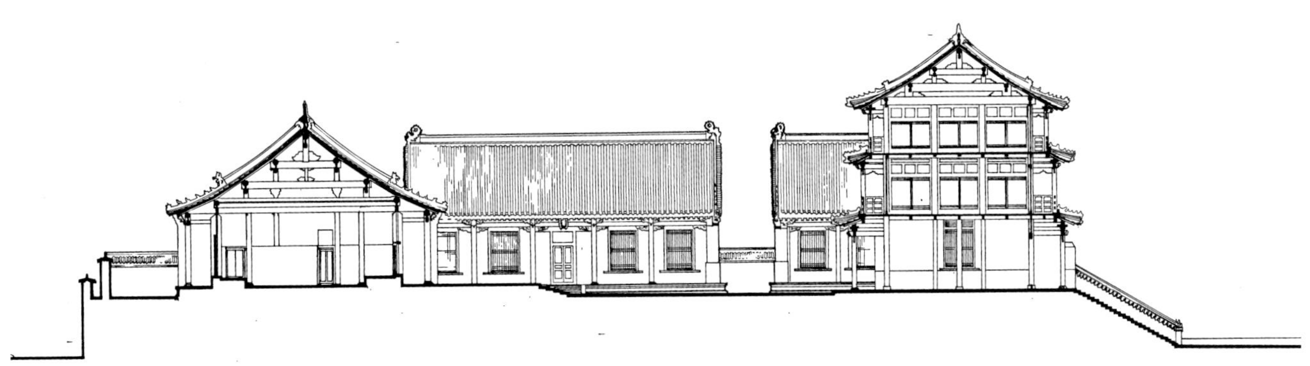
图3-2-14　沈阳故宫台上五宫纵剖面图（来源：沈阳故宫博物院测绘资料）

后妃等居住区建在高台之上，满族贵族——诸王、贝勒的府第亦将居址建在高出平地的台上，这种高台建筑在清入关前可谓满族建筑形式的一大特点。

高台作为满族建筑的重要部分而保留下来，并且成为等级制度的象征而规定下来，并且逐渐成为辽沈地区标识建筑重要性的常用手法。

相对于汉族高台，满族高台有以下几个特点：

### (一) 高台的高度较矮、规模较小。

满族建筑的高台一般都是随山就势而筑，因此高台的高度取决于地势。而满人在选择宅址时也要求地势较为平坦，利于建筑。这样高台的高度便不十分高。关于这一点，从上面的文献记载中可以看出，王府的高台最高只一丈，矮的只有二尺。另外，山地之中平坦地势比较少，范围也很小，这也制约了高台及其承托院落的规模。而汉族的高台是建筑在平原之上，其三维空间均无具体限制，可以做无限扩张。

### (二) 高台在形式上变化少、少装饰。

高台的前身是山地，是住宅基地的一部分，当满族的居住地从山地移向平原时，他们就模仿山地的样子筑起高台。因此它的造型就只是直上直下的一整块土台，造型简洁明了。而不像汉族建筑的高台那样逐层放大，富于变化。另外，满族是一个非常重视实用功能的民族，在处理建筑装饰就较汉族要简单一些，在建筑中则体现在对高台所暴露出来的部分只是用一片挡土墙来挡住，没有其他装饰。

### (三) 高台所占位置不明显，处于隐藏位置。

高台在与建筑结合时，是隐藏自己的形体，或用挡土墙来挡住，或被院墙挡住，而不为人所见，不为人所注意。而汉族建筑高台所占位置则非常明显醒目，一目了然。之所以产生这种差距是由于汉族建筑中的高台，最终目的是承托建筑，衬托建筑。而满族建筑中的高台，最终目的是承托院落，衬托院落。

本节主要对辽宁的古代建筑群之中不同功能性质的院落及其内部组织布局手法的特殊之处进行归纳，并且通过对比，进一步探究不同形式的院落在空间营造方面的独特内涵。辽宁传统建筑群中功能不同的院落空间，对传统形制的承袭与地方营建布局手法的应用程度都有着很大的差异，通过体量规模、比例尺度等控制，呈现出独特的空间特征，并形成传承至今为当地各族人们广泛使用的高台院落。

## 第三节 讲求实用的建筑单体室内空间

辽宁的传统建筑无论是等级较高的官式建筑，还是寄托着人们信仰的寺庙观祠，抑或普通百姓的住宅，其室内空间均讲求实用，以多功能复合作为室内空间的基本特点。

### 一、以“一明两暗”为原型的单体平面

辽宁传统建筑单体的平面原型是“一明两暗”三开间平面，以此为原型发展出了两种基本平面形式，即对称式和不对称式。不对称式指的是入口开在平面一侧的“口袋式”；对称式指的是以明间为中心的“一条龙式”和左右对称的“串联式”。

一条龙式（又称钱褡子房）：以堂屋一间居中，居室分列左右，形成“一明四暗”五开间或“一明六暗”七开间的线性组合（表3-3-1）。如鞍山张忠堡刘宅，平面五开间，正中明间为堂屋，左右各两间，分别为腰屋和里屋（图3-3-1）。

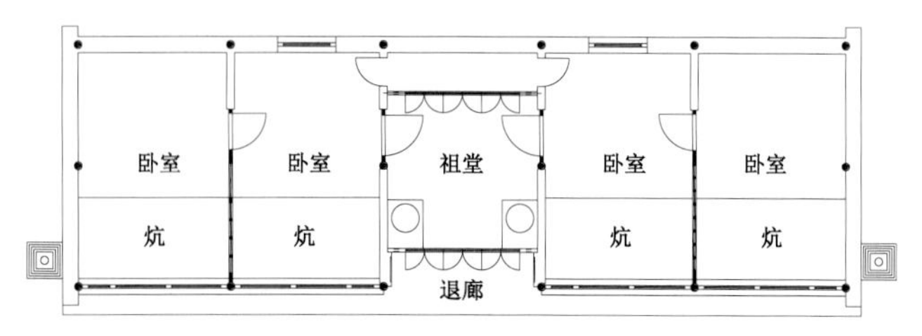


图 3-3-1 鞍山张忠堡刘宅平面图（来源：沈阳建筑大学建筑研究所测绘资料）

辽宁传统“一条龙式”住宅平面类型总结　　表3-3-1

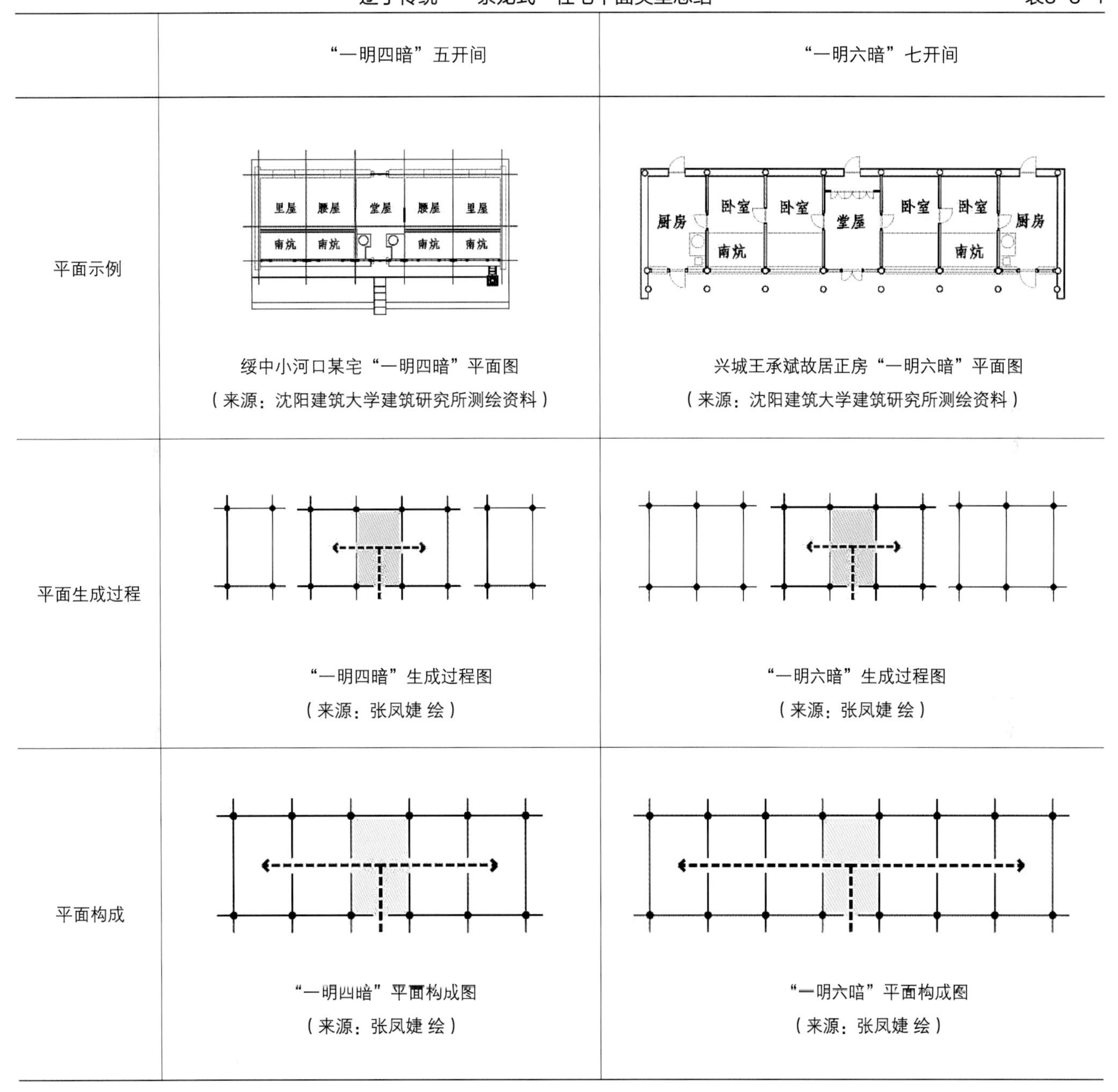

| | “一明四暗”五开间 | “一明六暗”七开间 |
| --- | --- | --- |
| 平面示例 | 绥中小河口某宅“一明四暗”平面图<br>（来源：沈阳建筑大学建筑研究所测绘资料） | 兴城王承斌故居正房“一明六暗”平面图<br>（来源：沈阳建筑大学建筑研究所测绘资料） |
| 平面生成过程 | “一明四暗”生成过程图<br>（来源：张凤婕 绘） | “一明六暗”生成过程图<br>（来源：张凤婕 绘） |
| 平面构成 | “一明四暗”平面构成图<br>（来源：张凤婕 绘） | “一明六暗”平面构成图<br>（来源：张凤婕 绘） |

不对称式——口袋式（筒子房）：是指房屋不在正中明间开门，而是偏在一边，平面呈不对称结构。居室的炕与屋的长度相等，因为像口袋一样一端开口，故称为“口袋房”，也称“筒子房”。由于受汉族影响，辽宁满族采用了汉族的三开间对称式建筑布局，在需要扩大平面规模时，也有五开间、七开间的平面布置。同样，由于口袋房体量小，适合经济条件较差的人家和人口少的人家居住，因此汉族也有采用，并非满族的专属。一句话，在东北这个地域范围内，民族习性相互影响，居住模式大同而小异，具有一种“地域共同传统”（表3-3-2）。

辽宁传统“口袋式”住宅平面类型总结 表3-3-2

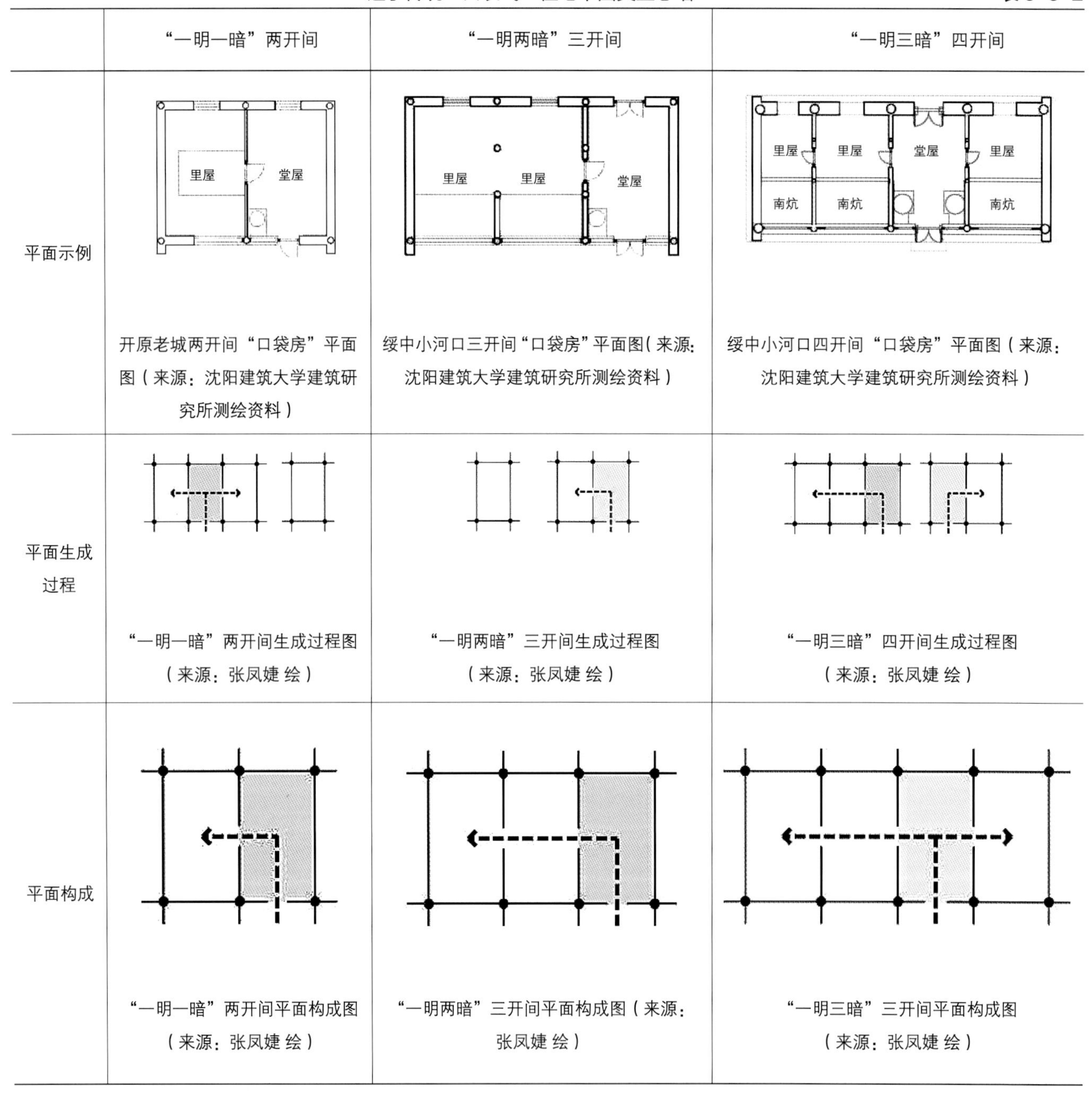

| | “一明一暗”两开间 | “一明两暗”三开间 | “一明三暗”四开间 |
|---|---|---|---|
| 平面示例 | 开原老城两开间“口袋房”平面图（来源：沈阳建筑大学建筑研究所测绘资料） | 绥中小河口三开间“口袋房”平面图(来源：沈阳建筑大学建筑研究所测绘资料） | 绥中小河口四开间“口袋房”平面图（来源：沈阳建筑大学建筑研究所测绘资料） |
| 平面生成过程 | “一明一暗”两开间生成过程图（来源：张凤婕 绘） | “一明两暗”三开间生成过程图（来源：张凤婕 绘） | “一明三暗”四开间生成过程图（来源：张凤婕 绘） |
| 平面构成 | “一明一暗”两开间平面构成图（来源：张凤婕 绘） | “一明两暗”三开间平面构成图（来源：张凤婕 绘） | “一明三暗”三开间平面构成图（来源：张凤婕 绘） |



串联式（又称趟子房）：一般建筑单体平面多采用横向联合数间的方式，并且多采用奇数间数，如一间、三间、五间、七间、九间等。奇数可维持明间居中的习惯，同时又属阳刚的属性。这种奇数的风习远至隋唐时代即已形成。但在辽宁，则不受这种形制的约束，出现了双数的平面，将两个两开间口袋房串联形成的四开间，或两个“一明两暗”房串联而形成的六开间。一栋房屋呈多间，又设若干个门的房屋。这种房适合于兄弟姐妹众多，分屋居住，以便各用各的锅灶、各迈各的门槛的人家居住（表3-3-3）。

辽宁传统“串联式”住宅平面类型总结　　表3-3-3

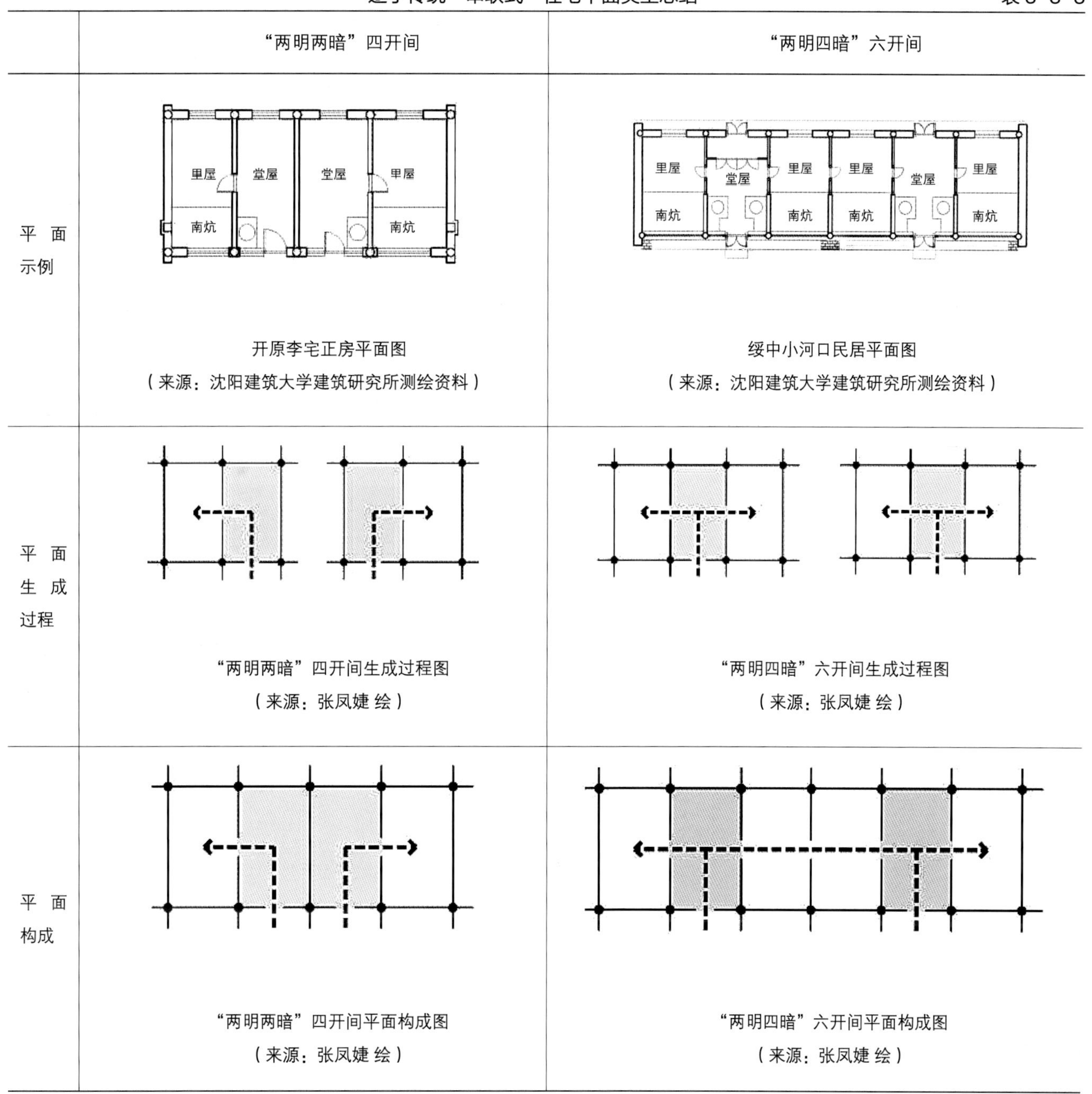

| | “两明两暗”四开间 | “两明四暗”六开间 |
|---|---|---|
| 平面示例 | 开原李宅正房平面图<br>（来源：沈阳建筑大学建筑研究所测绘资料） | 绥中小河口民居平面图<br>（来源：沈阳建筑大学建筑研究所测绘资料） |
| 平面生成过程 | “两明两暗”四开间生成过程图<br>（来源：张凤婕 绘） | “两明四暗”六开间生成过程图<br>（来源：张凤婕 绘） |
| 平面构成 | “两明两暗”四开间平面构成图<br>（来源：张凤婕 绘） | “两明四暗”六开间平面构成图<br>（来源：张凤婕 绘） |



## 二、体现满族生活方式与防寒保暖特点的室内空间

满族民居以朴实无华、经济实用为主要特点。因此，体现在建筑的室内空间格局上，御寒、保暖的实用性特点尤其突出。这些特点也为后来进入辽宁的汉民族民居所借鉴并与之融合，成为辽宁民居的共同特点，但在许多方面仍然保留了满族的一些独特手法。这些防寒保暖的特点主要可以归纳如下：建筑不强调单数开间，也不强调中间设门，室内却大多为“口袋房”和“万字炕”式格局（图3-3-2），防寒和

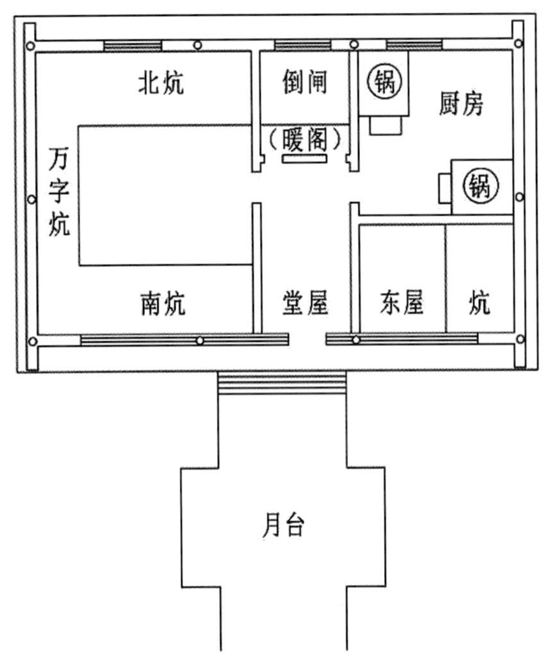

图3-3-2 满族民居平面图（来源：沈阳建筑大学建筑研究所测绘资料）

图3-3-3 满族民居的灶间（来源：张凤婕 摄）

图3-3-4 满族民居蓖子图（来源：朴玉顺 摄）

祭祀活动需要是形成满族民居空间特点的最主要原因；入口堂屋做灶间，有利于御寒并缓冲室外冷空气对室内的直接侵袭（图3-3-3）；口袋房中的西山墙设祭祀神架，满足家祭和萨满祭祀的需要；沿北墙常分隔出“倒闸”空间，以保证居室防寒保温条件的同时可用于贮藏等次要功能；堂屋灶间与其他房间之间用实墙分隔，利于保温。房间内部用隔扇和箅子等灵活的分隔方式形成分间，可分可合，方便多种活动的需要（图3-3-4）；除火炕、火地作为室内主要的取暖设施外，还采用火墙、火盆等辅助取暖设施，炕面成为室内主要的活动区域，继而形成独特的炕居文化；户门多为实板门，尽量减小冷风渗透，支摘窗则有利于安全和方便开启。南窗大、北窗小，用以接纳阳光和抵御北风侵袭；在炕沿处常采用“幔杆”和“幔帐”作遮挡（图3-3-5），即有利于保暖也能保持一定的私密空间。无论是满族的皇家建筑还是民居在室内空间的布置上没有没有根本区别。只是作为皇宫建筑，因使用的对象不同，建筑规格与普通民居有所差异，其建筑的空间尺度更大，修建得更加堂皇而已。

## 三、多功能火炕——寒冷地区室内的特色空间

无论是早期的半地穴式建筑，还是后期的地面建筑，无论是民居，还是帝王上朝的宫殿，形式独特的火炕成为辽宁各族各地建筑中主要的取暖设施，也成为寒冷地区建筑的特色室内空间。火炕在沈阳故宫建筑中的设置十分普遍，除了用于储藏功能的建筑之外，经常使用的主要建筑几乎都设有火炕。例如用于寝居的建筑——清宁宫等五座寝宫（图3-3-6）以及奴役们的值房都有火炕或火地；议政和候朝的建筑如十王亭、大清

图3-3-5　满族民居幔杆图（来源：吴琦 摄）

图3-3-6　清宁宫室内图（来源：朴玉顺 摄）

图3-3-7　炕上生活的照片(来源：朴玉顺 摄)

门和左右翊门也有炕的存在。火炕所占室内面积占室内空间的三分之一以上，这更能突显出火炕在室内空间中充当了甚为重要的角色。炕在北方民居的室内占据如此大的面积，一方面，出于防寒的目的，炕面的面积决定了室内散热面积的大小；另一方面，炕的设置是为了适应夜晚寝睡的需要。特别是越寒冷地区，炕所占室内面积越大，这也是为什么在满族及其前世民族的民居中会出现“万字炕”和“南北炕”的室内独特格局。炕除了具备散热设施的主要功能之外，在漫长而寒冷的冬季，辽宁各地的居民多数的室内活动都是在炕上的空间进行的，大面积的炕面空间也为这些活动提供了条件，炕面空间充当了多功能活动空间的角色。因此决定了日常行为围绕“炕”进行，炕面空间是“寝卧空间”、“起居空间”、“用餐空间”，甚至也是“办公空间”，火炕空间成了室内活动的核心场所（图3-3-7）。久而久之，因气候条件和经济条件形成的居住文化和行为模式促成了具有寒冷地区民居特色的炕居文化，建筑室内空间的格局也成了辽宁各民族居住行为和生活习俗的一种固化的反映。

辽宁自古以来就是一个多民族聚居区，多元融合的本地乡土文化对建筑室内外空间布局同样产生了深刻的影响。辽宁不同地域、不同民族文化甚至不同时期营建成果在此地建筑群上固化投射，形成特征鲜明的各类建筑空间，是自强不息的辽宁人生命历程的凝固，是地方文化特征的载体。同时，辽宁自古受到中原精深文化影响与中央对边疆的统治影响，地区各民族在保持游牧、渔猎文化优秀之处的同时，积极吸纳中原农耕文化因子，从而使辽宁传统建筑的室内外空间构成又具有向心、开放的文化特质。

# 第四章　建筑造型特征

辽宁传统建筑外形主要由四部分控制。一是构架，它就是传统建筑的“骨骼”，决定传统建筑的体量和形式；二是屋顶，它是传统建筑的“帽子”，在构架制约的基础上，屋顶的形式还取决于敷设屋面的材料和厚度。三是外墙，它是传统建筑的“衣服”，是外围护结构，它可以影响传统建筑外表皮的材质和色彩等。四是烟囱，这是辽宁传统建筑不同于中原传统建筑的独特构件，也成为辽宁传统建筑造型的标志性要素。

## 第一节 传承中原与适度调试的构架体系

辽宁传统建筑的构架属于北方构架体系，以抬梁式为主。其中，广泛分布于辽西地区的囤顶是抬梁式的一种特殊类型。对于传统建筑而言，决定其建筑造型的主要是平面形状和屋架的形式。

### 一、重实用与就地形的平面形态

辽宁传统建筑平面形状有以下特点：第一、长边向前，短边在两侧的横长矩形平面的建筑占总数的2/3以上，这说明辽宁传统建筑的平面形状与中原传统建筑的平面形状的主流是一致的。生活在辽河流域的北方各民族及其先世与中原汉族在经济文化上的密切交往自古有之。在长达千余年的时间里，汉族文化作为一种先进的文化，始终对东北边陲的文化有着重要的影响。就建筑而言，坐北朝南的矩形平面，可以最大限度地增加南向的采光面积，使室内获得尽可能多的日照。同时矩形平面的木构架易于设计和施工，从而得到了广泛的使用。第二、用于小型建筑的正方形或接近正方形平面，在清初的官式建筑中占到1/4，与中原的官式建筑群相比，此种形状的平面所占的比例比较大，而且还用到了重要的建筑中，比如既是沈阳故宫后宫门户又是整个宫殿制高点的凤凰楼（图4-1-1）、皇家专门的档案馆敬典阁（图4-1-2）都是方形平面的建筑。迪光殿和颐和殿采用方形平面形式，主要原因是受用地的限制。迪光殿和颐和殿均是乾隆年间增建，位于原有建筑之间的可以用于建造的空间十分狭窄，东西方向的长度仅有16米多，建筑的通面阔尺寸几乎成了定数，单座建筑的间以3～4米计算，建筑的开间数便确定了出来，即除去两侧通行的宽度，建筑只能做3开间，为了增加建筑的使用面积，同时为了增强建筑的体量感，设计者有意增大了进深的尺寸，所以才出现了方形或接近正方形的平面。凤凰楼为沈阳故宫中的早期建筑，它既是皇帝休息、筵宴、赏景的地方，又是出入后宫的门户，相当于城门楼。从历代的城门楼看，其开间和进深的尺度相差不大，接近方形，从作为城门的角度看，方形的平面与其使用性质是吻合的。此外，凤凰楼以其方形的平面形成的建筑体量同整座建筑群十分和谐。如果用横长矩形的平面，同样作三层，可以想象到建筑的体量会显得异常庞大，凤凰楼会显得过分突出，而且与诸多小体量建筑形成的建筑群也十分不协调。第三、多用于园林、寺庙的多边形平面以及在传统建筑中较少见到的竖长的矩形平面，在清初的官式建筑中均有出现，而且也用在了很重要的建筑上。比如八边形的大政殿（图4-1-3）是东路的主体建筑，最初是作为努尔哈赤的金銮殿设计的，竖长矩形平面的崇谟阁（图4-1-4）是沈阳故宫晚期的重要建筑，是存放《实录》和《圣训》的建筑，其竖长矩形完全是受地形的限定。由此可以看出，辽宁传统建筑的平面形式主要取决于实际的实用功能和用地情况，但建筑形式客观上讲与中原不谋而合。

### 二、本土“骨”、中原“肉”的官式建筑构架

所谓本土“骨”、中原“肉”是指清乾隆之前，辽河流域建筑的营建，是以北方少数民族固有的思想观念为核心，其选址、总体布局、空间形态及秩序以及建筑艺术均有着与中原以及其他地区完全不同的思路和表达方法，同时以中原先进的营造技术、优美的建筑形式以及成熟的空间组织手法作为营建手段。换言之，建筑主要表现的是本地少数民族营建理念，中原文化只是实现其目的的有效手段。两种文化的这种融合关系，在乾隆之前辽河流域历朝历代的传统建筑上有着明显的体现。其中，建筑的构架组合上就有明显的体现。

第一类是在重要的建筑上打破常规，采用特殊的梁架。如沈阳故宫东路的主体建筑大政殿，从构架上看大政殿最外圈的檐柱支撑下檐，外槽金柱通达上层檐，内槽的八根金柱承托上部藻井。这种结构部分与装饰部分融在一起的做法，在现存的遗构中实属少见（图4-1-5）。北京天坛的祈年殿，平面是圆形，也是三层柱网，12根檐柱支撑下层檐，12

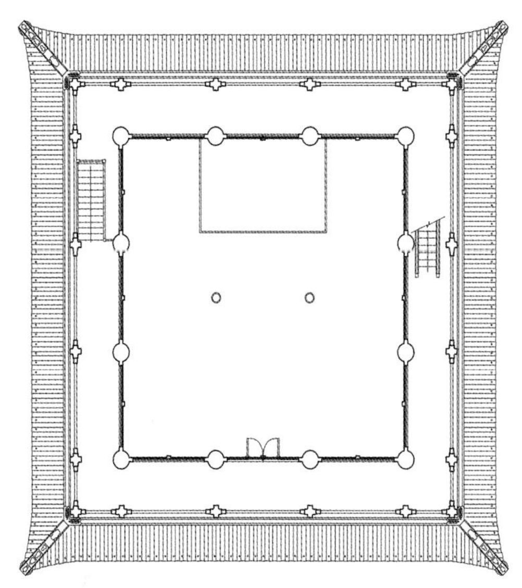

图4-1-1　沈阳故宫凤凰楼二层平面图（来源：沈阳故宫博物院测绘资料）

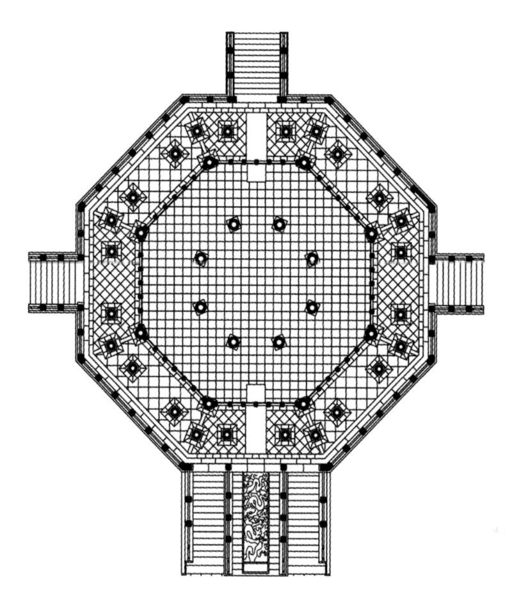

图4-1-3　沈阳故宫大政殿平面图（来源：沈阳故宫博物院测绘资料）

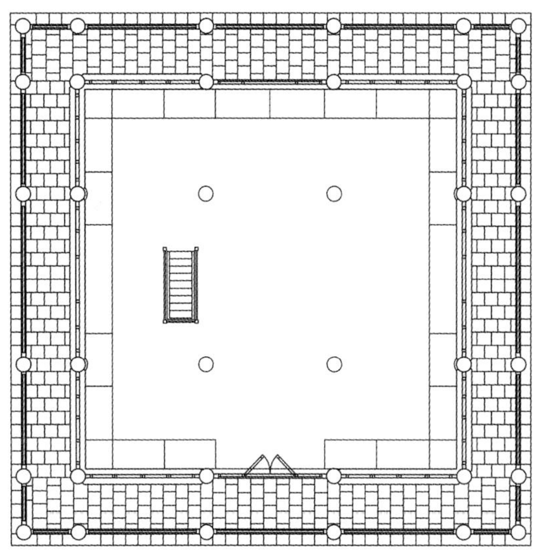

图4-1-2　沈阳故宫敬典阁一层平面图（来源：沈阳故宫博物院测绘资料）

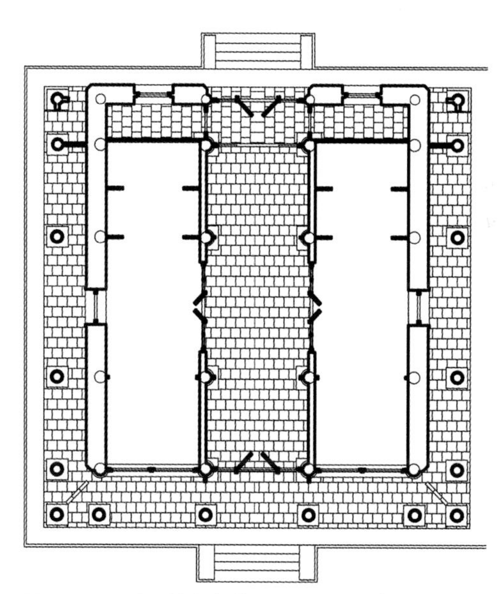

图4-1-4　沈阳故宫崇谟阁一层平面图（来源：沈阳故宫博物院测绘资料）

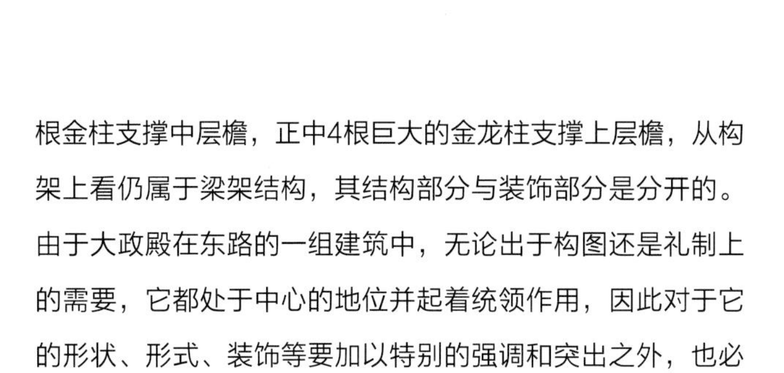

根金柱支撑中层檐，正中4根巨大的金龙柱支撑上层檐，从构架上看仍属于梁架结构，其结构部分与装饰部分是分开的。由于大政殿在东路的一组建筑中，无论出于构图还是礼制上的需要，它都处于中心的地位并起着统领作用，因此对于它的形状、形式、装饰等要加以特别的强调和突出之外，也必须赋予它超常的建筑体量和空间。于是，由此造成了大政殿内部空间设计的困惑——如何使具有凡人之躯的皇帝在庞大尺度的宫殿空间对比之下并不相形见绌，反而使他的形象十分突出，建造者在8颗内金柱之上做了一个藻井，界定了一个具有实际功能的使用空间，它的存在使端坐于其中的皇帝

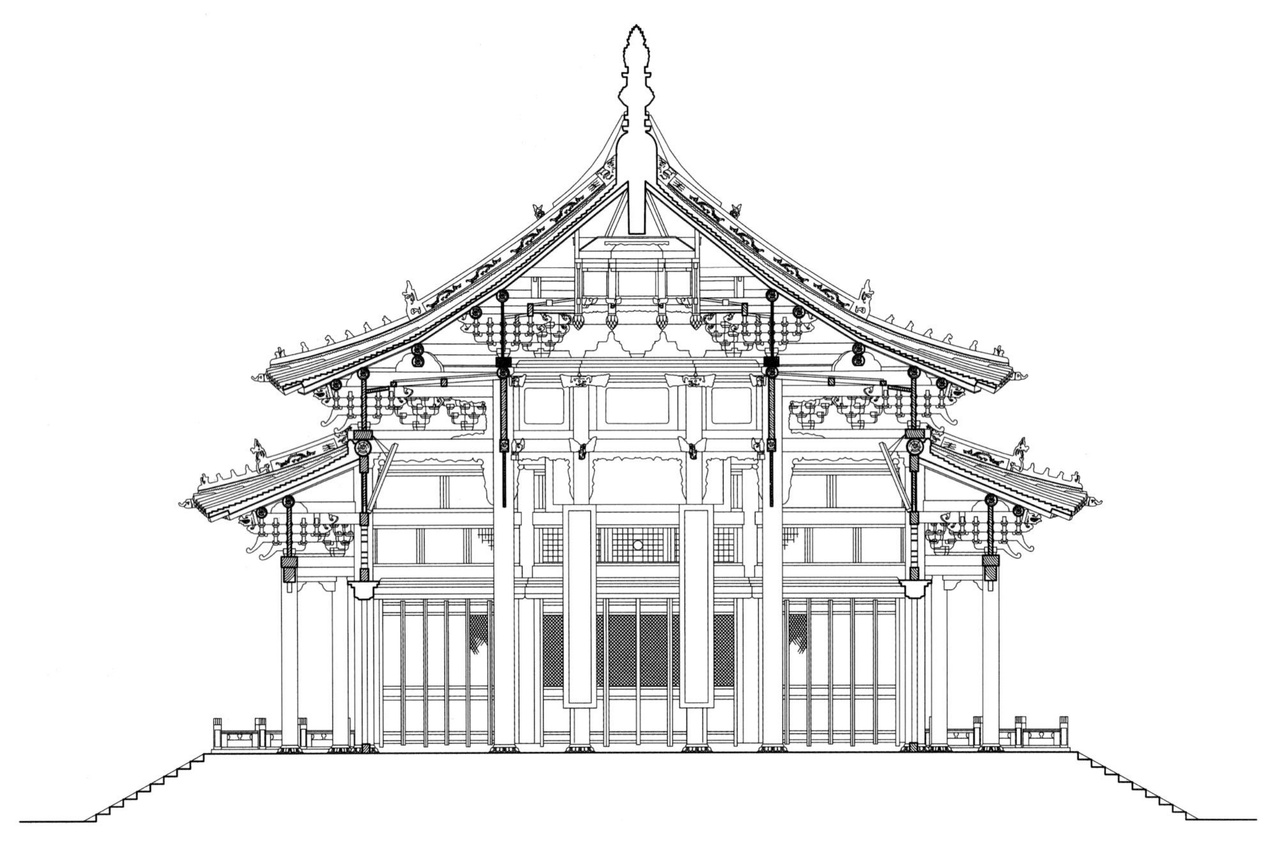

图4-1-5　沈阳故宫大政殿剖面图（来源：沈阳故宫博物院测绘资料）

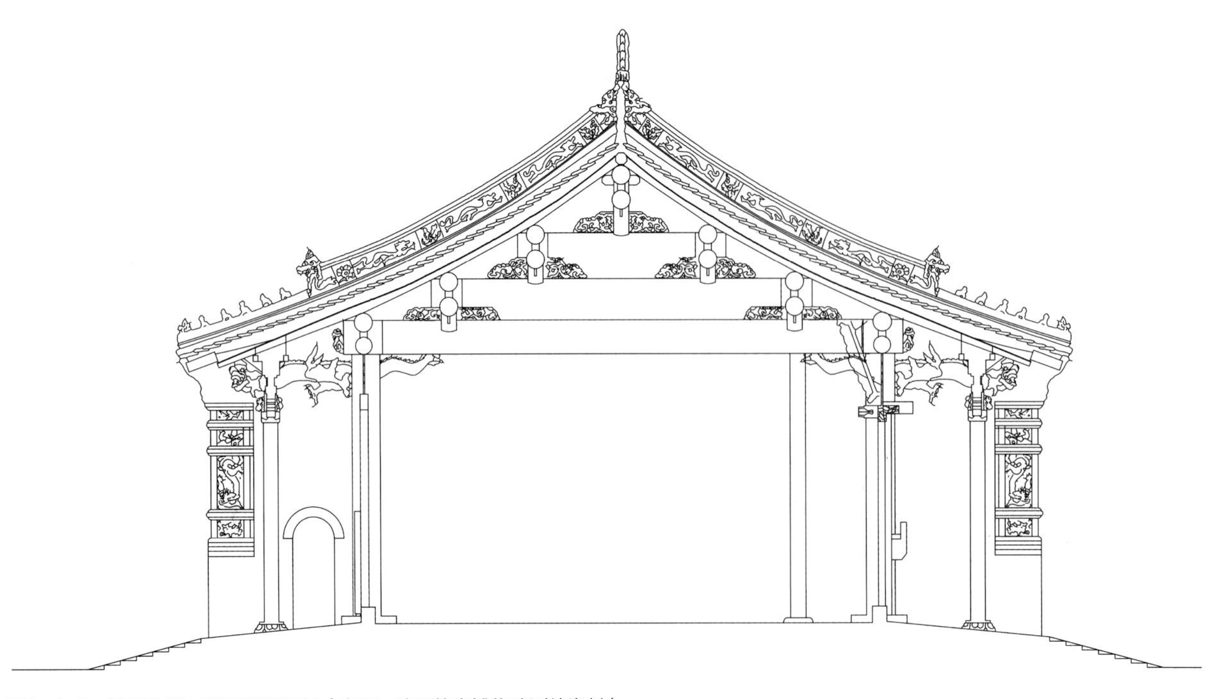

图4-1-6　沈阳故宫大清门横剖面图（来源：沈阳故宫博物院测绘资料）

相对高大了。这样，建筑的高大和皇帝的崇高同时得到了实现。而且与通常宫殿中以小木作为主构成皇帝宝位“堂陛”的做法不同的是，大政殿采用的是大木作与小木作相结合的做法，这是沈阳故宫的一大创造。

第二类是为了彰显建筑的主题思想对梁架进行灵活处理。这种现象在清初的皇家建筑上多有体现。如大清门的梁架（图4-1-6），前后金柱之上为七架梁，七架梁上放柁墩，柁墩上承五架梁，五架梁上放柁墩，柁墩上承三架梁，三架梁上居中安装脊瓜柱，脊瓜柱两侧及各柁墩两侧均施以角背。其正身梁架前后檐柱和金柱之间是龙形抱头梁，龙尾直达七架梁下，而且没用穿插枋和随梁。穿插枋和随梁一样，都是清以后为了加强梁柱连接的整体性而出现的构件，清初建筑中没有这一构件。大清门的龙形抱头梁，将檐柱与金柱联系到了一起，起到了一般抱头梁的作用；龙形的梁尾直达到七架梁下，进一步加强了七架梁和金柱的联系；大清门的龙形抱头梁的龙身向上拱起，同月梁的形式有异曲同工之妙。把一个纯粹的结构构件处理成具有装饰的功能，把结构和装饰合而为一，这是唐以前木建筑的显著特征。大清门的龙形抱头梁在建筑艺术上的加工是真实和成熟的，未受到宋元明以后装饰与结构分离的影响，从这个意义上看，其做法是具有创造性的。

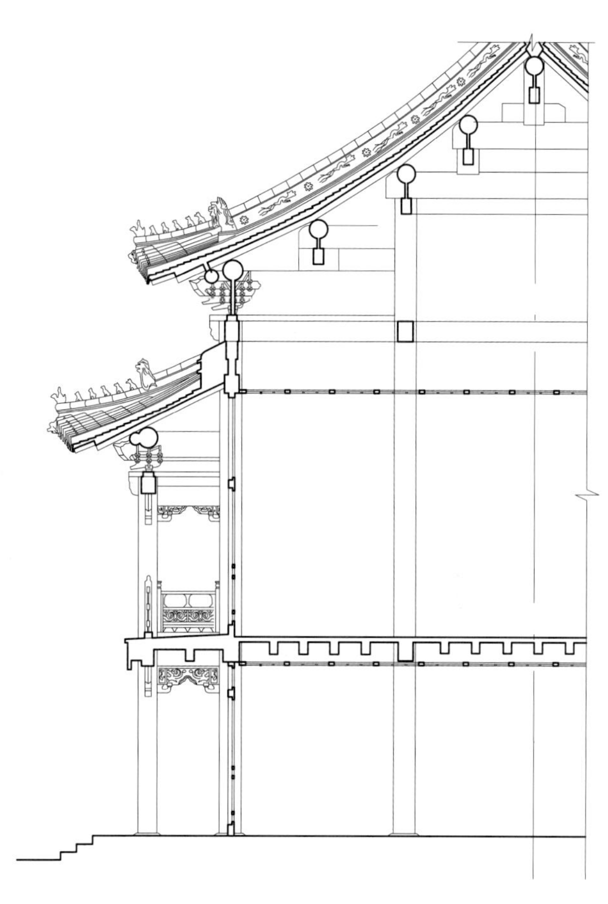

图4-1-7　沈阳故宫崇谟阁明间横剖面（来源：沈阳建筑大学研究所测绘资料）

第三类是与北方少数民族的生活习俗直接相关的楼阁建筑构架。对于辽河流域的渔猎民族食物储藏是生活中的重要事情，他们长期从事渔猎生活，以直接向大自然获取生活资料为主，养成了囤积食品的习惯，楼阁是储藏食物的好场所。楼阁具有一定的防御和远眺作用，所以在城上设置阁楼式建筑有其现实意义，也只有这样，才能营造出城池的氛围；再有，楼阁是与满族喜好居高的民族生活习惯相联系的，该习惯与其生活的自然环境的恶劣性有关，也与其当时所处动荡的社会局势所形成的较强的防御心理相关，所以楼阁式建筑有其特定的民族意义。在辽宁的传统建筑中楼阁比例较中原大。楼阁的建造却有地方独特做法，如辽宁传统楼阁建筑的副阶部分，却同明清楼阁的常规做法不同，在楼阁建筑的四周（或前后）并没有平坐、副阶而形成楼的外观的构架做法，而是副阶柱上下对位，从地面至升到二层。这种做法从外观上似乎缺少了变化，但却使结构的稳定性和整体性更好（图4-1-7）。

第四类是独创性的“外廊歇山”建筑构架。辽宁地区清初传统建筑都采用了外加一圈周围廊的形式，而且屋顶都是采用了看似歇山，实为硬山加砌一圈披檐的作法。这种歇山没做收山处理，其歇山山面是从原来硬山山墙直接升起而成的。满族传统建筑大都采用硬山形式，这种长期实践中形成的审美观使得满族人即便是在皇宫建筑中也大量使用硬山屋顶。满族原本无歇山屋顶形式，在受到汉文化的不断影响下开始出现，但对于歇山的构造做法尤其是收山做法不得要领，只是在硬山的基础上，另出外廊柱，在外墙柱和新加的外廊柱上架设戗脊，这种“外廊歇山”在建筑立面上的表现为歇山顶的三角形山墙面与下面的外墙上下相对，一看便知是由硬山发展而来的，这种简化了的歇山做法也有一定科学性和创造性，它也成为我们鉴别建筑年代的一个重要标志。此种做法并非只此一处，沈阳太清宫的关帝殿（图4-1-8）、清福陵的隆恩殿（图4-1-9）、北陵的配殿（图4-1-10)等均与其相类似。可以说这种“外廊歇山”是满族人引入汉族礼制观念中的一个重要标志。由于“外廊歇山”源于硬山，因而它也表现出了硬山建筑所具有的一些特点，如三段式的立面，屋顶本身无升起且屋架较大，与墙身成近1:1的比例，除稍间外各开间尺度均相同，前檐墙中仅窗台墙及两进间使用砖墙，其他的面积主要被门窗占用，通过木装修隔挡内外空间，前立面虚实对比非常强烈，而其余几个立面开窗较少，大部分满砌砖墙等。

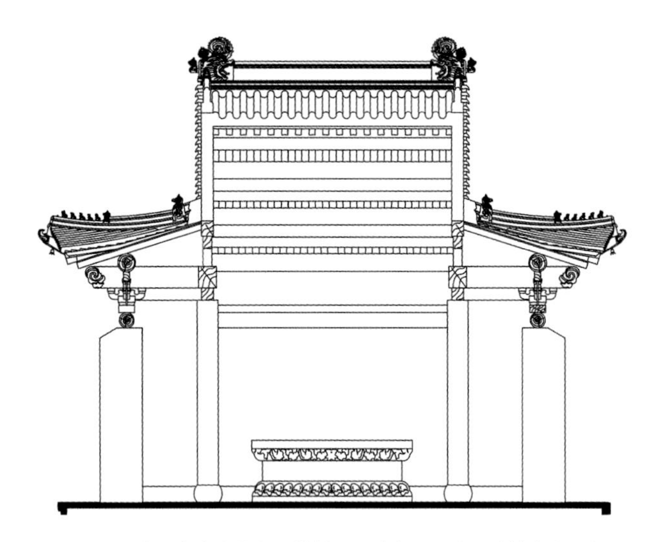

图4-1-8　沈阳太清宫关帝殿纵剖面图（来源：沈阳建筑大学研究所测绘资料）

## 三、中原“骨”、本土“肉”的民间建筑构架

由于乾隆皇帝的倡导和社会发展的必然，中原汉文化逐渐成为举国上下的主导文化，与此同时，大量的关内移民开始流向辽宁，辽宁各地各民族急速向汉文化融合，到清朝的中晚期，少数民族和汉族之间的差异越来越小，作为文化载体的建筑，也呈现出以中原汉文化为核心营造理念——“骨”，在局部体现本土文化特色——“肉”。具体表现在建筑构架做法上，有以下几个方面。

图4-1-9　沈阳福陵隆恩殿纵剖面图（来源：沈阳建筑大学研究所测绘资料）

第一，无论官式建筑还是民间普遍使用硬山建筑屋架。硬山屋架沿用中原传统木建筑广泛采用的抬梁式的构件搭接做法。此种现象的出现源于长期以来汉文化的传播和影响，但采用了满族人自己创造的檩杦式的构件组合方式。早期建筑中没有用穿插枋和随梁，而且出现了穿插枋从无到定型过渡期的形态，即穿插枋紧贴抱头梁；楼阁建筑均施中柱，以加强结构的整体性和稳定性；角背的施用不规范，出现了脊瓜柱不施角背，而金瓜柱施角背的现象。具体构架做法是前后金柱之上为七架梁（或五架梁），其上承五架梁（或三架梁），三架梁由瓜柱或柁墩支承，三架梁上居中安装脊瓜柱。沈阳故宫的早期建筑中没有角背，如清宁宫（图4-1-

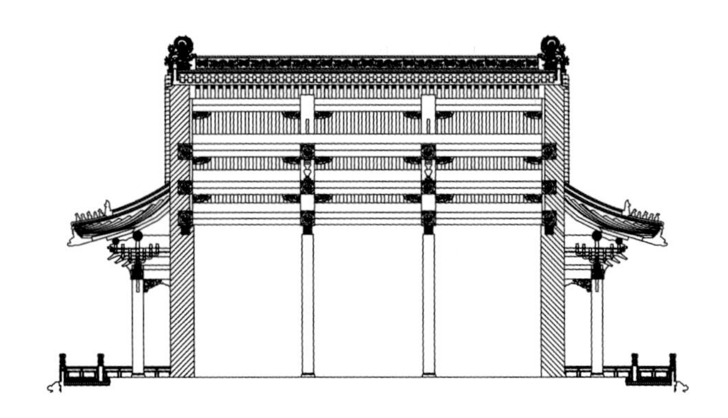

图4-1-10　沈阳昭陵配殿纵剖面图（来源：沈阳建筑大学研究所测绘资料）

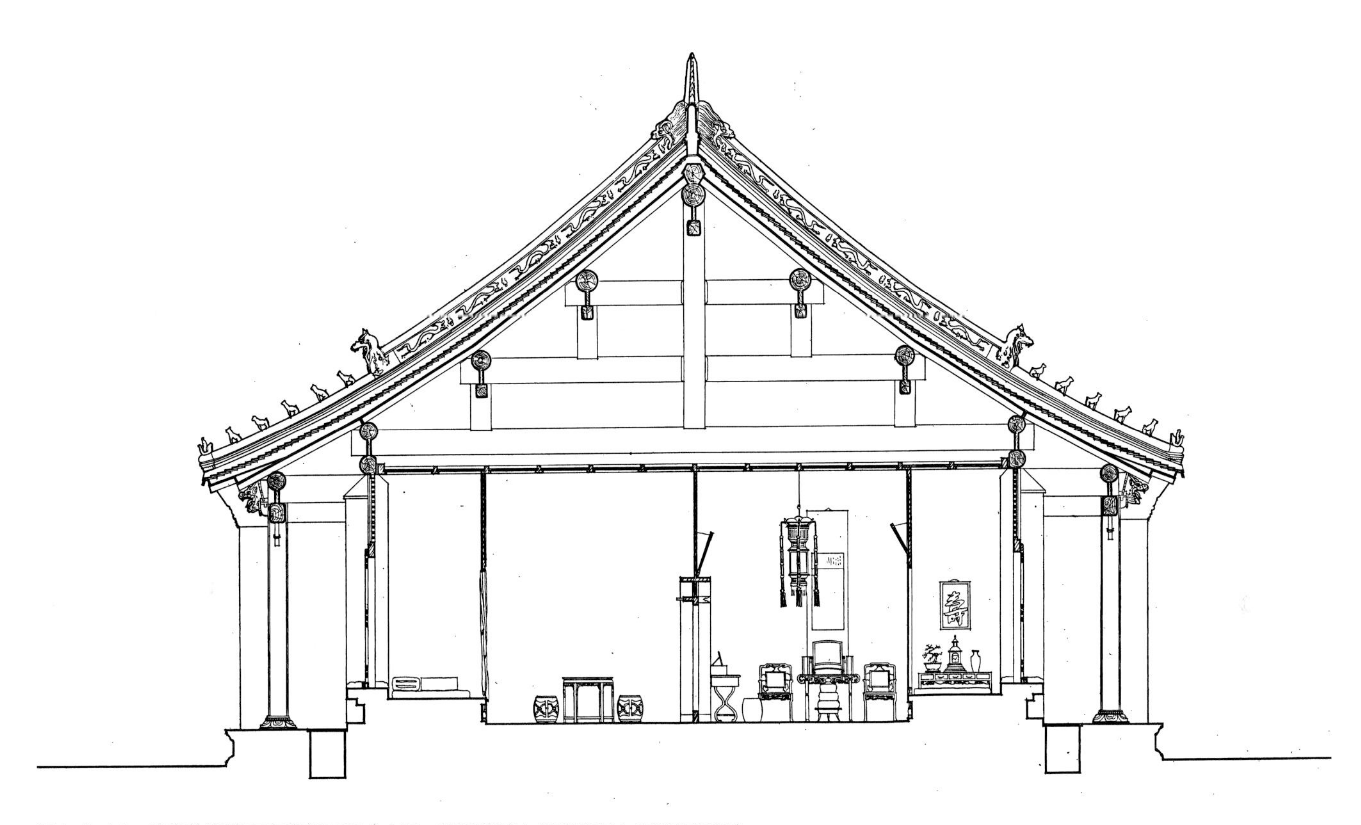

图4-1-11　沈阳故宫清宁宫横剖面图（来源：沈阳建筑大学建筑研究所测绘资料）

11），仅后期的建筑施以角背。在檐柱和金柱之间，有穿插枋和抱头梁相联系。在檐柱之间，上端面宽方向有檐枋，抱头梁上安装檐檩，在檐檩和檐枋之间安装垫板，在金柱的柱头位置，沿面宽方向安装金枋。辽宁早期建筑中没有随梁枋，而后期的建筑中均设随梁枋。随梁枋又称随梁，它是清以后为了加强梁柱连接的整体性而出现的构件。清初建筑中没有这一构件是可以理解的。

第二，辽宁传统民间建筑构架沿用北方传统的构架形式——抬梁式。与抬梁构架的官式做法不同，民居建筑进深以五架居多，大梁跨度最大不过四椽长度。山墙架设中柱，使之更加稳固。和进深平行的构件，北方叫做柁（梁），大柁尺寸一般在50厘米×55厘米左右，截面近似圆形，柁头则做方形，二柁和大柁作用相同，其直径约为25厘米×35厘米不等。在诸多构架类型中，以五檩二柁二柱式（图4-1-12）和五檩中柱式（图4-1-13）最为普遍。辽宁民间建筑抬梁构架只进行简易的加工，檩、柱、大柁、二柁都可以用圆木制作。俗话说“有钱难买拱弯柁”，带弯的木料在民间也能用来做柁，并善于随弯就曲以增强构件的受弯性能。甚至农户人家多用原木为材，随弯就势不加砍凿，别有情趣（图4-1-14、图4-1-15）。

檐檩、檐枋断面尺寸一般在30厘米×32厘米左右，后尾水平地插在檐柱上，头侧雕以云纹。随梁枋尺寸一般在15厘米×13厘米左右，做成反弓形的月梁，前端可挑出柱头做成象鼻，也可不挑（图4-1-16）。

辽宁盛行檩子下部直接重叠一根圆木，称为“杦”，以取代垫板和枋。陕西、河北也有类似用法（图4-1-17）。经济条件好的人家，多采用“五檩五杦”式构架，在檩下多加杦拉住构架不使其动摇（图4-1-18）。经济条件差的人家，则可能采用“五檩无杦”式，柁直接承檩（图4-1-19）。“檩的直径一般为20厘米至25厘米左右，也有脊檩和檐檩较粗，其他稍次。

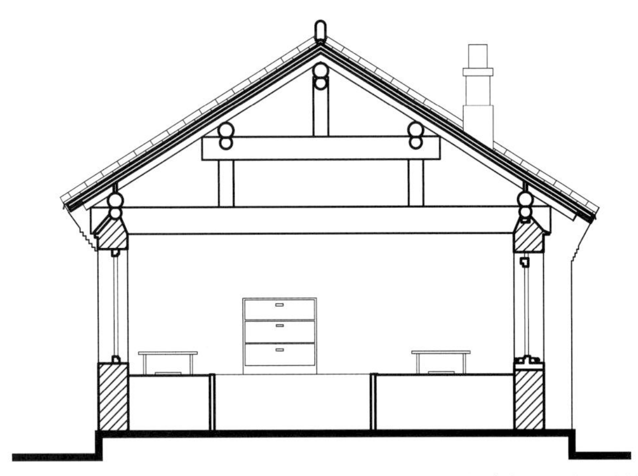

图4-1-12 沈阳黄家大院西厢房五檩二柁二柱式构架（来源：沈阳建筑大学建筑研究所测绘资料）

图4-1-15 随弯就势的大柁2（来源：张凤婕 摄）

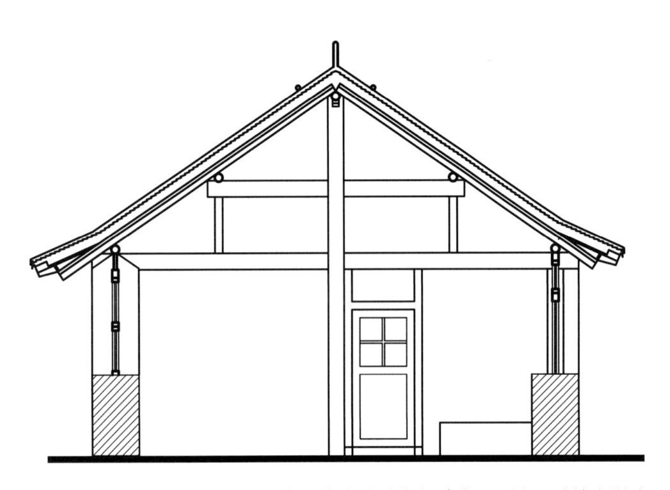

图4-1-13 沈阳石佛寺村夏宅五檩中柱式构架（来源：沈阳建筑大学建筑研究所测绘资料）

图4-1-14 随弯就势的大柁1（来源：赵新良 摄）

图4-1-16 插梁和随梁枋的三种形式（来源：张凤婕 摄）

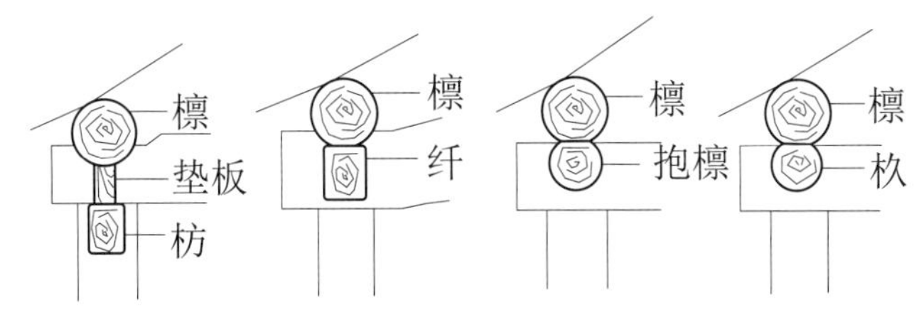


(a)北方官式做法　(b)河北民间做法　(c)陕西民间做法　(d)吉林民间做法

图4-1-17　民间构架的檩枋做法（来源：根据《中国建筑艺术全集》，张凤婕 重绘）

图4-1-18　“五檩五杦”式构架1（来源：张凤婕 摄）

图4-1-19　“五檩无杦”式构架2（来源：张凤婕 摄）

杦的直径比檩细，普通房屋在15厘米至20厘米左右。”①

椽子安放在檩上，用钉固定，以承担望板等的屋面重量。不同于官式建筑惯用大料整料，屋架的椽子多用根根整料整齐排列在檩木上，辽宁传统建筑通常采用短木料，甚至是弯曲粗细不一的小木棍，交错搭接在檩木上构成屋架。较

图4-1-20　双层椽（来源：张凤婕 摄）

图4-1-21　单层椽图（来源：张凤婕 摄）

考究的房屋采用方形椽，一般作圆木以省加工之烦。辽宁民居中，一般经济条件较好，等级较高者为出檐深远、增加檐部装饰采用双层椽子，即所谓的“飞椽”，在檐的端部加飞子（飞椽）向前挑出，其后尾渐渐削薄钉在坐板上，上层为方形椽，下层为圆形椽（图4-1-20），大多数传统建筑都是单层椽（图4-1-21）。

虽采用木构架抬梁系统，但抬梁式的做法也并非千篇一律。根据房屋的空间、规模和居住者的经济实力，抬梁式会产生不同的类型。特别是传统建筑的建筑结构设计随机性很强，用料大小并不需精确计算，更重要的是结构构架形式要设计得当。一般传统建筑受律例规定限制，构架不可超过五架梁，对于一般传统建筑来说，这样的进深已经足够生活了。对于大户人家若需扩大进深，则可在前后檐柱外加外檐柱，形成廊

① 张驭寰·吉林传统建筑·北京：中国建筑工业出版社，1985，60.

步。这一结构空间可作为外廊使用，也可包容在室内，扩大室内空间。而王公贵族、上层官吏则允许建造七架梁、九架梁的大型房屋，这在辽宁并不多见，普通百姓的房屋多是“三间五架”。根据项目组的调研和掌握的资料，按柱、柁、檩对抬梁式形态的影响将辽宁的木构架类型总结如下，不一定面面俱到，但也能体现一定的普遍性和系统性（表4-1-1）。

辽宁传统民居建筑抬梁式构架类型总结 表4-1-1

| 类型 | 构架图 | 特点 |
|---|---|---|
| 二柁 | 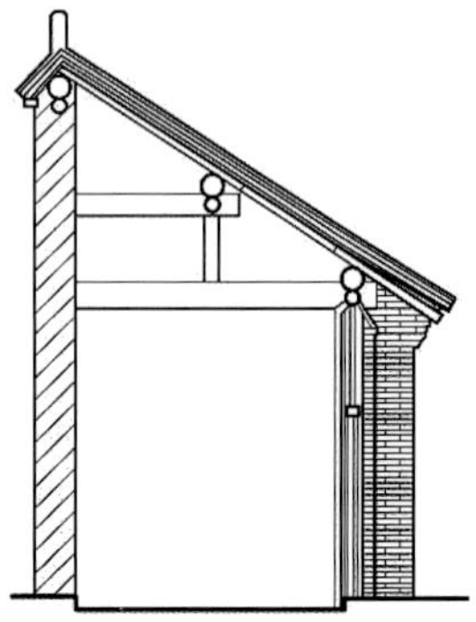 沈阳北中街汲宅厢房（来源：沈阳建筑大学建筑研究所测绘资料） | 人字形双坡顶的一半，称为“单庇”。晋中一些合院式传统建筑，为收贮屋面水、加强厢房防御性，常用一面坡的单庇屋面。后檐柱直接顶到脊檩，大柁架设在前后檐柱之间，上面立瓜柱一根，瓜柱和后檐柱之间连接二柁。 |
| 二柱二柁五檩式（最广泛） |  沈阳石佛寺乡石佛寺村夏宅（来源：沈阳建筑大学建筑研究所测绘资料） | 此构架类型使用最为广泛。前后檐柱之间架设大柁，也称为“五架梁”，其上承檐檩和檐枕，大柁上立瓜柱两根，瓜柱之间架设二柁，也称为“三架梁”，其上承腰檩和腰枕，二柁中部架设瓜柱一根，其上直接承脊檩和脊枕。 |
| 二柱二柁七檩式 | 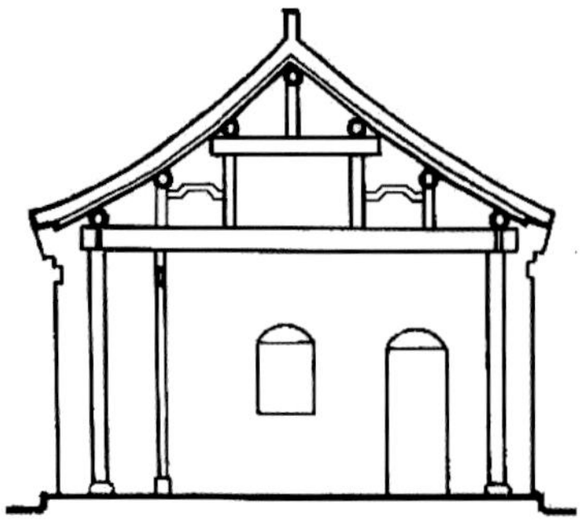 兴城郜宅门房（来源：根据《中国传统建筑》，高赛玉 改绘） | 前后檐柱之间架设大柁，大柁上架四瓜柱，中间两根架二柁，承上金檩，另外两根瓜柱直接承下金檩，并分别用枋连接中间的瓜柱，枋起拉接、装饰作用，不承重。二柁上立瓜柱一根，承脊檩。这是比较特殊的例子。 |

续表

| 类型 | | 构架图 | 特点 |
|---|---|---|---|
| 二柱三柁七檩式 | | 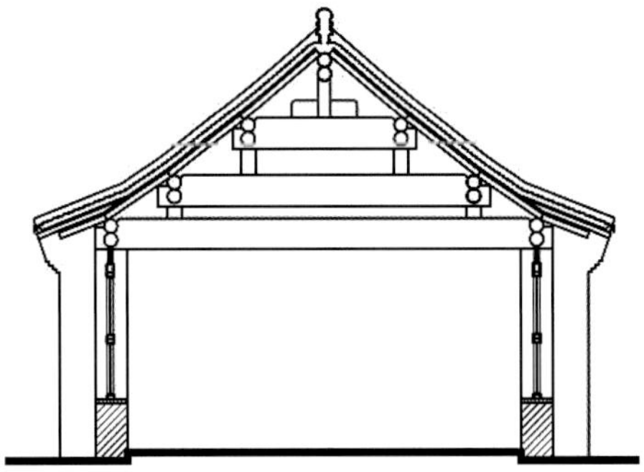 沈阳宋耀珊故居（来源：沈阳建筑大学建筑研究所测绘资料） | 前后檐柱之间架设大柁，也称“七架梁”，其上承檐檩和檐枕。大柁上立瓜柱二根，架二柁，也称“五架梁”，其上承下金檩。二柁上立瓜柱二根，架三柁，也称“三架梁”，其上承上金檩。三柁上立瓜柱一根，直接承脊檩。 |
| 三柱二柁五檩式 | 中柱到顶（最广泛） | 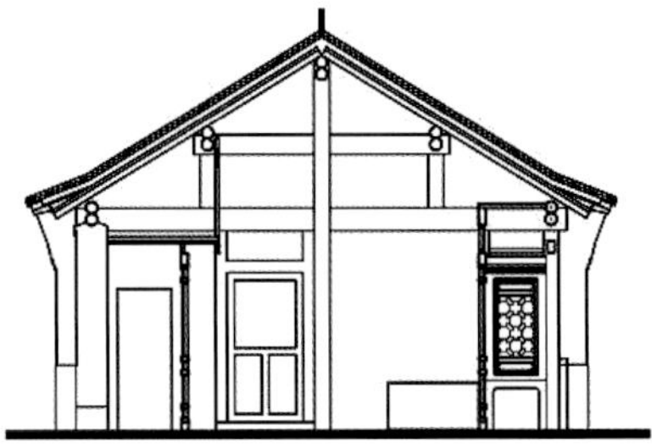 鞍山张忠堡刘宅（来源：沈阳建筑大学建筑研究所测绘资料） | 此构架类型使用也最为广泛。三柱呈对称结构。中柱直接承脊檩，增强墙体稳固性，大柁分两端，穿插在檐柱和中柱之间。大柁上立左右两瓜柱，二柁分两段，穿插在瓜柱与中柱之间。 |
| | 中柱不到顶 | 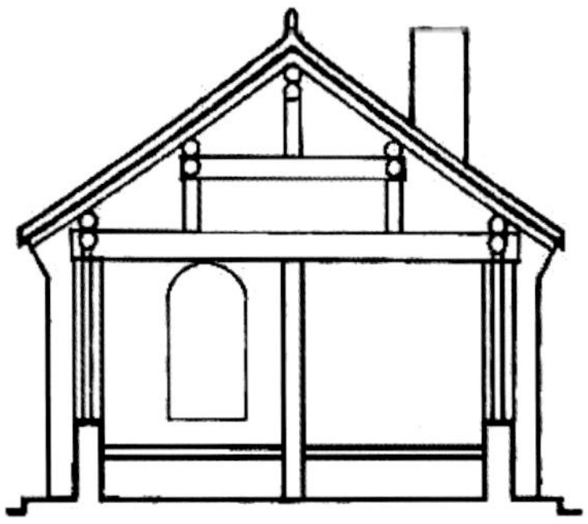 铁岭银冈书院门房（来源：根据《中国传统建筑》，高赛玉 改绘） | 与二柱二柁五檩式相似，不同的是在中间增加一根中柱，中柱不到顶，与前后檐柱共同承担大柁的荷载。大柁上立瓜柱两根，架二柁，上承腰檩，二柁上架瓜柱一根，直接承脊檩。 |

续表

| 类型 | 构架图 | 特点 |
| --- | --- | --- |
| 三柱三柁六檩前出廊式 | 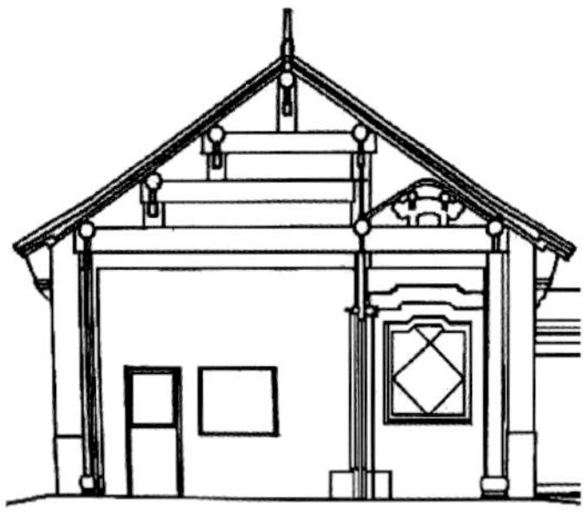 张氏帅府门房（来源：根据《中国传统建筑》，高赛玉 改绘） | 不对称式构架，南半构架三檩，无下金檩。北半构架四檩。南半构架里金柱处设门扇。大柁上立两瓜柱，一根承上金檩，一根承下金檩。在里金柱和檐柱之间的大柁上，紧贴屋面做类似苏州传统建筑中的“荷包梁”，此为特例。 |
| 三柱三柁八檩前出廊式 | 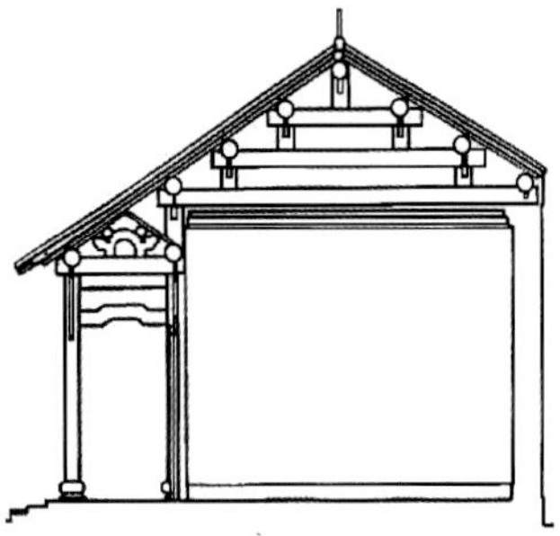 沈阳张氏帅府正房（来源：根据《中国传统建筑》，高赛玉 改绘） | 室内做二柱三柁七檩对称构架，老檐柱前增加前檐柱，设穿插梁挑出屋面成为前廊。在前廊的穿插梁上也做类似苏州传统建筑“荷包梁”的拱形结构，支撑屋面。穿插梁下有反弓形随梁枋。屋架整体呈不对称结构。 |
| 三柱三柁九檩前出廊式 | 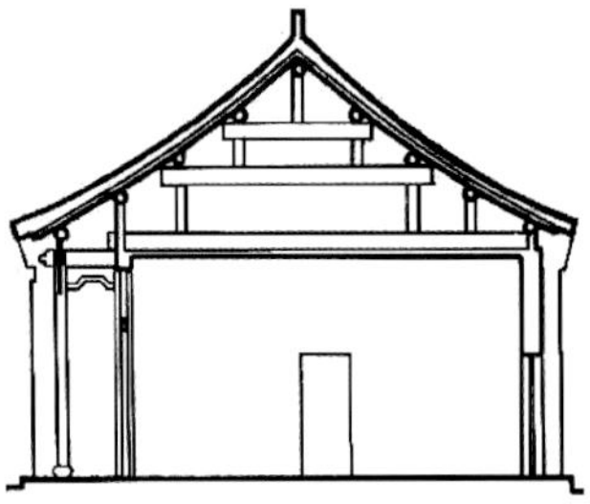 兴城郜宅正房（来源：根据《中国传统建筑》，高赛玉 改绘） | 屋架整体呈对称结构，但室内部分构架不对称，室内南半构架为四檩，北半构架为五檩，其中下金檩直接搁在瓜柱上。老檐柱前为外檐柱，设穿插枋，做“抱头梁”，穿插枋下有随梁枋。前后檐同高，室内光线明亮。 |
| 四柱二柁七檩前后出廊式 | 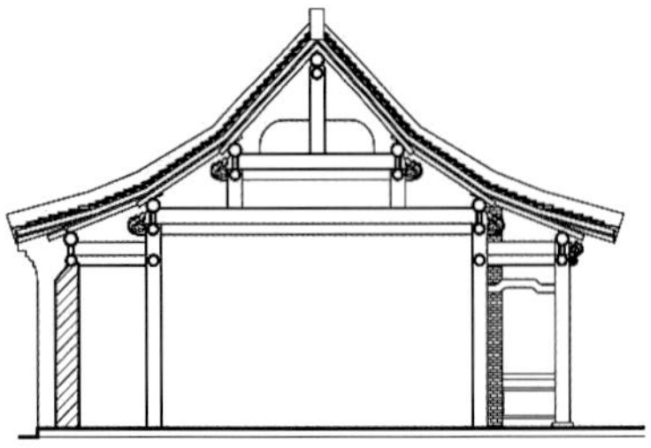 沈阳王列臣故居（来源：沈阳建筑大学建筑研究所测绘资料） | 以正中脊两端做对称式，中间为二柱五架梁，前后各加外檐柱，做“接柁式”前后廊。形成四柱前后廊的对称结构。前廊穿插梁下带随梁枋，而在后廊增加外檐墙，将后廊包裹进室内以增加室内面积。大柁、二柁、接柁露头出皆雕刻成云纹的装饰效果。 |

图4-1-22　支撑檩的瓜柱（来源：张凤婕 摄）

图4-1-23　短料椽子错缝搭接（来源：张凤婕 摄）

第三，在风沙较大的辽西地区普遍采用囤顶式构架。囤顶是一种特殊的抬梁式，只有一根大柁，柁上立瓜柱数根，与抬梁式构架不同，囤顶的瓜柱较矮，而且呈中间高、两边低的排列方式。瓜柱上直接承檩木，檩木直接使用原木。前后檐檩往往带枚木，其他檩则不带。受瓜柱高度控制，桁檩的排列从中间到两端依次降低。长瓜柱与檩交接处，辅以三角形托木，加强檩柱结合的稳定性（图4-1-22）。再在檩上搭椽，依据椽子形式的不同，搭接方式分为两种：第一种，如果椽子是加工后的方椽，或者圆形短料，受弯性降低，此时每两根檩木之间用一段椽子，才能形成屋面弧形的形态（图4-1-23）。第二种，如果椽子是未经加工的原木，木料较长，具有一定的受弯性能，则可直接使用整段木料进行铺设椽层，多根檩之间搭一根椽，或使用一根整椽铺设（图4-1-24）。与北方的抬梁式相似，椽子之间采用错缝搭接的方式，这样可以避免椽头之间的直接搭接，互相咬合稳定性更强。囤顶式构架的弧形屋架，完全取决于瓜柱的高度排列变化。瓜柱高差变化较小，则屋顶弧度变化较小；瓜柱高差变化较大，则屋顶弧度变化较大。辽宁地区的囤顶式构架多采用五檩式、七檩式、九檩式，另外一些高等级住宅还有带前廊的类型（表4-1-2）。

图4-1-24　长料椽子整根铺设（来源：张凤婕 摄）

辽宁传统建筑囤顶式构架类型总结　表 4-1-2

| 类型 | 构架图 | 特点 |
| --- | --- | --- |
| 二柱五檩式 | 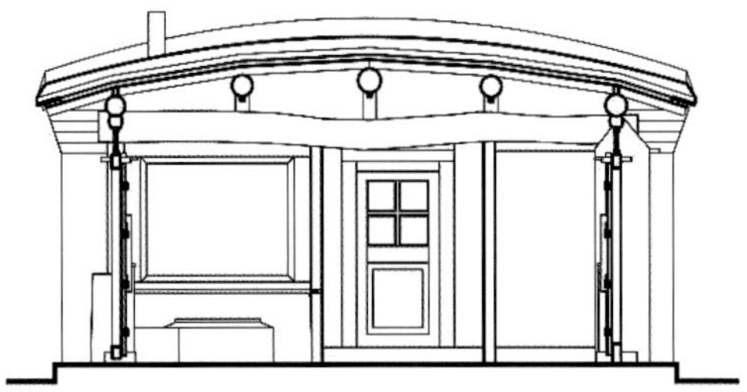 绥中传统建筑（来源：沈阳建筑大学建筑研究所测绘资料） | 大柁搭设在前后檐柱上，柁头承檩木和枚木。柁上立三根短瓜柱，中间高，两边低，瓜柱上承檩木。瓜柱短小，屋架弧度较平缓。每根檩木之间间隔 1 米左右，房屋整体进深 4 ~ 5 米。 |
| 三柱七檩前出廊式 | 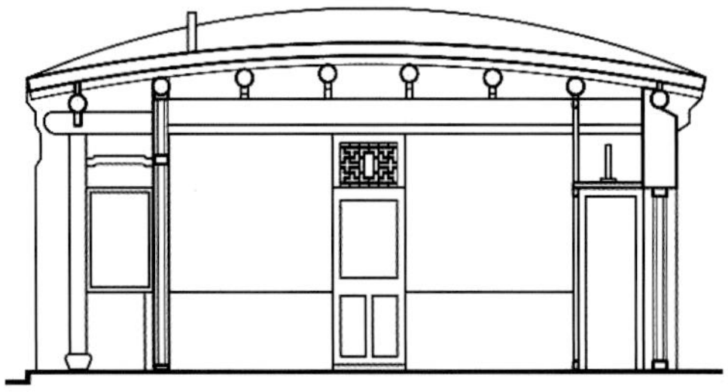 兴城王承斌故居（来源：沈阳建筑大学建筑研究所测绘资料） | 屋面对称，构架不对称。前两根檩木之间为外廊结构，后六根檩木之间为室内结构。外檐柱设在前端金檩处，大柁搭设在前后檐墙之间。前廊做“接柁式”，插梁下有随梁枋，檩木间距 0.9 米左右，房屋整体进深 6 ~ 7 米。 |
| 三柱九檩前出廊式 | 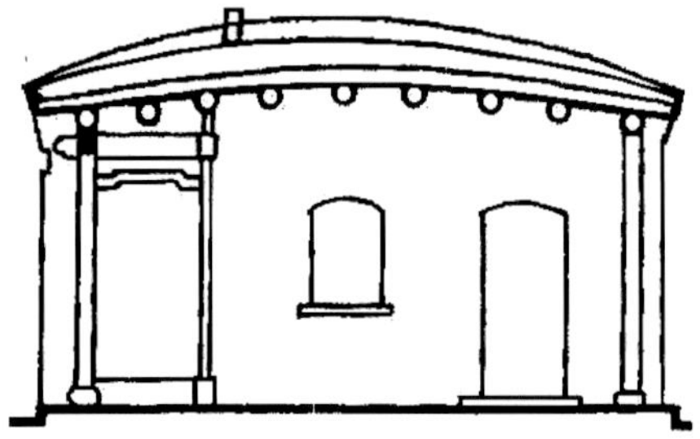 兴城周宅门房（来源：根据《中国传统建筑》，高赛玉 改绘） | 屋面呈对称结构，构架不对称。前三根檩木之间为外廊结构，后七根檩木之间为室内结构。外檐柱设置在前端腰檩处，大柁搭设在前后檐墙之间。前廊做“接柁式”，插梁下游随梁枋，檩木间距 0.7 米左右，房屋整体进深 5 ~ 6 米。 |
| 三柱十檩前出廊式 | 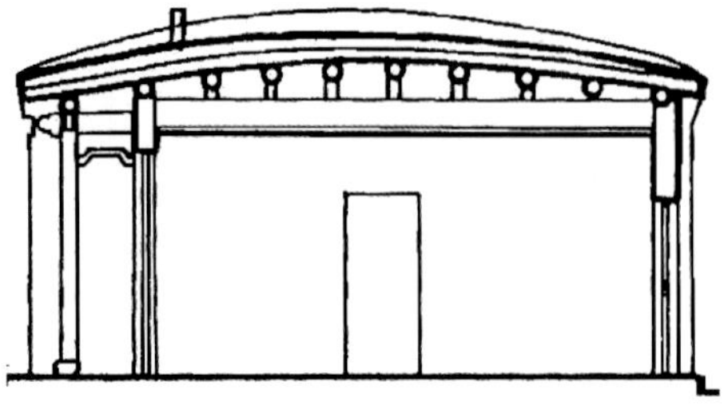 兴城周宅正房（来源：根据《中国传统建筑》，高赛玉 改绘） | 屋面对称，构架不对称。前两根檩木之间为外廊结构，后九根檩木之间为室内结构。外檐柱设置在前端金檩处，大柁搭设在前后檐墙之间。前廊做“接柁式”，插梁下游随梁枋。檩木间距 0.7 米左右，房屋整体进深 6 ~ 7 米。 |

## 第二节　硬朗粗犷的建筑立面构图

辽宁传统建筑的立面构图采用屋顶、屋身、台基三段式，坡屋顶以琉璃瓦、青瓦和草为屋面材料，造型硬朗挺拔，囤顶以碱土或黄土为屋面材料，造型浑圆，富有塑性；屋身南向大面积开门或窗，山面一般不开门窗，采用五花山墙的造型，北向根据功能而定，或封闭或开敞；台基有普通台基和须弥座台基，其造型较为朴素。

### 一、硬朗与浑圆的屋顶

辽宁传统建筑的屋顶形式主要有硬山、歇山、攒尖、悬山，其中以硬山屋顶居多。辽宁传统建筑屋面材料主要有瓦、草和泥。

坡屋顶建筑的屋面瓦有琉璃瓦和青瓦两大类。彩色琉璃瓦用于皇家建筑以及民间建筑的庙宇，其做法用筒瓦骑缝，脊上有特殊脊瓦，檐口部分有滴水和瓦当，正脊和垂脊上用吻兽等装饰（图4-2-1）。灰色瓦屋面又分为筒瓦屋面和板瓦屋面。灰色筒瓦多用在皇家建筑的附属建筑（图4-2-2）、多数的寺庙建筑（图4-2-3）及个别的书院、会馆、居住建筑上（图4-2-4）。普通百姓的住宅以及大部分公共建筑的附属建筑均用灰色小青瓦——板瓦。瓦的铺设方式不同会形成不同的肌理效果。在辽宁传统建筑中常见的铺设方法有五种，即筒瓦屋面、合瓦屋面、仰瓦灰梗屋面、干槎瓦屋面和棋盘心屋面（图4-2-5）。若是小式板瓦覆缝，则滴

图4-2-1　新宾永陵启运门琉璃瓦屋面（来源：朴玉顺 摄）

图4-2-3　千山香岩寺天王殿灰色筒瓦屋面（来源：王严力 摄）

图4-2-2　沈阳故宫左翼王亭灰色筒瓦屋面（来源：朴玉顺 摄）

图4-2-4　海城山西会馆灰色筒瓦屋面（来源：赵兵兵 摄）

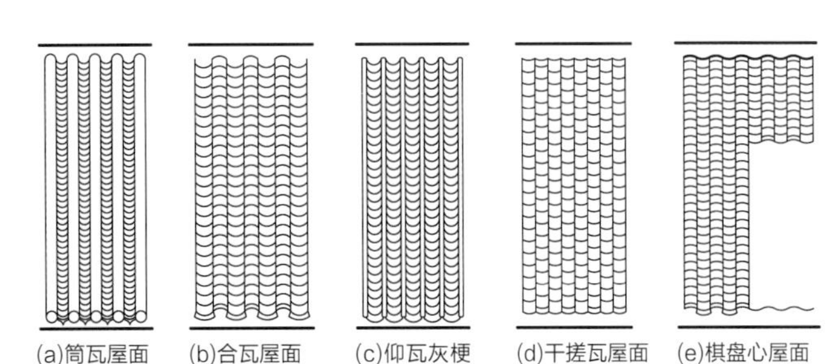

(a)筒瓦屋面　(b)合瓦屋面　(c)仰瓦灰梗屋面　(d)干搓瓦屋面　(e)棋盘心屋面

图4-2-5　瓦的铺设方式(来源：吴琦 绘)

图4-2-6　双层滴水（来源：朴玉顺 摄）

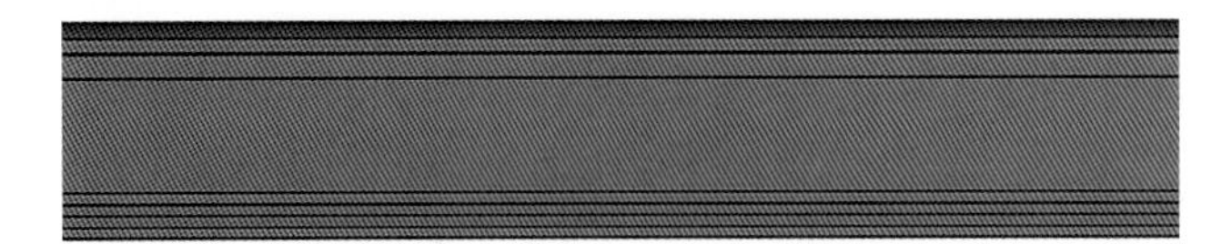

图4-2-7　辽宁传统青瓦建筑实心脊（来源：沈阳建筑大学建筑研究所 提供）

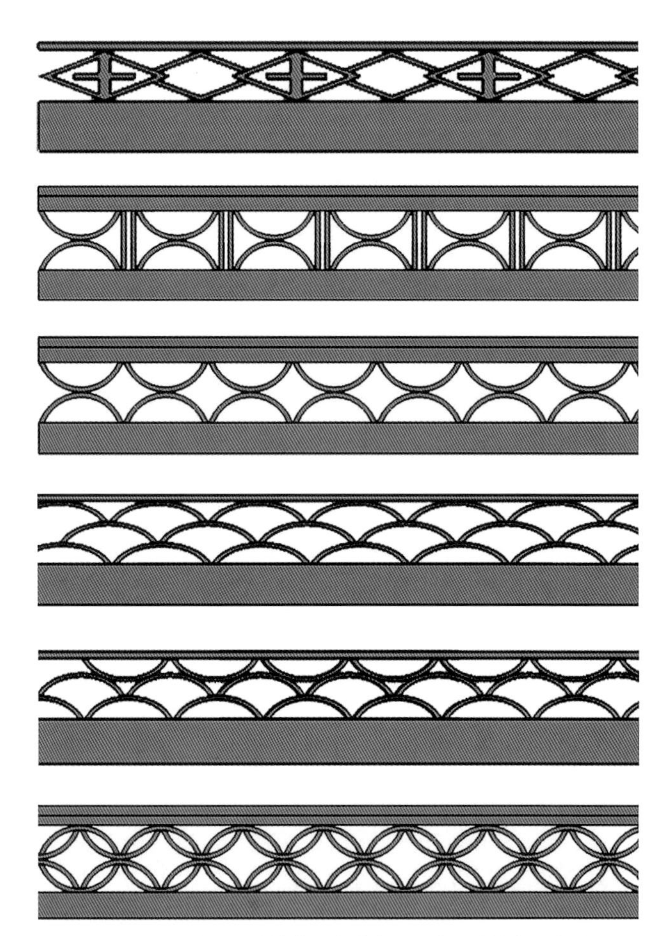

图4-2-8　辽宁传统青瓦建筑花瓦脊（来源：沈阳建筑大学建筑研究所提供）

水勾头都用微微卷起的花边瓦。辽宁传统建筑在檐口处有些以双重滴水瓦结束，既有装饰作用，又能加速屋面排水速度（图4-2-6）。

辽宁传统青瓦建筑正脊的样式主要有两种，一种是实心脊（图4-2-7），即屋脊全部为实体，造型简洁，两端有砖雕的“草盘子”和翘起的“蝎子尾”；另一种是花瓦脊（图4-2-8），屋脊用瓦片或花砖装饰，又叫“玲珑脊”，做法比较讲究。拼出的图案有银锭、鱼鳞、锁链和轱辘钱等几种。有些脊中央还有各种装饰，比如岫岩吴宅的屋脊中央还有荷花造型，寓意吉祥如意。屋脊两端的造型也有很多，有一种为鳌尖（图4-2-9）。辽宁传统琉璃瓦屋面建筑正脊的基本构造从下至上为正当沟、平口条、悬鱼、通脊、平口条、扣脊筒瓦。如需增加时在通脊的上下加群色条（图4-2-10）或者仅在下面

图4-2-9　辽宁传统建筑屋脊端部鳌尖（来源：沈阳建筑大学建筑研究所 提供）

图4-2-10 沈阳故宫崇政殿屋脊群色条（来源：高赛玉 摄）

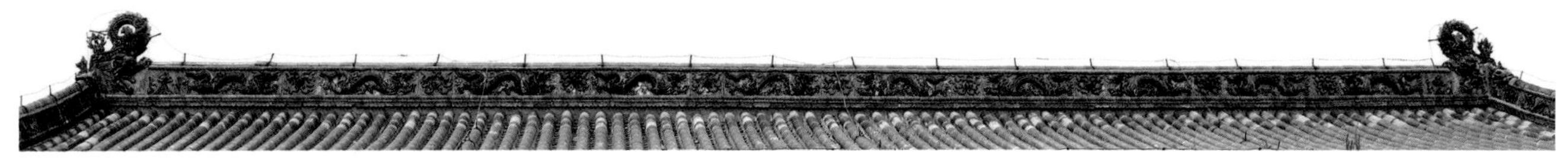
图4-2-11 沈阳故宫大清门屋脊群色条（来源：高赛玉 摄）

加群色条（图4-2-11）。除了最上面的扣脊筒瓦和清式构件相同，其余和清式形式差别很大，压当条外露一面为斜纹。

草房是辽宁传统民间建筑中最简单、最常见的类型。一般有钱者和大户人家才会盖瓦房，而穷人和普通百姓家大多盖草房。草房在辽宁有着十分悠久的历史，直到今天在一些经济较落后的农村还有草房。草房外表十分简朴，取材方便成本低，建造省时省力，厚墙厚顶、冬暖夏凉。墙体为土坯或青砖砌筑，但还是以土坯草房居多。草房多做三开间的“一明两暗”式（图4-2-12）或两开间“口袋式”（图4-2-13）。草房顶所用之草因地而异，有莎草、章茅、黄茅等野草和谷草、稻草、羊草、芦苇等，以草茎长、枝杈少、不宜腐料和经济易得为选用原则。由于檩木挑出，草顶多露出山墙，因此为悬山式。屋檐苫草很整齐，下部用封檐板承托。山尖处则做木博风板遮挡檩木，或直接露出檩和椽子。

图4-2-12 三开间草房（来源：张凤婕 摄）

图4-2-13 两开间草房（来源：张凤婕 摄）

辽西处于季风带，来自内蒙古高原的风沙于春季施虐辽西，所以屋面多为囤顶。辽宁西部的砸灰顶（又称草砂灰顶、海青顶）是以石灰、焦渣为面层，喷湿闷熟，用拍子拍打坚实，提浆，以大卵石压光而成（图4-2-14）。辽西的海边地区还有以海草皮代替羊草做防腐层。囤顶房屋按墙体材料的不同可分为泥土囤顶房（图4-2-15）、石块囤顶房（图4-2-16）、红砖囤顶房（图4-2-17）和青砖囤顶房（图4-2-18）。

囤顶房屋的檐口处理分露椽式和封椽式两种。露椽式按照檐头材料的不同又可分为木板檐头、砖檐头、瓦片檐头

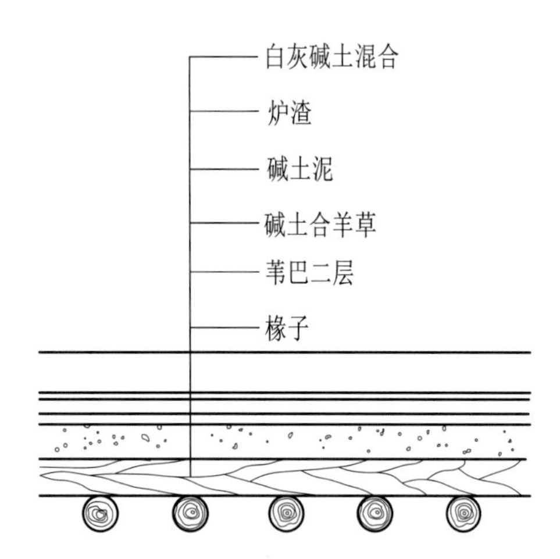


图4-2-14 砸灰顶做法（来源：张凤婕 绘）

图4-2-15 泥土囤顶房（来源：朴玉顺 摄）

图4-2-16 石块囤顶房（来源：朴玉顺 摄）

图4-2-17 红砖囤顶房（来源：朴玉顺 摄）

图4-2-18 青砖囤顶房（来源：朴玉顺 摄）

和秫秸檐头,其中瓦片檐头最为常见。露椽式常见三种做法有双层瓦露圆椽、双层瓦露方椽、单层瓦露圆椽（图4-2-19）。封椽式是指用封檐板将椽子隐藏在后面，起装饰效果（图4-2-20）。

## 二、五方杂处的墙体

辽宁传统建筑的墙体根据建造材料不同，分为砖墙、石墙、砖石混合墙、草泥墙以及泥砖混合墙等几种不同类型。不同材料的墙体呈现不同的肌理效果，成为区分辽宁不同地区建筑差异性的重要标志（图4-2-21）。

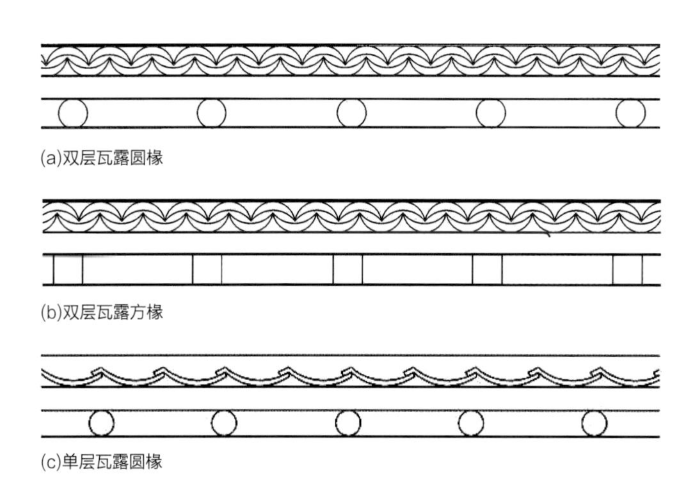


图4-2-19　囤顶房露椽做法（来源：沈阳建筑大学建筑研究所 提供）

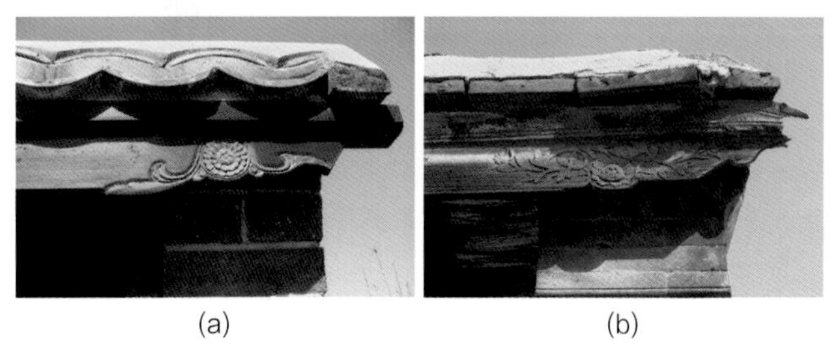


图4-2-20　封椽式檐头的两种常见形式（来源：张凤婕 摄）

图4-2-21　建筑材料肌理与质感（来源：沈阳建筑大学建筑研究所 提供）

图4-2-22　沈阳故宫继思斋干摆做法（来源：姚琦 摄）

图4-2-23　沈阳故宫崇政殿丝缝做法（来源：姚琦 摄）

图4-2-24　沈阳故宫崇政殿墀头上的琉璃砖（来源：姚琦 摄）

## 1. 砖墙

辽宁现存的传统建筑一般都使用青砖砌筑外墙。墙体采用“内生外熟”的方法砌筑，即墙外侧用青砖，内侧用土坯，这样既经济又能达到更好的保温效果。在墙体的砌筑方法上，因建筑地位的差异和构件所在建筑的部位不同而使用不同的砌筑方法，如下碱使用干摆、上身使用丝缝砌法。常见的砌筑方法有干摆、丝缝、糙砖墙和琉璃砌体。干摆做法用于较重要建筑的墙体，在乾隆时期建造的沈阳故宫东西所建筑中下碱普遍使用了干摆做法（图4-2-22）。丝缝墙的墙面有比较细小的灰缝，灰缝约2毫米～3毫米。丝缝是沈阳故宫中路建筑普遍使用的一种砌筑方法，崇政殿和台上五宫都使用了丝缝的砌筑方法（图4-2-23）。在清式做法中丝缝一般不用于下碱，但沈阳故宫的中路建筑上身和下碱都同时使用了丝缝砌筑方法。琉璃砖在墙体上的使用只是在建筑物的局部使用，与其他砌筑类型相组合。一种是在墀头上身使用，如沈阳故宫崇政殿和大清门墀头上的琉璃砖（图4-2-24）。另外一种是琉璃博缝板，在沈阳故宫建筑上的使用是比较广泛的，只要是琉璃屋面就使用了琉璃博缝板。琉璃被用来制作各种琉璃砖，用这些琉璃砖砌筑成琉璃砌体是传统建筑中各种砌筑类型的最高等级。沈阳故宫的中路建筑大清门、崇政殿为硬山顶建筑，仅从屋面等级上看它们在中国古建筑中是比较低的，为了提高其地位在硬山的墀头部位使用琉璃。硬山墀头使用琉璃在其他地方是很少见的，也是满族统治者和当时的工匠的一大创举。一般墙体砖的摆置方式均为顺砖卧砖。其砖缝形式全顺式（十字缝）、三顺一丁(又叫三七缝)、一顺一丁(又叫丁横拐或梅花丁)等（图4-2-25）。空斗墙是采用立砖空斗砌法，中间是碎砖并灌白灰浆使其结合紧密，保温性能优于单一砖墙保温效果，又能节省砖的用量（图4-2-26）。

南墙即前檐墙，墙壁厚度一般在400厘米～420厘米左右，前檐墙的面积主要被门窗面积占用，故仅窗台下墙体及两尽间墙体使用砖砌，其他则用木装修隔挡（图4-2-27～图4-2-30）。槛墙厚一般不小于柱径，槛墙高随槛窗。槛墙很少采用抹灰作法，而均为整砖露明作法。辽宁传统建筑槛墙高度一般在800厘米～900厘米之间。主要采用卧砖形式和落膛形式，落膛的落膛心做法多采用方石材。

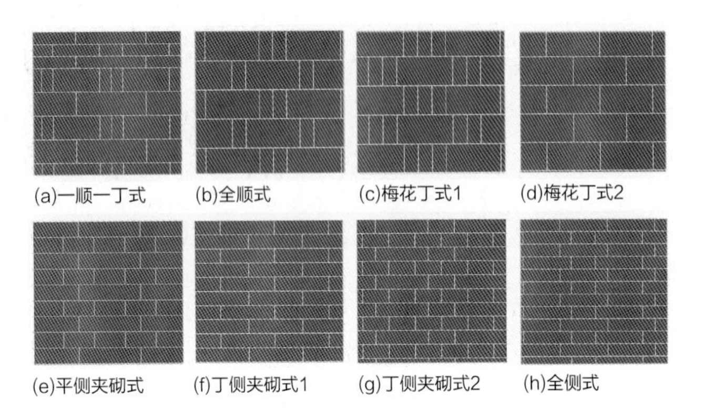


图4-2-25 砖的平面组砌方式（来源：沈阳建筑大学建筑研究所 提供）

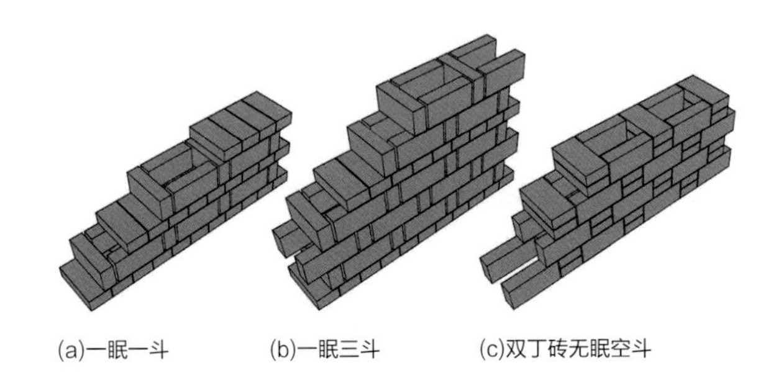


图4-2-26 空斗墙常见砌式(来源：高赛玉 绘）

图4-2-27 鞍山张忠堡刘宅正立面图（来源：沈阳建筑大学建筑研究所测绘资料）

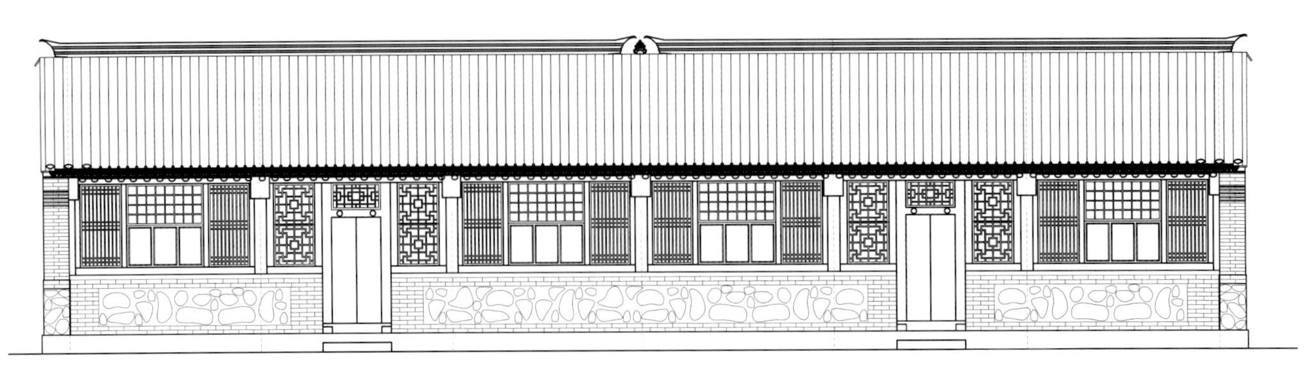

图4-2-28 绥中小河口刘宅正立面图（来源：沈阳建筑大学建筑研究所测绘资料）

图4-2-29　鞍山张忠堡刘宅效果图（来源：张凤婕 绘）

图4-2-30　绥中小河口刘宅效果图（来源：张凤婕 绘）

北墙墙壁厚度一般在450～500厘米左右，开窗较少，大部分满砌砖墙。后檐墙有两种（表4-2-1）。老檐出式的后檐墙与山墙后坡的墀头相交，封后檐式的后檐墙，两端没有墀头，辽宁传统建筑多做“露檐出”。封护檐墙一般不设窗户，露檐出可设后窗，窗口的上皮应紧挨檩枋下皮，窗口的两侧和下端可用砖檐圈成“窗套”（图4-2-31～图4-2-33）。

辽宁传统建筑后檐墙类型 表4-2-1

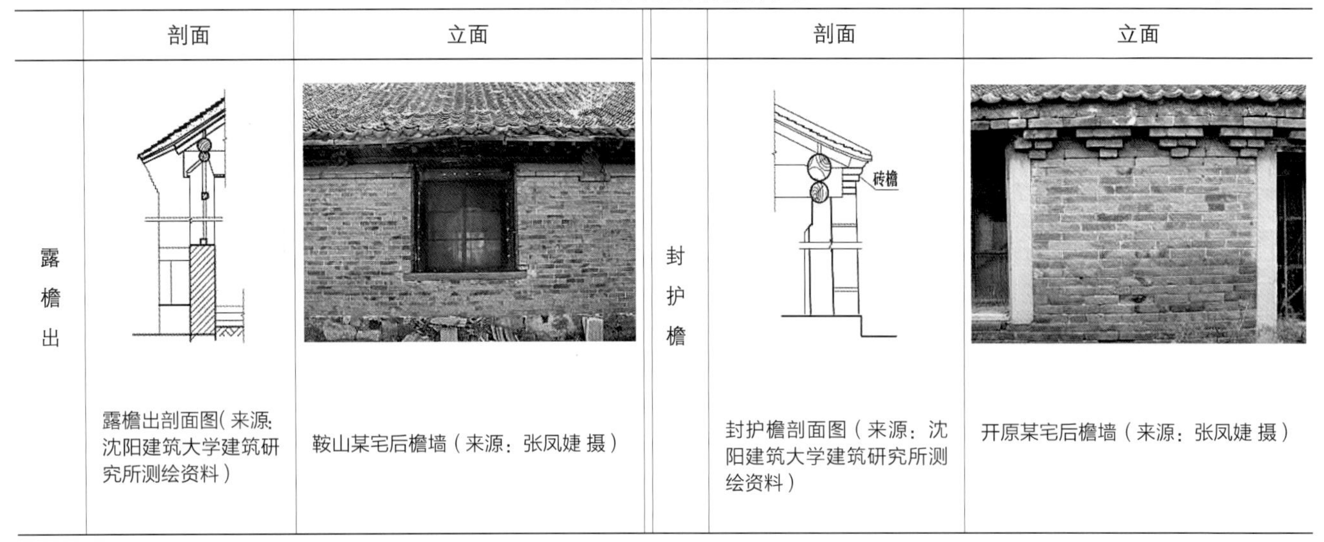

| | 剖面 | 立面 | | 剖面 | 立面 |
|---|---|---|---|---|---|
| 露檐出 | 露檐出剖面图（来源：沈阳建筑大学建筑研究所测绘资料） | 鞍山某宅后檐墙（来源：张凤婕 摄） | 封护檐 | 砖檐<br>封护檐剖面图（来源：沈阳建筑大学建筑研究所测绘资料） | 开原某宅后檐墙（来源：张凤婕 摄） |

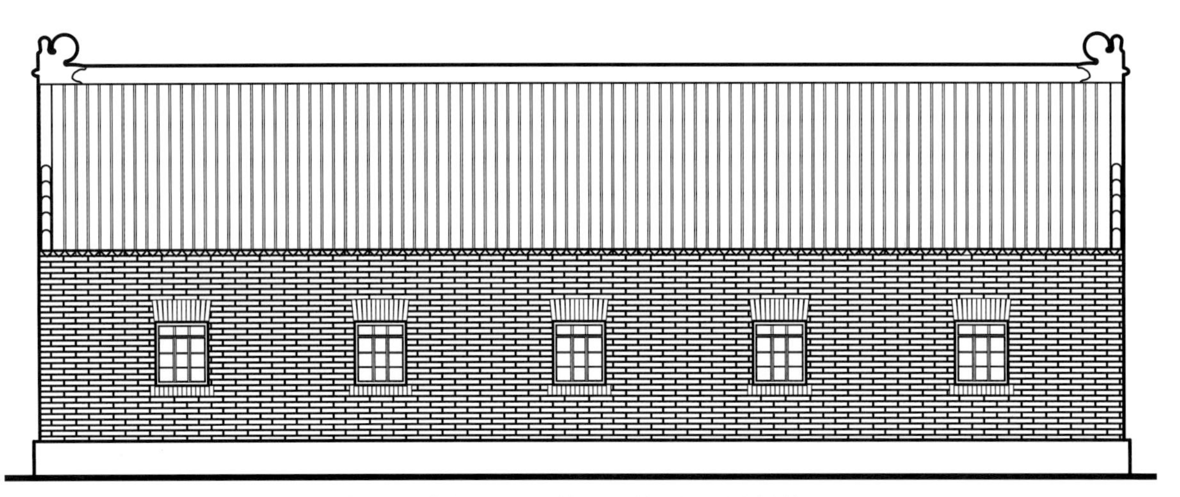

图4-2-31 沈阳王树翰寓故居“封护檐”后檐墙（来源：沈阳建筑大学建筑研究所测绘资料）

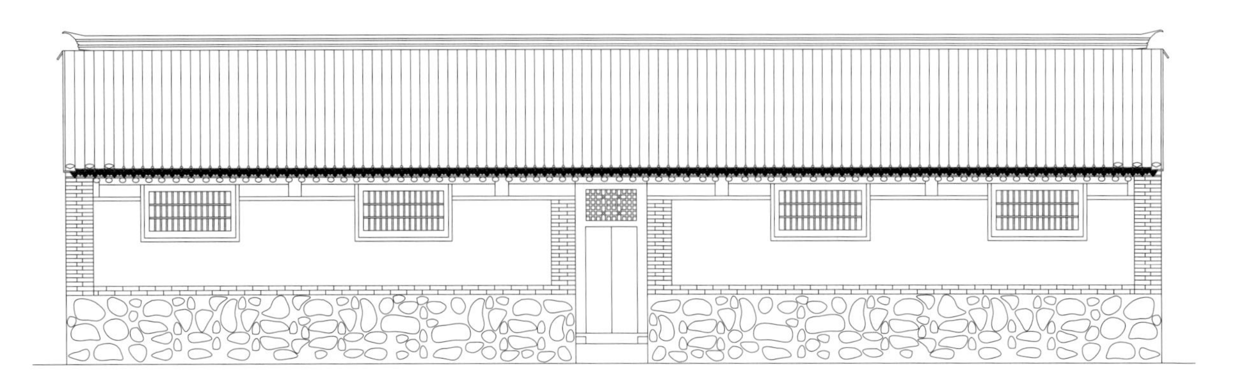

图4-2-32 绥中小河口传统建筑“露檐出”后檐墙（来源：沈阳建筑大学建筑研究所测绘资料）

图4-2-33 绥中小河口刘宅六开间正房后檐效果图（来源：张凤婕 绘）

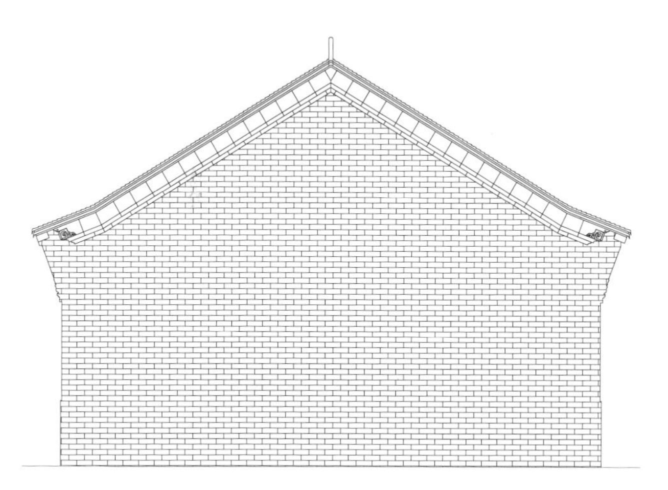

图4-2-34 鞍山张忠堡刘宅整砖山墙（来源：沈阳建筑大学建筑研究所测绘资料）

图4-2-35 慈恩寺整砖山墙（来源：王颖蕊 摄）

硬山式房屋山墙砌至脊尖，又连接至前后坡的边沿瓦垄。辽宁传统建筑山墙有两种类型，一种是整砖山墙，一般在规格较高建筑中采用（图4-2-34、图4-2-35）；在清初的皇家建筑硬山山墙上身均为露明做法，上身为琉璃砌筑的建筑下碱不带石活,上身为青砖砌筑的则带石活。带石活的建筑下碱由角柱石、压砖板和腰线石组成。在沈阳故宫晚期建筑东西所里出现盘头为琉璃砌筑，下碱带角柱石，如继思斋（图4-2-36）。辽宁的皇家建筑中乾隆时期建筑山墙为抹灰软心或整山墙上身抹灰。重要建筑使用整山墙抹灰做法，抹灰的颜色除文溯阁为灰白外，其余均为红色。抹灰软心有“五出五进”“圈六套六”“圈六套八 ”“圈三套六”“圈三套五”“圈五套七”等形式（图4-2-37）。一种是“五花山墙”（图4-2-38、图4-2-39），在规格较低的民宅和地方性石材较多处采用，山墙部分沿窗台的高度在墙体内砌

图4-2-36 沈阳故宫继思斋（来源：沈阳建筑大学建筑研究所）

(a)圈三套六

(b)圈五套七

(c)圈六套八

图4-2-37 山墙抹灰软心形式（来源：姚琦 摄）

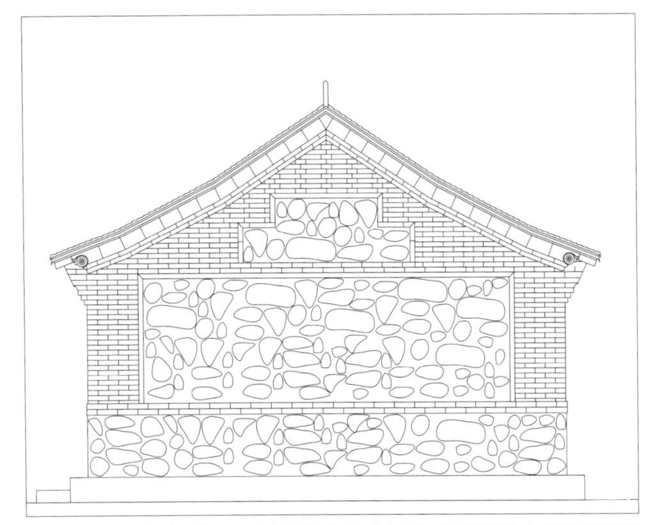

图4-2-38 绥中小河口刘宅五花山墙（来源：沈阳建筑大学建筑研究所测绘资料）

图4-2-39 石佛寺某宅五花山墙（来源：张凤婕 摄）

图4-2-40　砖石材料拼接形式（来源：沈阳建筑大学建筑研究所 提供）

有巨型石板条，厚度在20厘米左右，其长度和厚度随着建筑进深大小而变化。这一措施相当于现在建筑中的圈梁一样，使得墙体坚固耐震。

## 2. 土坯墙

土坯墙就是用土坯砌筑而成的墙体，它没有夯土的坚固度，但是因为经过模具压制，所以具有砖墙的整洁性。过去东北农村除了有相当财势的人家住得起青砖瓦房外，一般人家主要还是居住在土坯房里。“土坯的尺寸各地不同，一般是40厘米×17厘米×7厘米左右。用土坯砌筑墙壁，可以任意加宽。它的优点是隔寒、隔热，取材便当，价格经济，随时随地都可制造。其弱点是怕雨水冲刷，必需使用黄土抹面。凡筑土坯墙都要抹面，每年至少要抹一次才可保证墙壁的寿命。”①

## 3. 石墙

石材是民间居住房屋上不可缺少的材料。在建筑上使用石材的部位有墙基垫石、墙基砌石、柱脚石（柱础）墙身砌石、山墙转角处的砥垫、迎风石、挑檐石以及台阶、甬路等。石材砌墙坚固耐久，隔热潮湿，可以延长房屋寿命。采用石材料砌筑外墙，墙面具有一种不规则的纹理和天然的粗糙质感，十分具有地域性。由于石材的不规则形态和不稳定性，因此可采用外砖里石的砌筑方法，将石头包裹在砖框里，形成规整的外轮廓（图4-2-40）。当然，也可全部用石材砌筑，并用带羊剪的草作为粘合材料，抹面，填塞缝隙，形成规整形态。

## 4. 门窗

辽宁传统建筑中的门以板门、隔扇门最为常见（图4-2-41、图4-2-42）。板门分单扇门和双扇门（图4-2-43、图4-2-44）。一般在房屋的明间开间上辟四至六扇隔扇

图4-2-41　木板门（来源：沈阳建筑大学建筑研究所测绘资料）

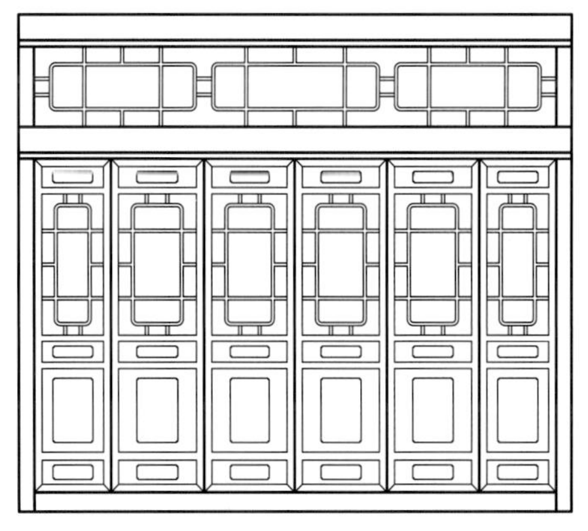
图4-2-42　隔扇门（来源：沈阳建筑大学建筑研究所测绘资料）

① 张驭寰·吉林传统建筑·北京：中国建筑工业出版社，1985，9：5.

图4-2-43　沈阳故宫大清门双扇门（来源：沈阳建筑大学建筑研究所 提供）

图4-2-44　沈阳故宫衍庆宫单扇门(来源：庞一鹤 摄)

图4-2-45　沈阳故宫大政殿隔扇门　（来源：沈阳建筑大学建筑研究所提供）

门，以四扇为多，内设两个连二楹，左面两扇和右面两扇分别共用一个连二楹，形成四扇门中间两扇对开，两边两扇单开的形式。在重要的建筑如大政殿和崇政殿上，将立面全部作成隔扇门，远看庄严、华丽，而且内开的隔扇门遇事人多出入的时候可以摘下，使里外打通，这也是不设窗只设门的一个原因。隔扇门主要有六抹和五抹隔扇，在主要的大式建筑等主要建筑上用六抹隔扇（图4-2-45、图4-2-46），这既增加了高大建筑上隔扇门的坚固性，也显示出了帝王建筑的威严。在其他小式建筑和次要建筑上使用了五抹隔扇。隔扇的种类主要依据建筑的功能与级别的不同而变化多样，其变化主要体现在隔扇心的花式上，因花式的不同而体现不同的风格；其次，裙板和绦环板的装饰也有所区别。

图4-2-46　沈阳故宫文溯阁隔扇门（来源：庞一鹤 摄）

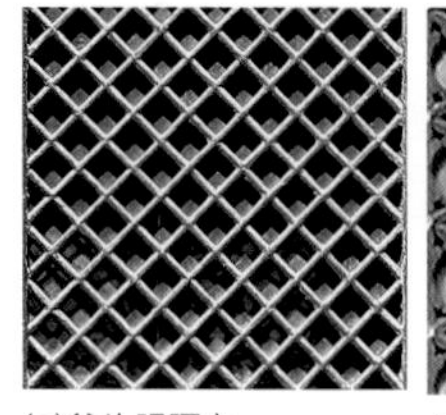

(a)斧头眼隔心

(b)三交六碗隔心

(c)灯笼锦隔心

图4-2-47　隔心花式（来源：沈阳建筑大学建筑研究所 提供）

### 隔扇类型与风格

官式建筑的隔心花式主要有斧头眼(斜方格)、三交六碗、灯笼锦等式(图4-2-47)。在沈阳故宫中路和东路的早期建筑上使用了斧头眼式隔心，这种隔心简洁、规矩。例如东路的大政殿六面全部使用隔扇，隔心为斧头眼式。中路的崇政殿则是沈阳故宫中唯一使用三交六碗菱花隔心的建筑，这种隔心雕刻细致、风格华丽，与裙板雕饰、镏金面页等装饰一同衬托出整个崇政殿的庄严、华丽堂皇的建筑风格，以显示皇权的神威。隔心为内外夹纱的双层做法，内部隔心亦为三交六碗式，这也是等级最高的一种做法。中路的东西宫和西路的建筑均建于清乾隆年间，此部分建筑隔扇门的隔心做法都是一色的灯笼锦，直棂间空档过大处加卧蚕、工字等卡子。支摘窗的花棂式样与此统一。官式建筑门扇裙板式样也很多，是根据建筑物的等级和隔心的式样作不同处理的(图

(a)大政殿门扇裙板

(b)崇政殿裙板

(c)文溯阁裙板

(d)崇谟阁裙板

图4-2-48 裙板的常见形式（来源：庞一鹤 摄）

4-2-48）。如沈阳故宫大政殿门扇裙板装饰较华丽，为圆框内浮雕金龙，龙头两两相对，龙身装饰云纹和海水纹，满贴金,绦环板为浮雕花式。在凤凰楼的隔扇裙板上也使用了浑金团龙，并有如意纹岔角，绦环板内为浮雕花式。崇政殿和太庙为阳线如意头裙板雕饰，文溯阁裙板为白底，方框内为蓝绿色圆形卷草纹，绦环板为蓝色花式。到中路东西所和西路建筑裙板雕饰较为多样，但大都是红漆阳线做法。明清隔扇自身的宽高比大致为1:3～1:4(表4-2-2)，沈阳故宫的隔扇上下段之比为六四分，主要体现在中西路乾隆年间增建部分，而大政殿和十王亭的门扇上下段之比均大于此规定。

隔扇比例与尺度 表 4-2-2

| | 隔扇高宽比 | 隔扇上段与下段[①]比 |
|---|---|---|
| 大政殿 | 1:4 | 5:3 |
| 十王亭 | 1:3.6 | 4:3 |
| 崇政殿 | 1:4 | 6:4 |
| 颐和殿 | 1:4 | 6:4 |
| 介祉宫 | 1:4 | 6:4 |
| 继思斋 | 1:3 | 6:4 |
| 崇谟阁 | 1:3 | 6:4 |
| 文溯阁 | 1:4.6 | 6:4 |
| 《工程做法》规定 | 1:4 ～ 1:3 | 6:4 |

辽宁传统建筑的窗按其形式分主要有直棂窗、支摘窗、槛窗和支挂窗几种（图4-2-49）。其形式也是与建筑的等级和风格相一致的，但却不是十分的严格。窗棂式样一般与隔心相一致，主要有码三箭、斧头眼和灯笼锦等几种。辽宁地区清初传统官式建筑在窗棂上糊纸，样式较单一，棂条间距较窄，分布均匀，而在乾隆年间增建的建筑则因玻璃的应用而有了变化，间距也扩大了，有的地方仅用卧蚕和工字的卡子即可。其中支摘窗不仅官式建筑上采用，更是北方地区常用的民居窗，其棂窗图案大部分为步步锦、也有灯笼框、盘肠、龟背锦等图式（图4-2-50）。

## 5. 看墙

辽宁传统建筑中设置看墙的部位有两个，一是屋宇型院落大门入口两侧，二是带前廊的房屋两侧。官式建筑中廊心墙有三种类型：第一种是上身为软心的廊心墙，如崇政殿。第二种为无“灯笼框”的“闷头廊子”，如大清门。第三种为有“灯笼框”的“闷头廊子”，如西所仰熙斋。官式建筑中上方为方形,灯笼框四周用六角八字砖砌筑,中间为软心,四周黑烟子浆刷成黑色，中间刷白。廊心墙下碱的用料和砌筑类型与山墙下碱一致，下碱的高度与山墙下碱高度一般相同，廊心墙下碱的高度也有比山墙下碱高的，如崇政殿。还

① 隔扇的上段指的是棂花隔心部分，隔扇的下段指的是裙板绦环部分。

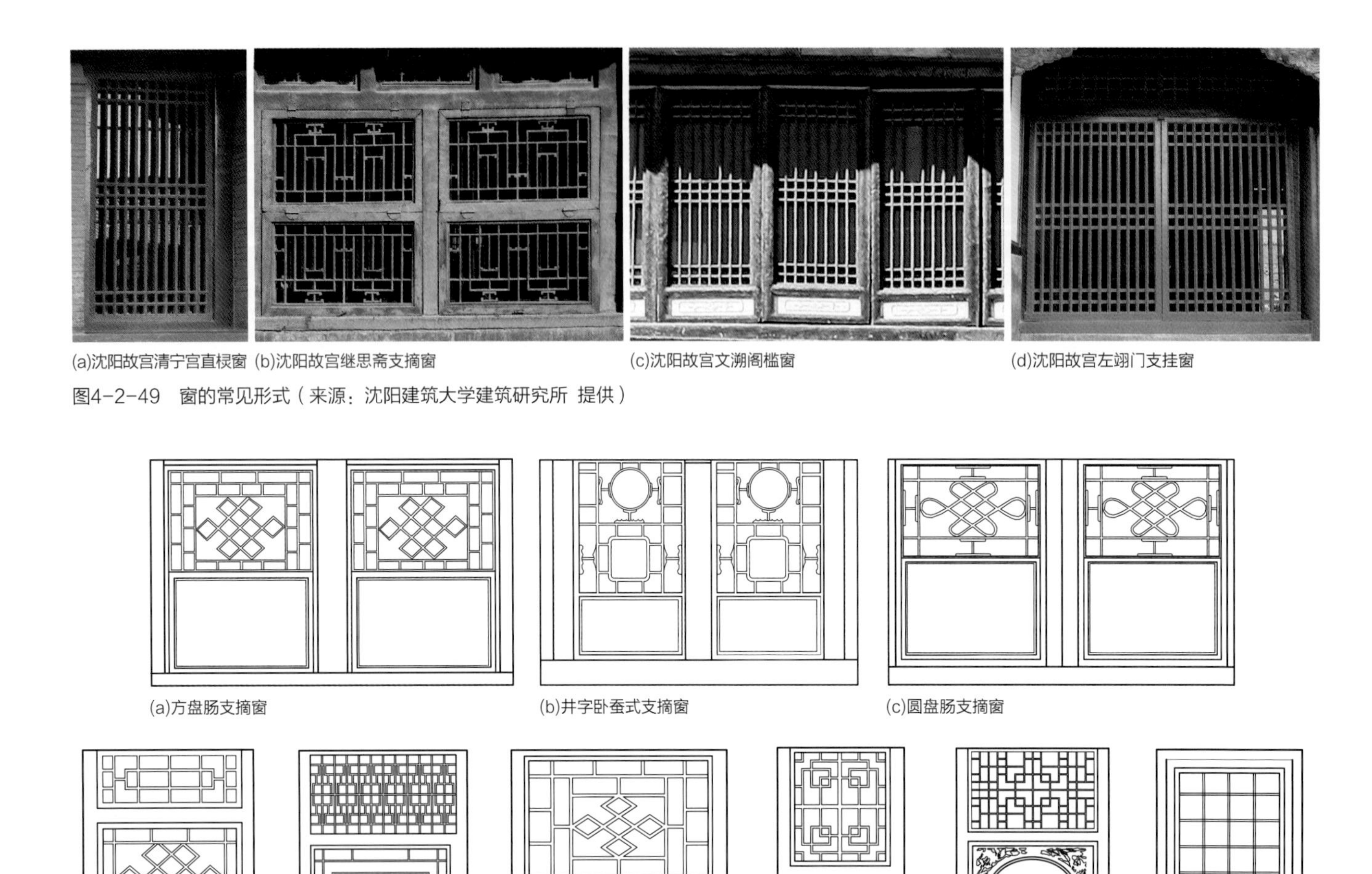

(a)沈阳故宫清宁宫直棂窗 (b)沈阳故宫继思斋支摘窗 (c)沈阳故宫文溯阁槛窗 (d)沈阳故宫左翊门支挂窗

图4-2-49 窗的常见形式（来源：沈阳建筑大学建筑研究所 提供）

(a)方盘肠支摘窗 (b)井字卧蚕式支摘窗 (c)圆盘肠支摘窗

(d)灯笼锦+方盘肠+井字式 (e)灯笼锦+井字式 (f)方盘肠+井字式 (g)套方+灯笼锦式 (h)复套方+雕花式 (i)十字式

图4-2-50 辽宁传统民居中各种形式的支摘窗（来源：沈阳建筑大学建筑研究所测绘资料）

有下碱和上身做成一体的情况，如大清门北侧廊心墙。

民间建筑的看墙多用落膛作法。看墙下碱的外皮与山墙里皮在同一条直线上，下碱的用料和砌筑类型与山墙下碱一致，下碱的高度应与山墙下碱相近，但也可以有差别，依廊心的表现形式而定。穿插当的高等于穿插枋至抱头梁之间的距离，并按穿插枋进深分三段砍制和雕刻。小脊子砍成圆混形式，两端雕“象鼻”。辽宁现存传统民居看墙的墙心常采用海棠池作法、中心四岔作法、方砖心作法、琉璃心作法（表4-2-3）。

## 三、重实用而少装饰的台基

辽宁地区传统建筑的台基有两种形式，一种为方直台基，另一种是须弥座台基，无论哪一种台基，均起着防止雨水浸泡基础、延长建筑的使用寿命的功能。方直台基的做法比较简单，有用砌筑的，上置阶条，也有用土衬石、陡板石和阶条石砌筑的。须弥座台基只有在等级较高的建筑上才能使用，做法上比较繁杂，多以石造为主，并有带雕刻和不带雕刻之分。沈阳故宫大政殿等须弥台基较之清《工部工程做

辽宁现存传统民居看墙墙心作法　　表 4-2-3

| 类型 | 图片 | | | 特点 |
|---|---|---|---|---|
| 海棠池作法 |  兴城周家（来源：张凤婕 摄） |  兴城郜家（来源：张凤婕 摄） |  兴城郜家（来源：张凤婕 摄） | 落膛内部中心有砖雕，周围为抹灰抹平。砖雕可为圆形或方形，题材各异 |
| 中心四岔作法 |  兴城某宅（来源：张凤婕 摄） |  兴城郜家（来源：张凤婕 摄） |  兴城城隍庙（来源：张凤婕 摄） | 落膛内部中心有花砖，四角还有三角形花砖 |
| 方心砖作法 |  兴城某宅（来源：张凤婕 摄） |  开原某宅（来源：张凤婕 摄） |  鞍山某宅（来源：张凤婕 摄） | 落膛内满砌方砖，形式主要有龟背纹、方形纹、古钱纹 |
| 琉璃心作法 |  开原清真寺（来源：张凤婕 摄） |  兴城某宅（来源：张凤婕 摄） | | 落膛内满铺琉璃方砖，形成彩色的墙心图案 |

法》规定的式样简单，但它与太和殿台基所表达的一样显示着统治者居于“三界”之上的至尊至圣的地位。辽宁传统建筑基座以方直台基为主，地位突出的重要建筑，如沈阳故宫东路大政殿及中路崇政殿、福陵、昭陵的隆恩殿等重要建筑的台基为须弥座形式。须弥座台基有带栏杆栏板和不带栏杆栏板两种。若台基抬高较少，不加栏杆，如沈阳故宫的清宁宫（图4-2-51），若台基较高，则加栏杆，清初皇宫皇陵须弥座栏杆、栏板上的石雕精美，是整个建筑群石雕艺术的精华，其须弥座的组成部分、位置和比例与清《工部工程做法》中规定的清式须弥座很不相同。如沈阳故宫大政殿八角形的须弥座（图4-2-52）与整个大政殿十分协调，它东、西、南、北四处踏垛，台基座高1.5米有余，上下枋、上下枭、圭脚线脚部分都是素面，不作雕饰；束腰部分用大青砖“干摆”（磨砖对缝），中间镶嵌朴素的石雕，外框为如意头形，框内用深浮雕的手法，雕刻有“海水江牙”及“升龙”，束腰的四角作石雕卷草为饰。整个须弥座构图简练大方，雕刻层次分明，刀法炯劲有力，龙的动感极强，系清初东北地方手法。

图4-2-51 沈阳故宫清宁宫台基（来源：朴玉顺 摄）

民居以及其他类型的建筑多数只有简单的方直台基，有些甚至没有台基，只是在墙壁的下面加一圈土衬石，起保护墙体作用，所占比例很小，几乎看不到。方直台基多用砖、石混砌，四角放角柱石，样式非常简单，直上直下（图4-2-53），在民居中多见以石材砌筑、样式简单的台基（图4-2-54）。辽宁清初皇宫皇陵建筑的台基与北京皇宫皇陵的台基相比，也很少做枭混，其他建筑的台基更是简单、朴素，体现了重实用而少装饰的特点。

图4-2-52 沈阳故宫大政殿台基（来源：王颖蕊 摄）

图4-2-53 沈阳实胜寺山门台基（来源：朴玉顺 摄）

图4-2-54 绥中某民居台基（来源：朴玉顺 摄）

（a）泥土圆烟囱（来源：张凤婕 摄）

（b）石头圆烟囱（来源：朴玉顺 摄）

（c）青砖方形烟囱（来源：朴玉顺摄）

（d）青砖退台式烟囱（来源：朴玉顺 摄）

图4-2-55 烟囱常见形式

## 四、地域特色的烟囱

由于东北平时风力大，要做烟囱必须要超过屋顶的高度，否则不好烧，所以烟囱要高，有许多地方烟囱做独立式，即是与房屋分离2米~3米，在地面上独立建造起来。独立式烟囱，东北也称“跨海烟囱”、“呼兰”，多为满族传统建筑采用，由于古代辽宁农村房屋多为泥草房，因此独立式烟囱也多为泥土夯砌的圆形烟囱；有些地方盛产石材，因此用石头圆形砌筑，由于石头重量大，一般砌筑得矮而粗；由于独立式烟囱的科学性，被早期汉族移民效仿，后随着砖瓦房的大量出现，衍化成独立式砖烟囱。独立式砖烟囱也有两种，一种是方形烟囱，从下往上逐渐收分；一种是退台式烟囱，层层向上收进。

有的人家为了节省材料，把山墙与烟囱结合在一起，

图4-2-56 绥中小河口民居的出烟口（来源：张凤婕 摄）

烟囱贴着墙建立，这叫做附墙烟囱。附墙烟囱多为汉族采用，由于附墙烟囱的设立，山墙也沾染了烟囱的热气变成火墙，有利于防寒。附墙烟囱的位置是由炕的位置决定。若设南炕，则烟囱立在山墙前端设北炕，则烟囱立在山墙后端；还有的房屋间数过多，房屋面阔过长，比如“趟子房”，则可在两户中间依附檐墙烟囱，并凸出于檐墙之外。再要省材料，把烟囱从屋内贴墙砌起，到屋顶上再突出上去，这叫做屋顶烟囱，屋顶烟囱仅限于砖瓦建筑的房屋，也是多为汉族人采用。有的烟囱与灶台相随，从屋面中突出；有的烟囱与灶台位于炕的两端，烟囱仍挨着山墙，从屋面边缘突出。

还有的不做烟囱，仅做出烟口，这样做的原因主要是当地风力太小，做烟囱风拔不出去，因此仅在低处做出烟口即可。这样的房屋在外形上没有烟囱，比较特殊。出烟口的做法也有讲究，出烟口应做一个导风口，避免烟气出来时熏黑墙壁（图4-2-56）。

另外，对于对称式房屋，由于对面屋均有炕，因此房屋山墙两边均有烟囱。对于不对称房屋，由于只有一边有炕，因此房屋仅一面山墙有烟囱。还有的房屋由于有多铺炕，屋顶上矗立多个烟囱。

辽宁传统建筑的平面形状、主体构架的搭建方式以及立面三段式构图，从总体上看借鉴和吸收了中原的技术手段和营建法则，这样的做法保证了具有本土特色建筑形态的形成。以北方少数民族为主体，融合中国北方汉族的辽宁人，具有粗犷、豪放、直接、质朴的性格特征和审美标准。因此，辽宁的传统建筑造型具有硬朗的屋顶、五方杂处的墙体、简约朴素的台基以及形式多样的烟囱等典型特征，特别是烟囱，又成为包括辽宁在内的整个东北地区传统民居建筑标志性的立面构图元素。

# 第五章　装饰与色彩特征

与中原传统建筑相比，辽宁传统建筑的装饰虽然质朴，但也不乏具有地域性风格的装饰做法。在辽宁的传统建筑中，从内到外，无论是院落大门，还是房屋大门；无论是山墙、廊墙，还是隔墙、隔扇；无论是门、窗、梁、柱，还是炕箅、炕罩等，只要条件许可，都要施加装饰。装饰的部位主要有室外的门窗、梁头、柱础、看墙、凹龛、墀头、通风孔等；室内的隔扇、天棚、地面等。

## 第一节 借鉴中原与大胆创新的装饰题材

辽宁传统建筑装饰纹饰按题材的不同可分为：动物、植物、人物、几何纹、文字与数字等。建筑装饰不仅注重形式的美观，而且也相当注重装饰所表达的思想内涵。

### 一、以满族信仰为主导的动物纹样

动物纹样在传统的官式建筑装饰纹饰题材中所占比重较大。这一类以龙、凤、狮子、兽面、羊、鹤、鹿、蝙蝠等居多，其中最有代表性的动物纹样有龙、兽面、狮子等。

#### （一）龙

龙在皇家建筑的装饰纹样中占了很大比重，在清初“一宫三陵”的建筑中无处不在。如石栏杆望柱头上有雕龙（图5-1-1），廊下柱子上有木雕盘龙（图5-1-2），檐下龙形抱头梁（图5-1-3），檐下彩画里有行龙（图5-1-4）、升龙（图5-1-5）、降龙（图5-1-6）、坐龙（图5-1-7），屋脊、博风上五彩琉璃行龙（图5-1-8）等。不仅龙本身充满在各部位 的装饰里，而且龙的子孙也参加了装饰的行列。屋脊两端的龙吻（图5-1-9）、屋脊顶端的走兽（图5-1-10）、宫门上的铺首（图5-1-11）、台基上的螭首（图5-1-12）等。早期皇家建筑上的龙饰非常有特点，外檐装修特别注重用龙的形象对建筑的性质和气氛加以强调和渲染。如大政殿正南向入口处的两根木雕蟠龙柱，龙头上扬出于柱外，张牙舞爪，十分凶猛生动，充分显示出“龙威”，即天子之威，殿内藻井中有浑金的雕龙（图5-1-13）。崇政殿全殿布满了龙饰，其正脊、垂脊、博缝、墀头（图5-1-14）。

均饰以蓝色行龙五彩琉璃饰，龙首均向上。殿下台基栏杆的望柱、栏板（图5-1-15）都雕满龙纹。檐柱和金柱间的穿插梁变成一条行龙贯穿室内外，檐下梁头雕为龙头（图5-1-16），梁身雕为龙身，室内梁头雕为龙尾（图5-1-17）。全部龙首，成三组二龙戏珠图。崇政殿宝座设亭式堂陛（图5-1-18），其前方凸出两柱上各有一条木雕蟠金龙，龙尾在上，龙首在下但扬起向内，姿态十分凶猛生动，与大政殿双龙首尾正好相反，形成艺术上的对照。值得一提

图5-1-1 望柱柱头雕龙（来源：朴玉顺 摄）

图5-1-2 柱上木雕盘龙（来源：朴玉顺 摄）

图5-1-3　龙形抱头梁（来源：朴玉顺 摄）

图5-1-4　行龙（来源：朴玉顺 摄）

图5-1-5　升龙（来源：朴玉顺 摄）

图5-1-6　降龙（来源：朴玉顺 摄）

图5-1-7　坐龙（来源：朴玉顺 摄）

图5-1-8　屋脊、博风上五彩琉璃行龙（来源：纪文哲 摄）

图5-1-9　屋脊两端的龙吻（来源：刘盈 摄）

图5-1-10　屋脊顶端的走兽（来源：刘盈 摄）

图5-1-11　宫门上的铺首（来源：庞一鹤 摄）

图5-1-12　台基上的螭首（来源：朴玉顺 摄）

图5-1-13 沈阳故宫大政殿藻井（来源：吴琦 摄）

图5-1-15 沈阳故宫崇政殿望柱、栏板（来源：王颖蕊 摄）

图5-1-16 沈阳故宫崇政殿檐下龙形抱头梁龙头及龙身（来源：朴玉顺 摄）

图5-1-14 沈阳故宫崇政殿墀头（来源：朴玉顺 摄）

图5-1-17　沈阳故宫崇政殿抱头梁龙尾（来源：朴玉顺 摄）

图5-1-18　沈阳故宫崇政殿堂陛（来源：朴玉顺 摄）

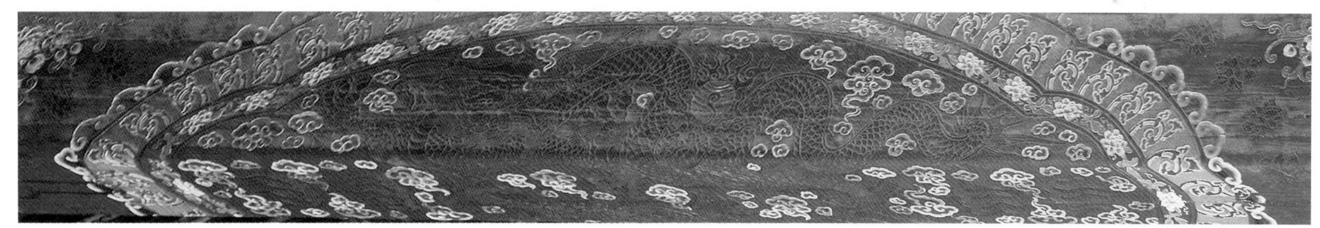
图5-1-19　沈阳故宫崇政殿内七架梁上的“四爪龙”（来源：张勇 摄）

的是在崇政殿室内七架梁上及柱子上的金龙纹饰，上面所绘金龙为“四爪龙”（图5-1-19）；纵观沈阳故宫中也仅此两处画“四爪龙”,其他建筑及崇政殿其他部位上的龙也均为“五爪龙”。

图5-1-20　沈阳故宫柱头兽面雕饰图（来源：朴玉顺 摄）

## （二）兽面

在辽宁地区清初兴建的皇宫、皇陵以及皇帝敕建的寺庙建筑上常有兽面雕饰（图5-1-20）。它是由木板雕成再装到柱顶，不起结构作用，纯为装饰件。兽面环眼圆瞪，宽鼻狮口，头顶一对卷曲犄角（类似于羊角），背衬镂空卷云图案，兽头两侧各有一只下垂的人手形雕饰。这种兽面形式的装饰在清初的皇家建筑中不仅仅以木雕的形式出现在建筑檐

图5-1-21　沈阳昭陵隆恩门兽面（来源：庞一鹤 摄）

图5-1-22　沈阳故宫崇政殿琉璃墀头土兽面（来源：姚琦 摄）

图5-1-23　沈阳昭陵正红门兽面（来源：庞一鹤 摄）

下，同时以石雕及琉璃的形式在早期建筑的不同位置出现，如昭陵隆恩门、崇政殿琉璃墀头等（图5-1-21、图5-1-22）。这种兽面装饰成为辽宁清初官式建筑的一个重要的标志。另外，昭陵大红门上（图5-1-23），也可见到相类似的琉璃兽面装饰，造型更接近于牛头，角与沈阳故宫兽面上羊角相似，有一定的传承关系。这种做法来源于藏传喇嘛教建筑。清初皇宫皇陵的兽面与之不同之处有：角变为羊角，而不用牛角或鹿角；面部改为狮面，而非牛头或麒麟头。相同之处有：辽宁地区兽面保留了两侧人手形雕饰；使用的部位相同。辽宁清初的皇家建筑在借鉴藏传喇嘛教兽面做法的同时，有按自己的喜好对其加以变形，使其符合满族的审美和心理需求。兽面纹由藏传喇嘛教传到盛京城，已经失去了其本来宗教和图腾崇拜的意义，被赋予了满族人自身的新的思想内涵。它们之所以具有威吓神秘的力量，原因不在于这些怪异动物形象本身有如何的威力，而在于这些怪异形象为象征符号，指向了某种似乎是超世间的权威神力的观念；它们之所以美，不在于这些形象如何具有装饰风味，而在于以这些怪异形象恰到好处地体现了一种无限的、原始的、不能用概念语言来表达的原始宗教的情感、观念和理想。

## （三）狮子

狮子被用到建筑上之后，不光用在陵墓和大门两边作为守护神，我们在石头栏杆上、石头柱础上、石基座上都能看到狮子的形象。不同地区、民族在采用狮子装饰的同时，又必然地带有各自民族的审美特点，辽宁传统建筑中的狮子有其特殊的形象。如沈阳故宫大政殿前东西两侧置石狮一对（图5-1-24），石狮及座均用黑灰色石料，与沈阳故宫早期建筑各宫殿柱础为同类材质。狮身造型具方正平直之意，狮首不向前而是扭颈向内，右侧雌狮左爪下及后背各一幼狮，左侧雄狮右爪下及后背各一绣球，姿态生动，刻工简练。从整体观察狮首比例较大，各部位均不按肌肉骨骼起伏雕琢，而只是取其大致形似，着重表现其威武神态，但又无凶恶恐怖之相，是比较典型的东北地区民间风格。

## （四）狗

在沈阳故宫崇政殿的北侧垂带望柱上装饰着蹲狗（图5-1-25）。狗的造型质朴，着意刻画头部，狗耳硕大挺立，狗嘴比较夸张，龇牙咧嘴，怒目圆瞪，腿部粗壮有力，前部突出狗的肌肉，体毛很有特点，用浅浮雕法雕出一排排整齐的体毛，似盔甲，一副随时备战的样子,俨然一个全副武装的战士。在皇家建筑中以狗为题材做装饰，是很特别的做法，这和满族视狗为圣物有关。据说，清太祖努尔哈赤年幼时曾为奴，一次逃出时为追兵所逐，只是由于大黄狗的帮助，才幸免于难，躲过一劫。从此，它给满族立下规矩：不

图5-1-24　沈阳故宫大政殿前石狮（来源：刘盈 摄）

图5-1-25　沈阳故宫崇政殿望柱上的蹲狗（来源：刘盈 摄）

图5-1-26　沈阳昭陵隆恩殿前石狮（来源：刘盈 摄）

图5-1-27　沈阳故宫凤凰楼屋脊走兽中的羊（来源：刘盈 摄）

图5-1-28　沈阳故宫衍庆宫屋脊上的凤（来源：刘盈 摄）

图5-1-29　沈阳故宫戏台天花中的鹤（来源：高赛玉 摄）

图5-1-31　沈阳大佛寺厢房雀替上的蝙蝠（来源：高赛玉 摄）

准杀狗、食狗、戴狗皮帽。狗则成为满族人忠实的保护神。清昭陵隆恩殿前石狮，体毛也是用浮雕法雕出一排排整齐的体毛，狮子的形态也与崇政殿望柱上的蹲狗非常相像（图5-1-26）。

## （五）羊

羊与祥为谐音，用羊作装饰就有吉利、祥瑞的含义，在建筑装饰中应用广泛。羊在清初皇家建筑中的应用则有自己的特点。屋脊走兽的行列里采用了羊的造型（图5-1-27），模仿藏传喇嘛教的兽面装饰也加进了羊角的元素，说明满族人对羊的喜爱。羊的造型的大量出现是女真人畜牧业发达的结果，建州、海西女真长期受益于蒙古游牧民族的影响与松花江流域便利的水草条件，畜养牲畜很多，对牲畜的依赖性很强。在早期女真族在祭祀他们的神祇时，就沿袭草原牧民的风习奉献羊只。除了以上列举的这些动物纹样，

图5-1-30　沈阳故宫崇政殿墀头上的鹿（来源：刘盈 摄）

辽宁传统建筑中还有一些明显带有汉族文化意识影响的动物形象，如：凤（图5-1-28）、鹤（图5-1-29）、鹿（图5-1-30）、蝙蝠（图5-1-31）等。这些装饰纹样广泛应用于辽宁传统建筑的彩画、石雕、木雕等各种装饰当中。

## 二、以满族生产方式为蓝本的植物纹样

辽宁传统建筑植物题材的装饰也相当多，梅、兰、菊、荷、莲、卷草等植物花卉不计其数，所用题材多少都具有某些思想内涵，总会带有一定的比拟和象征的意义。

### （一）莲花

莲花装饰在佛教建筑及宫殿、民居建筑中使用均很广泛。如在清初的皇宫、皇陵以及寺庙建筑中的莲花装饰更为广泛、更加形象。盛开的莲花用作天花彩画的圆光（图5-1-32）、多莲瓣用作柱础（图5-1-33）、柱头的装饰（图5-1-34）、彩画图案中的朵莲（图5-1-35）、缠枝莲（图5-1-36）、石雕栏杆（图5-1-37）及各宫殿山墙透风砖上（图5-1-38），檐枋上（图5-1-39），琉璃照壁（图5-1-40），垂花门（图5-1-41），都有千姿百态的莲花纹饰。

### （二）稻草、谷物

稻谷或谷物作为装饰题材在历代的皇家建筑中不是非常普遍。但在辽宁地区的传统官式建筑中却得以应用。如沈阳故宫的清宁宫室内檐枋彩画中的垫板彩画中的题材比较特殊，为红地青、绿卷草束缚连接沥粉贴金稻草、谷物（图5-1-42），这在装饰题材中是绝无仅有的。这与清宁宫的功能及满族人的生产生活特点有关。清太祖努尔哈赤崛起之际，满族开始迅速向农业经济过渡。新品种的推广与农业生产经验的普及，尤其是高粱、玉米、稻等高产作

图5-1-32　沈阳实胜寺大雄宝殿天花（来源：楚家麟 摄）

图5-1-33　沈阳故宫大政殿柱础（来源：朴玉顺 摄）

图5-1-34　沈阳故宫凤凰楼室内柱头（来源：朴玉顺 摄）

图5-1-35　沈阳长安寺天王殿抹角梁梁底彩画中的朵莲（来源：楚家麟 摄）

图5-1-36　沈阳故宫凤凰楼天花彩画中的缠枝莲（来源：张勇 摄）

图5-1-37　沈阳故宫大政殿石雕栏杆（来源：朴玉顺 摄）

图5-1-38　沈阳故宫飞龙阁山墙透风砖（来源：姚琦 摄）

图5-1-39　沈阳故宫文德坊檐枋（来源：朴玉顺 摄）

图5-1-40　沈阳故宫西路琉璃照壁（来源：刘盈 摄）

图5-1-41　沈阳故宫东所垂花门垂花（来源：朴玉顺 摄）

图5-1-42　沈阳故宫清宁宫室内檐枋谷物题材的彩画（来源：张勇 摄）

物的引入，大大推动了农业生产的发展。自满族迁入辽沈传统农业地区，并实行“计丁授田”以后，它已成为农业满族了，这奠定了满族进入文明社会、建立国家政权的物质基础。

### （三）缠枝、花卉、卷草纹

辽宁传统建筑装饰中大量采用缠枝、花卉、卷草纹这些植物纹样，在石雕栏板、望柱上，在大木梁枋及各处的彩画上，在早期建筑屋脊的琉璃雕饰上，均可见到这些植物纹样（图5-1-43）。

## 三、融合喇嘛教文化的文字纹样

文字所表现的意或形意结合形成装饰纹样。如沈阳故宫大政殿室内藻井外环设八块“五井”顶棚，五井中上为双龙，下双凤，居中为梵文顶棚；大殿中心藻井中层外环为八块写有“福禄寿喜”的文字顶棚（图5-1-13）。凤凰楼二层早期天花彩画共十八组，每两幅构成一组，中心两组为梵文顶棚，四角分别为篆体汉字“万寿无疆”（图5-1-44）；余者皆以鸾凤彩云为主图把传承于藏传佛教的梵文顶棚放在居中的位置，说明了藏传佛教在清初统治中的重要

（a）沈阳故宫大政殿台基栏板、望柱花卉纹样（来源：王颖蕊 摄）

（b）沈阳故宫太庙缠枝纹样（来源：朴玉顺 摄）

（c）沈阳般若寺经堂雀替花卉纹样（来源：楚家麟 摄）

（d）沈阳长安寺大雄宝殿梁底卷草纹样（来源：楚家麟 摄）

图5-1-43 缠枝、花卉、卷草纹纹样

图5-1-44 沈阳故宫凤凰楼二层早期天花彩画（来源：《特色鲜明的沈阳故宫建筑》）

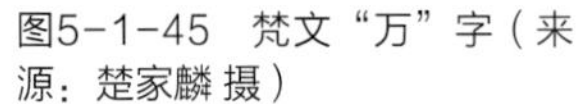

图5-1-45 梵文“万”字（来源：楚家麟 摄）

图5-1-46 汉字“寿”字（来源：高赛玉 摄）

地位。梵文顶棚传承了藏传佛教的装饰艺术，龙、凤及“福禄寿喜”文字顶棚又是借鉴了汉族的建筑艺术成就；在同一座建筑中，集中了不同民族的装饰艺术成就，说明了满族人对外来文化的吸纳并为我所用的民族性格。辽宁传统建筑的飞头、椽头彩画绝大多数都为梵文“万”字和汉字“寿”字（图5-1-45、图5-1-46）。万字本为梵文，不是普通文字，是佛教胸前的符号，表示吉祥幸福之意。“万”字和“寿”字结合，有表达吉祥祝福之意。

## 四、满汉文化融合的几何纹样

几何装饰纹样有方胜（图5-1-47）、连珠（图5-1-48）、回纹（图5-1-49）、如意纹（图5-1-50）等，既蕴涵吉祥寓意，又强调美的形式法则和数的规律。这些装饰纹样广泛应用于辽宁传统建筑的彩画、石雕、木雕等各种装饰当中。

辽宁传统建筑装饰造型纹样主要来源于中原汉族、满族、藏族及蒙古的图案纹饰，并经过一定的艺术加工，使之符合本民族的民俗和审美特性，具有浓郁的时代特性。从辽宁传统建筑的装饰纹样中，我们可以看到以满族为代表的本

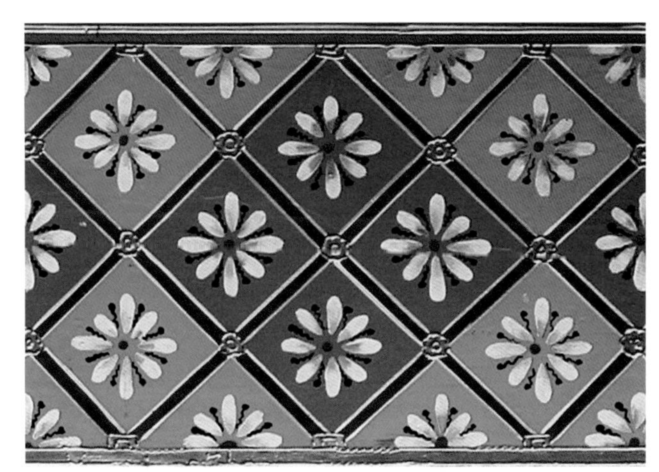
图5-1-47　沈阳北塔法轮寺护法殿抱头梁上方胜纹（来源：楚家麟 摄）

图5-1-48　沈阳太平寺侧门梁上的连珠纹（来源：楚家麟 摄）

图5-1-49　沈阳长安寺山门脊枋上的回纹（来源：楚家麟 摄）

图5-1-50　沈阳故宫崇谟阁挂檐板上的如意纹（来源：楚家麟 摄）

土文化对外来文化及其纹样逐渐融合、吸收到接纳的过程。早期装饰纹样的特点明显反映了清早期满族人的宗教信仰、民族意识和审美观念，而到了清后期已经明显汉化，汉族纹饰得到了广泛的运用。

## 第二节　丰富多彩的装饰门类

辽宁地区古代建筑的装饰门类也以彩饰、雕饰为主。彩饰包括墙、柱、门窗的刷色以及彩画。雕饰按工艺分，包括雕刻与雕塑两种装饰；按材料分，可分为木雕、砖石雕刻及琉璃。采用的主要表现手法有浅浮雕、高浮雕、透雕、圆雕、镂空雕和线刻等。这些雕饰门类在辽宁的传统建筑中均有囊括。

### 一、不拘泥于中原程式化的彩画

从现状来看，由于建筑外檐彩画维修频繁，辽宁传统建筑现存基本上是清后期官式的做法。室内彩画维修较少，有些保留着清早、中期彩画的特点,是辽宁传统建筑彩画特色的体现，研究价值较高。其中，大木梁枋彩画可以分为旋子彩画、和玺彩画、苏式彩画及宝珠吉祥草彩画。以上各类彩画的分布在辽宁现存古建筑中的情况是：旋子彩画分布最广，包括从早期到后期的各种性质、等级的建筑；和玺彩画应用较少，主要用于高等级的皇宫、皇陵建筑中的主要建筑及大门；苏式彩画应用非常广泛，主要用于中、后期建造的各类建筑。但沈阳故宫崇政殿室内苏式彩画很有特点(图5-2-1)；宝珠吉祥草彩画仅存于凤凰楼三层室内梁架上以及清昭陵、福陵棱恩殿的室内(图5-2-2)，是辽宁地区清早期彩画的一大特色。相对于相同级别的北京故宫建筑，彩画的用金量较少，缺乏金碧辉煌的效果，却平添了一丝生活气息。此外，在清初皇家建筑中，彩画的组合同中原非常不同。比如，沈阳故宫大政殿檐下彩画的组合就比较独特，其内外檐的彩画装饰在整个宫殿建筑群体中均属上乘。其外檐装饰着

图5-2-1 沈阳故宫崇政殿室内苏式彩画（来源：朴玉顺 摄）

图5-2-2 沈阳故宫凤凰楼三层梁架上的宝珠吉祥草彩画（来源：张勇 摄）

图5-2-3 沈阳故宫大政殿抱头梁与穿插枋彩画（来源：朴玉顺 摄）

图5-2-4 沈阳故宫大政殿明间、次间彩画（来源：楚家麟 摄）

旋子与和玺混合型彩画，其彩绘布局特殊，抱头梁、穿插枋、老檐檩等多用旋子彩画(图5-2-3)，檐下每面明间均为旋子彩画，而每面次间的挑檐檩和额枋上又装饰和玺彩画(图5-2-4)，这种彩画搭配形式十分罕见。在一座大殿的外檐彩绘中，同时出现两种不同类型的彩画，在一般古建筑上是不多见的，是此殿彩绘的独特之处。从彩画的细部纹饰及做法上来看，都为清中、后期官式彩画的成熟做法，具体原因尚待进一步研究。

清晚期修建与改建增建的皇家建筑或寺庙建筑的彩画类别比较齐全，既有类别较高的和玺彩画(图5-2-5)，又有素雅的旋子彩画(图5-2-6)。同时又大量采用了清新秀丽、自由活泼的苏式彩画(图5-2-7)，构成了与中原官式彩画一致的风格，而且在彩画图案的设计与施工上，已趋于定型化。由于关外与中原地区匠师们互相学习，以及关内外文化交流的加强，特别是清帝多次巡幸盛京，曾将京师匠役带来传播技艺，使关内外建筑装饰艺术差异越来越小。如沈阳故宫西路建筑的彩画为适应各方面需要采取了以苏式彩画为主、多种 方式为辅的做法，每进院落风采各异，或山水人物，或翎毛花卉，千姿百态、绚丽多姿。嘉荫堂(图5-2-8)以旋子彩画为主，枋心、箍头盒子兼绘山水、人物、异兽等，可谓苏式彩画与旋子彩画并举，格调清新悦目。文溯阁(图5-2-9)的彩画是以青、绿、白为主调的苏式彩画，包袱为曲尺型的

图5-2-5　沈阳故宫敬典阁和玺彩画（来源：张勇 摄）

图5-2-6　沈阳般若寺大雄宝殿檐下旋子彩画（来源：楚家麟 摄）

图5-2-7　沈阳长安寺回廊梁架上苏式彩画（来源：楚家麟 摄）

图5-2-8　沈阳故宫嘉荫堂檐下彩画（来源：纪文哲 摄）

图5-2-9　沈阳故宫文溯阁彩画(来源：纪文哲 摄）

硬包袱，找头部位不设卡子，包袱内彩画图案内容主要为白马、书函及龙负书等。油漆彩画也以冷色为主，柱子不用朱砂红而用深绿，彩画题材屏弃皇宫中的金龙和玉玺图案，而代以清新的苏画。

彩画颜料成分运用方面，早中期彩画的青、绿主色及其他在色普遍用国产天然矿质为主的颜料，色彩效果自然稳重、柔和和质朴。清晚期以来，由于上述这些颜色改用了由国外进口的近代化工颜料，使这个时期的彩画效果向着色彩艳丽、对比强烈刺激的方面转化。

图5-2-10　沈阳故宫崇政殿檐柱（来源：高赛玉 摄）

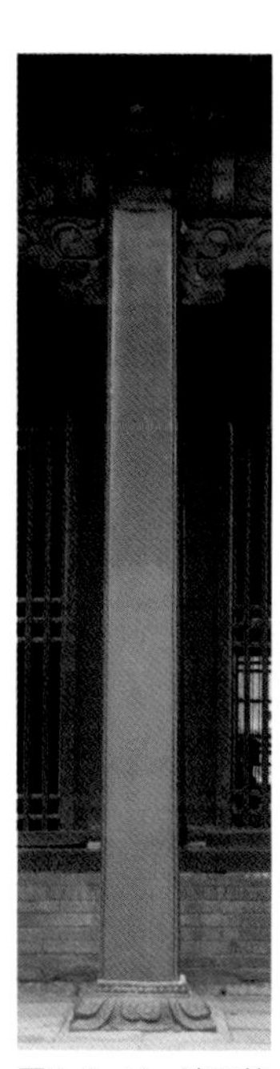
图5-2-11　沈阳故宫清宁宫檐柱（来源：高赛玉 摄）

图5-2-12　沈阳故宫大清门檐柱（来源：高赛玉 摄）

## 二、喇嘛教影响下的木雕

辽宁传统建筑的木雕装饰主要用于檐下梁架等处，木雕做法多使用浮雕、圆雕、透雕相结合的雕刻手法，立体感很强，在木雕的表面作彩绘。

辽宁清初官式建筑的檐下大木作受喇嘛教建筑影响较大，如外檐柱为方形，坐落在八瓣覆莲式的柱础上，上部连珠纹，每一个莲瓣上又饰以如意纹（图5-2-10、图5-2-11）。这种柱式的两种变形出现在沈阳故宫的早期建筑中，一种变形是每个莲瓣上不雕纹饰，其他形式相同，如大清门前后廊檐柱(图5-2-12)；另一种柱式为圆形，每个莲瓣上也不雕纹饰、其他形式相同的，如大政殿檐柱、凤凰楼外檐柱等。这说明了当时东北地方工匠对这种柱式的灵活处理。柱身上小下大，有明显的收分，粗壮稳健。柱头上往往加一个方形的棱台，而不像汉族建筑直接在柱头进行卷刹处理。大雀替宽厚，雕卷草纹饰，中央有狰狞的兽面装饰。辽宁清初官式建筑与晚期建筑中柱与替木之间的关系采取了完全不同

图5-2-13　沈阳故宫崇政殿檐下装饰（来源：朴玉顺 摄）

的处理办法。晚期建筑采用了汉族所通用的做法，而早期的大清门、崇政殿等建筑采纳了藏族喇嘛教建筑的做法，使柱子不直接通到顶，而是以雕成似坐斗状的柱头承托一个由整木雕凿而成的横木，其作用类似汉族的雀替，但它的做法和位置却不同了，它更接近于藏族庙宇建筑中的“秀”和“弓木”（藏族语）。柱顶到檐椽间共有四层装饰做法，大雀替上的长枋上绘和玺彩画，再上为“莲瓣枋”，是由蓝、红、金等色的仰莲串联组成的装饰，再上是“叠经”，由数十个小木块按立体的梯形组合而成，最上是如意云头的饰板(图5-2-13)。在清初皇宫皇陵建筑的外檐装修中特别注重用龙的形象对建筑的性质和气氛加以强调和渲染。比如大政殿前檐的两根盘龙柱，大清门抱头梁做成龙形，龙头撞出屋檐，龙尾深入室内，龙身在廊下等。

## 三、简洁粗犷的砖石雕刻

砖、石雕刻是建筑物特定部位的装饰品，通过不同部位和不同内容雕刻之间的配置、组合和呼应，构成统一而完美的艺术形象。下面将按砖、石料部件的部位来阐述辽宁传统建筑上的雕刻装饰。

### （一）柱础

辽宁传统建筑柱础仅在早期重要建筑的柱础上作雕刻，而乾隆时期后建的建筑及早期不重要的建筑仅作平素处理，不作雕饰。柱础按雕刻的繁简程度及样式可分为三种：

1.宝装莲花柱础：柱础覆盆部位高浮雕覆莲，每瓣莲花之上又作浅浮雕突起两小瓣；盆唇部位作高浮雕连珠纹，雕刻精美，极具装饰性，是清初皇家建筑中等级最高的柱础形式。如沈阳故宫中路崇政殿、清宁宫以及清福陵，为了突出这两幢建筑的重要性，檐下柱础使用了方形，而其他部位则使用了圆形（图5-2-14）。

2.覆莲柱础：柱础覆盆部位高浮雕覆莲，盆唇部位作高浮雕连珠纹。柱础上的连珠和俯莲雕琢质朴、简练，表现出明清之际雕刻的艺术风格与特点，在清初建筑柱础中属中等做法。如沈阳故宫东路主体建筑大政殿、中路大清门、凤凰楼及台上五宫的其他四宫都使用了此种柱础（图5-2-15）。

3.无雕饰柱础：表面磨平不作雕饰。这种柱础在辽宁现存的传统建筑中应用最为普遍，乾隆时期后建的建筑及早期不重要的建筑均采用此种柱础（图5-2-16）。

莲花柱础多用于佛教建筑，藏传佛教建筑中重要建筑也多用莲花柱础。清初早期建筑在建筑构架及装饰上受藏传喇嘛教的影响较深，莲花柱础亦未能脱离其影响。而乾隆时期建筑已经完全吸收了中原汉族文化，所以，柱础形制亦变得更为简单朴素。

（a）沈阳故宫清宁宫柱础

（b）沈阳故宫崇政殿柱础

（c）沈阳福陵东配殿柱础

（d）沈阳福陵角楼柱础

图5-2-14　宝装莲花柱础（来源：刘盈 摄）

（a）沈阳故宫大政殿柱础

（b）沈阳故宫衍庆宫柱础

（c）沈阳故宫左翊门柱础

（d）沈阳故宫关雎宫柱础

图5-2-15　覆莲柱础（来源：刘盈 摄）

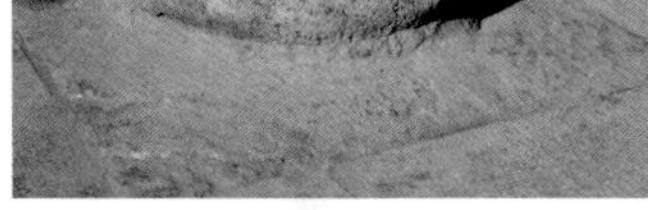
（a）沈阳故宫文溯阁柱础

（b）沈阳慈恩寺客堂柱础

（c）沈阳昭陵仪仗房柱础

（d）沈阳大佛寺大雄宝殿柱础

图5-2-16　无装饰柱础柱础（来源：刘盈 摄）

## （二）栏杆、栏板上的雕刻

清初皇家建筑的石质栏杆、栏板多用雕刻。其中最精彩的当属大政殿的栏杆和栏板的石雕。每个看面雕刻从内容到构图均有变化。这些精美的石雕所采用的是深浮雕的艺术手法，不但图案构思巧妙，而且尺寸体量设计合理，与大政殿整体建筑风格十分协调。大政殿栏板、望柱、抱鼓石（图5-2-17）等大面积的雕刻题材，基本上是以花卉为主，有牡丹、荷花、蒲棒、灵芝、菊花等，并附以各种吉祥卷草、如意纹、连珠、仰俯莲及龙纹、灵芝净瓶和少量的动物纹饰。这些石雕构件虽然多以花卉为饰，但由于构图形式多变，所雕诸如牡丹、菊花等花卉不仅将不同花的花纹搭配绝妙，而且以瓶栽盆栽等不同形式精雕出来，显得生动活泼，生机盎然。至于细部各种花卉的穿插、枝叶走向的变化、深浅起伏等都具有独到之处。

图5-2-17　沈阳故宫大政殿望柱及抱鼓石（来源：朴玉顺 摄）

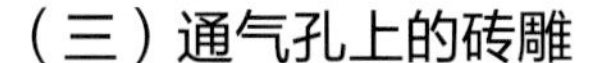

## （三）通气孔上的砖雕

辽宁传统建筑中的通气孔有两个位置，一是靠近山尖处，由于当地的传统建筑室内常做天棚，屋架被包裹在天棚里，因此，在两侧山墙靠近山尖处做通气孔，形成横向的空气对流，防止天棚内屋架日久受潮发霉。

另一处通气孔的位置设在下碱外皮的下部。通气孔的作用在于使柱子根部附近的空气流通而使柱子不易潮朽。为了防止柱子受潮，在外墙上对着内包柱子的柱脚部位开洞或砌一块透空的花砖，沿柱的周围形成一个空气间层，通气孔与空气间层相通，使潮湿水汽向外散发。辽宁民间建筑的通气孔做法简单，官式建筑的通气孔的雕刻形式较为复杂，多为高浮雕，甚至一些通气孔为精美的透雕和漏雕。在沈阳故宫中以动物和植物为题材图案最多。以动物为主要题材的有喜鹊、公鸡、乌鸦、仙鹤等（图5-2-18）。以植物为题材的如茄子、莲花、蒲公英、菊花、葡萄、向日葵等（图5-2-19）。甚至出现了以汉字为主要题材的雕刻，如台上五宫的衍庆宫上出现“福”、“寿”字样，在永福宫还出现了团福。此外，在霞绮楼、台上五宫的关雎宫还有类似中国结的喜庆图案（图5-2-20）。这说明当时处于下层的工匠多为汉人，他们了解汉文化和汉族习俗，而对满文知之甚少。在中路的崇政殿，其上通气孔做的尤其精致，砖材的质地细腻，类似金砖，雕刻图案饱满，题材尤以菊花为多。台上五宫则以葡萄等为主，可能是受汉族的多子多福的影响（葡萄喻示多子）。

## （四）墀头

辽宁传统建筑的墀头（图5-2-21）有两种处理方法：一是砖砌，民间建筑多采用此法；二是石砌，正面做雕饰，其题材常为荷花、花瓶或花篮、福寿等，这种多在规格较高的建筑

（a）凤凰

（b）喜鹊

（c）公鸡

（d）仙鹤

图5-2-18 动物题材通气孔（来源：姚琦 摄）

（a）莲花

（b）菊花

（c）葡萄

（d）向日葵

图5-2-19 植物题材通气孔（来源：姚琦 摄）

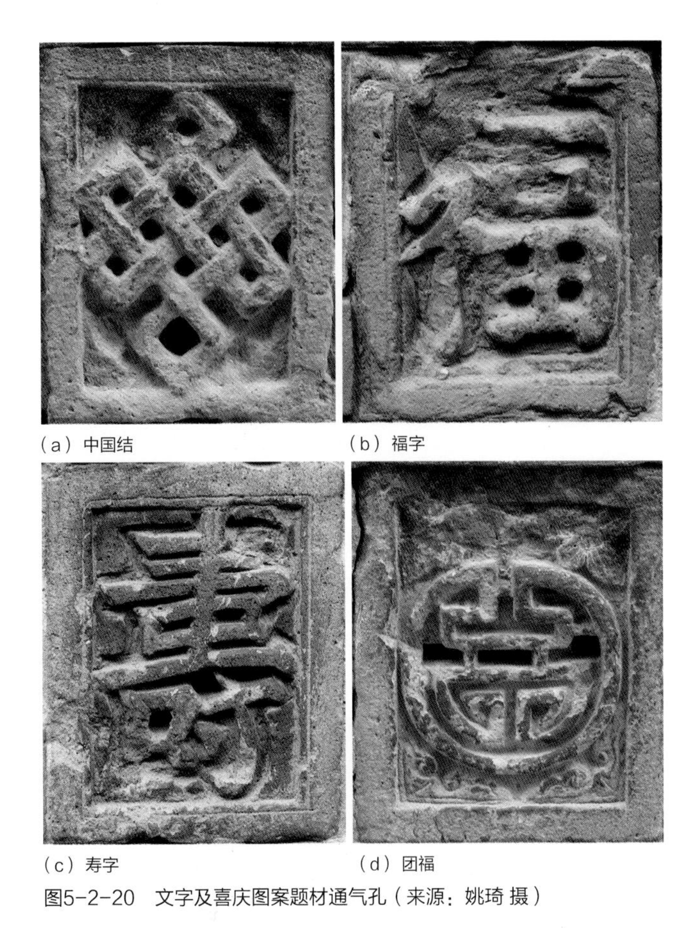

（a）中国结　（b）福字　（c）寿字　（d）团福

图5-2-20　文字及喜庆图案题材通气孔（来源：姚琦 摄）

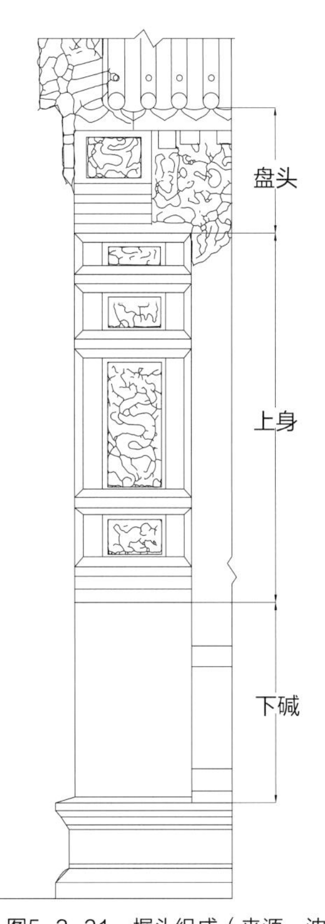


图5-2-21　墀头组成（来源：沈阳建筑大学建筑研究所测绘资料）

中采用。按装饰的复杂等级可将盘头分为几种类型（表5-2-1）：一是无枕头花，下砌层层线角，或最简单就做一个倾斜斜面；二是有枕头花，下砌层层线角；三是有枕头花，下砌层层线角，还有手巾布或者雕花连接于下部，构成完整的墀头。枕头花常雕有人物故事，梅、菊、牡丹等花卉，或者书法文字，其雕刻精致细腻，是墀头装饰的精华所在。

辽宁传统建筑硬山墀头盘头类型　　表 5-2-1

| | 无装饰题材的盘头 | | | | |
|---|---|---|---|---|---|
| 无枕头花 | 沈阳故宫台上五宫配殿（来源：姚琦 摄） | 沈阳太平寺山门（来源：姚琦 摄） | 兴城某宅（来源：张凤婕 摄） | 开原某宅（来源：张凤婕 摄） | 鞍山某宅（来源：张凤婕 摄） |

续表

| | | | | | |
|---|---|---|---|---|---|
| 有枕头花 | 动物类装饰题材的盘头 | | | | |
| |  |  |  |  |  |
| | 沈阳故宫左翊门<br>（来源：姚琦 摄） | 沈阳大佛寺藏经阁<br>（来源：姚琦 摄） | 沈阳大佛寺山门<br>（来源：姚琦 摄） | 沈阳慈恩寺配殿<br>（来源：姚琦 摄） | 沈阳慈恩寺东配殿<br>（来源：姚琦 摄） |
| | 花卉类装饰题材的盘头 | | | | |
| |  |  |  |  |  |
| | 沈阳故宫衍庆宫<br>（来源：姚琦 摄） | 沈阳故宫清宁宫<br>（来源：姚琦 摄） | 沈阳昭陵西配殿<br>（来源：姚琦 摄） | 沈阳慈恩寺天王殿<br>（来源：姚琦 摄） | 开原银冈书院<br>（来源：张凤婕 摄） |
| | 文字类装饰题材的盘头 | | | | |
| |  |  |  |  |  |
| | 沈阳慈恩寺山门<br>（来源：姚琦 摄） | 沈阳慈恩寺山门<br>（来源：姚琦 摄） | 开原某宅<br>（来源：张凤婕 摄） | 开原某宅<br>（来源：张凤婕 摄） | 开原某宅<br>（来源：张凤婕 摄） |

续表

| | 花卉、故事类装饰题材的盘头 | | | | |
|---|---|---|---|---|---|
| 带手巾布或雕花 | <br>沈阳中心庙<br>（来源：姚琦 摄） | <br>兴城城隍庙<br>（来源：张凤婕 摄） | <br>兴城文庙<br>（来源：张凤婕 摄） | <br>兴城郜家住宅<br>（来源：张凤婕 摄） | <br>铁岭银冈书院<br>（来源：张凤婕 摄） |

### （五）凹龛

辽宁的各族人民自古就有祭祀“天地神”的习俗，祈求风调雨顺。常常在前檐墙的东侧墙间壁上设置凹龛，供奉“天地神”，也有的民居在东、西檐墙分别供奉“天”和“地”。满族民居也有相似作法，但由于信仰的不同，满族民居凹龛供奉的是“佛手妈妈”（图5-2-22）。

（a）抚顺新宾某宅立面上的凹龛（来源：陈伯超 摄）（b）凤城关大老爷旧居立面上的凹龛（来源：吕海平 摄）

图5-2-22　辽宁传统民居中的凹龛

## 四、五彩斑斓的琉璃装饰

清初的皇宫、皇陵和皇家寺庙中都使用了琉璃。在当时战乱和民族矛盾极其尖锐的时候，能够使用琉璃瓦和侯振举归服努尔哈赤有关，承造盛京皇宫皇陵、烧造琉璃砖瓦的业绩是与侯氏分不开的。位于海城县缸窑岭的黄瓦窑是原籍晋地的侯振举经营的皇家官窑，他及其子孙为皇宫皇陵提供了优质的琉璃瓦。

在清代规定，亲王、贝勒、郡王建筑的屋顶只能用绿色琉璃或绿剪边，只有皇宫和皇家寺庙建筑的屋顶才能用黄色琉璃瓦或黄剪边。这种做法在关内宫殿建筑中是少见的，属于地方做法。

琉璃脊饰有龙尾高卷的正吻，昂头瞪目的垂兽，有穿梭于云海之中的神龙，展翅飞舞的凤凰、盛开之牡丹等题材的脊筒、博风等建筑构件。如崇政殿正脊、垂脊、博风等构件以黄色为地，上面的行龙、宝珠、瑞草等浮雕纹饰用绿色或蓝色，对比鲜明，主体图案醒目。山尖加饰的琉璃悬鱼也用黄加绿、蓝色，上部圆形，内浮雕螭龙，下为如意状花饰，使灰色的山面增添了鲜艳祥和的气息（图5-2-23）。台上五宫正脊、螭吻、戗脊、垂兽等琉璃构件同崇政殿风格相近，但具体纹饰略有区别。如正脊不仅有行龙宝珠，还有凤凰、宝相花等图案（图5-2-24）；垂脊除清宁宫饰龙纹，其他四宫均与正脊相同，悬鱼也以花卉为主图。虽然琉璃件的颜色仍以黄绿相配为主，但和前朝殿阙相比，诸宫更多几分生活气息。从外观整体面貌上来看，这里要比前朝殿宇简单朴素得多。

清初皇宫皇陵屋顶的琉璃瓦饰颇具特色。在这些不同凡响的脊兽、仙人、走兽、勾头、瓦当、达人、宝刹之中，最有特点的当数体量巨大、体态优美、构思巧妙的螭凤琉璃正吻（图5-2-21）。每个正吻由一螭首与一凤头相背组合成一体。正脊两端的两个螭首相对张口结舌，共同叨住正脊，背兽被塑成凤头朝外眺望。一螭一凤，二者巧妙合一，粗长的尾翼高高卷成环状，很难分辨是螭身还是凤尾，又似展开的凤翅。龙凤呈祥，阴阳相融，造型雄壮而吉顺。更为锦上添花之处，是在一般正吻的剑把部位，塑造了一只叠于云卷造型琉璃件之上的风火轮。在正脊两端对称的正吻上，两个风火轮的中心分别镂空雕饰着“日”、“月”二字。它不仅在构图上为整个正吻造型起着重要的均衡作用，而且具有深刻的内在寓意。它象征着皇帝权势恢宏如宇，手托日月，一统天下；它又象征着满人信誓旦旦，拆散“明”廷，捣毁明权，入主中原的决心。这种特殊造型的正吻，作为满人自励的标志，被大量地用在沈阳故宫的屋顶之上，也被广泛地用于新宾和沈阳的皇陵建筑之中。早期建筑的正吻是黄绿夹杂，晚期建筑正吻都是黄色。这些微妙的变化，反映出早期满族文化在用色上是鲜艳、纷繁、大胆、奔放的。清初皇宫皇陵的龙吻也是满族人在借鉴不同地区做法的基础上，按照自己的意志建造的。这些变化体现了琉璃大吻从明朝到清朝的过渡变化（龙吻的上唇向上卷起过渡到上唇短而平直）和满族人的审美观由初始的原始并热烈奔放逐步发展到成熟而沉稳大方。

图5-2-23　沈阳故宫崇政殿山墙（来源：朴玉顺 摄）

民间建筑的墀头由青砖砌筑或用青砖雕刻纹饰组成，用琉璃装饰墀头的做法在清初宫殿建筑中有使用，在其他地区的建筑中极为少见，别具特色。如沈阳故宫的大清门、崇政殿及其左右翊门均为硬山式建筑，在山墙的两端均采用了高浮雕的手法，塑造了栩栩如生的龙、凤、狮子、鹿等象征权利和寓意吉祥的图案，构成了五彩缤纷的琉璃墀头。

学习和借鉴中原成熟的绘画和雕刻技法，结合辽宁各民族的审美标准和价值取向，通过营建者大胆地创新，形成了不拘泥中原固有形式的、较为灵活的、有浓厚辽河文化特点的彩画、雕刻和琉璃装饰艺术。辽宁传统建筑中的官式建筑装饰有着明显的时代特点，清初装饰风格是朴素粗犷和古拙浑厚的，而中晚期的风格则是质朴与细腻并存的。此外，明显的地方特色和依附于民俗特征中的独特审美因素也是清初皇家建筑的一个特色。

图5-2-24　沈阳故宫清宁宫正脊（来源：高赛玉 摄）

（a）沈阳故宫大清门

（b）沈阳故宫右翊门

（c）沈阳故宫迪光殿

（d）沈阳故宫关雎宫

（e）沈阳故宫永福宫

（f）沈阳福陵东配殿

（g）沈阳昭陵东配殿

（h）沈阳昭陵隆恩殿

图5-2-25 螭吻（来源：刘盈 摄）

# 第三节 浓烈与朴素并存的建筑色彩

建筑材料本身的颜色成为渲染传统建筑主体色调的基础，受满、藏、蒙等北方少数民族文化的影响，形成辽宁传统建筑独具一格的色彩特色。

## 一、色彩绚烂与宁静素雅的总体色彩

辽宁传统建筑的色彩以黄、绿、红、青灰等色为主色，不同时期的建筑、不同功能的建筑色彩运用又有不同。总体色彩效果为官式主体建筑色彩鲜明强烈、次要建筑和民间建筑以灰色调为主，主次分明。

官式建筑大量使用色彩对比的手法。如主要建筑屋面中大面积的黄色琉璃瓦顶，用青绿色的彩画和大红的柱子与门窗，用灰色的砖石基座和深色的地面，形成了蓝与黄、绿与红、白与灰黑之间的强烈对比，造成了清初官式建筑极其鲜明和富丽堂皇的总体色彩效果（图5-3-1～图5-3-3）。辅助建筑则主要采用色彩协调的做法，灰瓦、灰墙、灰色的台基地面、青绿色 为主的檐下彩画以及少量的红色门窗柱子，色彩统一单调，以弱化自身的存在，突出主体建筑。如沈阳故宫东路的大政殿，作为唯一的主体建筑，色彩绚烂，以红、黄、蓝、绿色为主色，色彩突出；占多数的辅助建筑以灰调为主，宁静素雅。用色彩对比来突出群体中的主体建筑物，使它的地位一见便知。大政殿黄色绿剪边琉璃屋顶、红色屋身、青灰色台基，配以蓝、绿、金色相间的彩画及木雕；其他十王亭及銮驾库一律用青砖青瓦。清初的皇家建筑

图5-3-1 沈阳故宫鸟瞰图（来源：沈阳建筑大学建筑研究所 提供）

（a）沈阳福陵大明楼(来源：王颖蕊 摄）

（b）沈阳福陵隆恩殿(来源：王颖蕊 摄）

（c）沈阳福陵东配殿(来源：王颖蕊 摄）

（d）沈阳昭陵茶膳房(来源：王颖蕊 摄）

图5-3-2 沈阳福陵建筑色彩

（a）沈阳昭陵大明楼(来源：王颖蕊 摄)

（b）沈阳福陵隆恩殿(来源：王颖蕊 摄)

（c）沈阳昭陵东配殿(来源：王颖蕊 摄)

（d）沈阳昭陵茶膳房(来源：王颖蕊 摄)

图5-3-3 沈阳昭陵建筑色彩

在风格上相对保持了其独立性，多具有强烈的地方建筑特点与浓烈的民族特色（图5-3-4）。

清中晚期皇家建筑色彩趋于单一，以红、黄色等暖色为主色；建筑屋顶绝大多数为黄琉璃绿剪边。外部红墙红柱、黄绿瓦、檐下蓝绿色，台基面为浅灰色，稳重端庄，中原汉族做法在这里占主导地位。早期建筑屋顶上的吻兽、脊饰黄绿夹杂，如沈阳故宫的东、西所建筑只有屋面是绿色剪边，吻兽、脊饰都是单一的黄色。这种微妙的色彩变化与建造年代不同、与所受到的影响不同有关，表现的是降低标准、以尊祖先的意图（图5-3-5）。

清中晚期民间建筑则不拘于统一的形式，根据需要和喜好用色。一般用灰色筒瓦屋面，门窗及柱施朱红或褐色，檐下彩画以自由随意的苏式彩画为主（图5-3-6）。

辽宁传统民居，除朝鲜族民居外，外墙很少采用白色。大量采用泥墙草顶和青砖灰瓦，因此外观上的色彩，总体色调灰暗，只是在门窗部分用一些比较亮的红颜色点缀，显得建筑非常素雅。同时，灰色有利于在寒冷的冬季吸收太阳的热辐射，有效增加了室内温度。为了打破整体灰色的单调，此地传统民居中也注重在细部上点缀一些鲜艳的颜色，如红、绿、黑、金等热烈刺激的颜色，以活跃整个建筑，例如朱红的大门和灯笼，红色的对联和窗框，金黄色的苞米等。采用这些鲜亮色彩主要原因是东北地区冬季冰天雪地，万木俱枯，能够给人们的居住空间环境带来了一些生机和活力，调节人们心理（图5-3-7）。

图5-3-4 沈阳故宫东路大政殿与十王亭（来源：朴玉顺 摄）

图5-3-5 沈阳故宫敬典阁（来源：朴玉顺 摄）

## 二、建筑材料的色彩

传统建筑的色彩是由材料的原色与外表面所施的色彩构成，其中材料的色彩是决定整体建筑色彩的主要因素。

### （一）琉璃

辽宁地区官式建筑多用琉璃。琉璃的色彩有六种：黄色、绿色、蓝色、黑色、红色、白色。这六种颜色相互搭配，共同形成了本地区的琉璃色彩。黄琉璃绿剪边的屋面做法是清初皇宫屋面装饰的一大特色，是满族审美观念的突出体现。沈阳故宫中除太庙一组建筑及西路碑亭外，无论是皇太极时期的建筑还是后来增建的建筑，均沿用黄琉璃绿剪边的屋面做法。黄色和绿色主要用于早期的皇宫皇陵建筑上，比如沈阳故宫宫殿建筑和东西所与西路的主要建筑上的琉璃色彩主要以黄色占主体，绿色做剪边处理。东路、中路的琉璃使用还有一个区别于晚期东西所、西路的地方——早期建筑或屋顶上的吻兽黄绿夹杂，晚期建筑只有绿色剪边，而吻兽和垂兽都是黄色。蓝、红、白色琉璃用于早期的宫殿建筑中，沈阳故宫建筑上墀头是用蓝色最多的地方。红色、白色琉璃作为点缀之色用得不多。其次在宫殿的博风板上，垂脊的侧面及正脊上所饰的行龙也都用蓝色装饰。黑色琉璃主要使用在西路的文溯阁中（图5-3-8）。黑色在五行中与水对应，所以琉璃瓦采用黑色绿剪边也就是情理之中。清初皇宫皇陵建筑的琉璃装饰具有明显的时代特征，早期建筑的琉璃装饰在色彩与题材上明显不同于乾隆时期加建的建筑。早期建筑琉璃装饰很有特点，它是按照满族审美习俗和当时烧制技术提供的可能，采用多彩琉璃件，同时增加了使用部位。屋顶前后坡两个大面积以黄色琉璃瓦为主调，但靠近脊、檐之处换用绿瓦，勾头、滴水也用绿色，为“黄琉璃绿剪边”的作法。正脊、垂脊、博风等构件亦为相似色调，黄色为底，上面的行龙、宝珠、瑞草、凤凰等用绿色、蓝色等

（a）千山中会寺韦驮殿（来源：王严力 摄）

（b）千山祖越寺大雄宝殿（来源：王严力 摄）

（c）千山大安寺药师殿（来源：王严力 摄）

（d）凌源万祥寺大雄宝殿（来源：朴玉顺 摄）

图5-3-6 民间灰色筒瓦屋面建筑

图5-3-7 兴城周家住宅（来源：张凤婕 摄）

图5-3-8 沈阳故宫文溯阁（来源：朴玉顺 摄）

色彩，对比鲜明，主体图案醒目。处于屋顶最高位置的螭吻则以绿色为主色，只在尾中段用少量黄，以与黄调为主的正脊、垂脊相区别。山尖加饰的琉璃悬鱼也用黄加绿、蓝色，上部圆形，内浮雕蟠龙，下为如意状花卉，使灰色的山面增添了鲜艳祥和的气氛。这些装饰区别于中原宫殿的装饰，且无一不体现出满族人喜爱火爆热烈色彩和淳朴自然纹样的传统心态（图5-3-9）。

### （二）石材

辽宁传统建筑无论是官式建筑还是民间建筑，石材的应用非常广泛，而且所选用石料都来自本地，极少有外来石料。比如，清初皇宫皇陵所用的石材均来自本地，大政殿御路用材主要产于锦州、葫芦岛等地，是一种材质细腻、适宜精雕的绵石。这些石材主要以青色为主，有的较浅，有的较深，没有刻意地追求色彩的完全统一（图5-3-10）。本溪市桥头一带出产的红小豆石，这种石头颜色暗红，非常明丽。在沈阳故宫的中、东两路以及昭陵、福陵中随处可见。由于是天然石材，每块石头红色深浅不一，并有自然的颗粒肌理。这种遍布清初皇宫皇陵中的红色石头，说明满族人民对色彩的喜爱。另外，处于寒冷地区以御寒为主的沈阳人民喜爱使用暖色也在情理之中（图5-3-11、图5-3-12）。

石材耐压、耐磨、防渗、防潮，是民居中不可缺少的材料。应用石材可以解决土坯墙、砖墙因返潮而破坏的问题。特别是满族人多依山而居，石材唾手可得，因此在其民居建筑中应用较多。在民居建筑上使用石材的部位有：墙基垫石、墙基砌石、柱脚石（柱础）、墙身砌石、山墙转角处的房子砥垫、角石、挑檐石以及台阶、甬路等。石材的颜色以灰色为主。

图5-3-9 沈阳实胜寺大雄宝殿（来源：王严力 摄）

### （三）青砖灰瓦

官式建筑、民间寺庙等公共建筑以及有钱人家的居住建筑中大量使用青砖青瓦。比如，沈阳故宫东路除了大政殿外，其他十王亭及銮驾库一律的青砖青瓦，占整个东路建筑的78.6%，这正好弥补了因资金、材料及工时的短缺和不足所造成的不利情况。中路早期建筑受满族民居建筑形式的影响较大，基本上均为硬山式建筑，各墙均为青砖砌筑，青砖山墙建筑占中路建筑的94.4%。由于整个建筑群处于重要的大内范围之中，是皇帝常朝和后宫之所；另外，随着皇太极时期政治经济的稳步发展，初入沈城时在经济上捉襟见肘之窘态大为改观。所以，这一路青瓦屋面仅占33.3%，较东路建筑所占比例减少。而中路的东西所及西路和太庙基本上少用或不用青瓦，主要建筑只在槛墙处用青砖，其他部位的墙体均刷成红色，是入关后的官方做法；次要建筑山墙采用灰

图5-3-10 沈阳故宫大政殿御路（来源：朴玉顺 摄）

图5-3-11 沈阳故宫崇政殿栏杆的红小豆石（来源：吴琦 摄）

图5-3-12 沈阳昭陵大红门的红小豆石（来源：纪文哲 摄）

色砖墙、红色涂料抹灰软心的做法；辅助建筑山墙整体采用灰砖墙的做法，山墙的等级区分明确。辽宁现存的寺庙祠观建筑无论主次几乎清一色地使用青砖砌筑墙体，主要建筑一般采用灰色筒瓦，而次要建筑则采用灰色小青瓦，青砖、青瓦也是有钱人家建造房屋的常用材料，青砖的一般规格尺寸为8寸×4寸×2寸（242毫米×121毫米×61毫米），与现在通用的红砖大小相仿。除此之外，还有大青砖（方砖），其尺寸为350毫米×350毫米左右，主要用于建筑重点装饰部位的雕刻，质地极细，没有杂质。青砖整体稳重古朴、庄严大方（图5-3-13～图5-3-16）。

（a）千山大安寺大雄宝殿（来源：王严力 摄）

（b）辽阳首山清风寺大雄宝殿（来源：王严力 摄）

（c）锦州广济寺大雄宝殿（来源：朴玉顺 摄）

（d）沈阳法轮寺大雄宝殿（来源：王颖蕊 摄）

图5-3-13　主要建筑灰色筒瓦屋面

（a）千山祖越寺观音殿（来源：王严力 摄）

（b）千山龙泉寺客堂（来源：王严力 摄）

（c）千山祖越寺地藏殿（来源：王严力 摄）

图5-3-14　次要建筑灰色小青瓦屋面

## （四）木材

中国建筑木结构的优点是便于施工和防震性强，但它的缺点是怕雨水和虫蚁之类的腐蚀，所以古代工匠很早就知道将油漆涂在木材外表能起到防腐和防虫的作用。后来为了美观,这种油漆逐渐有了色彩和花纹,单纯用色彩装饰就逐渐演变成了油漆饰,而用花纹装饰则演变成为彩画。

辽宁传统的官式建筑中的主要建筑、民间的寺庙建筑以及有钱人家的居住建筑的木质门窗、柱子以朱红色为主，

（a）兴城将军府大院（来源：朴玉顺 摄）

（b）辽阳王尔烈故居（来源：朴玉顺 摄）

（c）铁岭银冈书院（来源：王严力 摄）

图5-3-15 青砖青瓦建筑

图5-3-16 砖雕装饰纹样（来源：朴玉顺 摄）

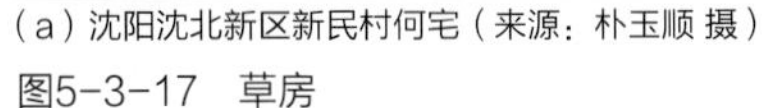

（a）沈阳沈北新区新民村何宅（来源：朴玉顺 摄）

（b）盘锦荣兴青年点旧址（来源：朴玉顺 摄）

（c）沈阳沈北新区石佛寺村某民居（来源：朴玉顺 摄）

图5-3-17　草房

而椽望多红绿相间。对于休闲建筑的亭、廊等，则以墨、绿两色为主，清新淡雅，与其休闲功能相适应。但也特例，比如沈阳故宫西路文溯阁，因是作为贮藏四库全书而用，对建筑的装饰及色彩均采取压胜的手法，象征海水，以其压制大患。其门窗、柱、椽望主要以墨、绿、白三色为主色。大多数普通百姓的房屋，外露的木构建均采用木材的原色，不另施色彩。

## （五）土与草

土与草作为辽宁传统民间建筑的主要墙体和屋面，土与草的原色也成为本地民居色彩的重要组成部分（图5-3-17）。甚至早期汗王努尔哈赤的住所都以茅草苫顶。

辽宁传统建筑在室内外装饰以及色彩运用上，更多地体现出本土的艺术理念。从装饰题材上看，虽借鉴中原的纹样，但均进行了大胆的创新，突出了以满族等少数民族的审美标准为主导的特点，具有多民族文化融合特点的倾向；从装饰门类上看，虽然在类型上与中原无异，但是无论是彩画，尤其是早期彩画，还是木雕、石雕、装饰琉璃等均具有生动、原始、粗犷、浓烈、简洁、奔放的本地特点；从建筑色彩上看，官式建筑不求富丽堂皇、金碧辉煌，而求五彩斑斓；民间建筑则较少施色，仅凸显本地建筑材料的原色。

# 下篇：现代建筑传承研究

# 第六章　辽宁现代建筑概况与创作背景

辽宁现代建筑的萌芽始于日俄战争之后，经历了新中国成立初的辉煌期、“文革”的停滞期、改革开放后的振兴期以及当今建筑创作的黄金期。辽宁现代建筑的创作与实践在一个世纪的发展历程中，有过比较好的起点和基础，在20世纪前30年及新中国成立后的头十年里，有过比较成功的传承实践，而改革开放后的二三十年里，物质条件、技术手段均比建国初期有了很大的发展，但现代建筑的创作与实践成果却出现了不同程度的倒退。面对如今的“千城一面”、“千楼一面”的蔓延，已走进21世纪的建筑师开始反思和探索具有辽宁传统精神的现代建筑的发展道路。

## 第一节 辽宁现代建筑传承发展概况

辽宁现代建筑由于20世纪初日俄战争后处于半封建半殖民地状态的历史原因，在满地附属地的沈阳、鞍山、辽阳、大连等城市的工业及民用建筑中已经开始出现，形成规模则始于1949年中华人民共和国成立后。20世纪50年代建设的一批重点建筑，即向国庆十周年献礼开始，成为第一个辉煌时期。之后经历“文革”的萧条、停滞期进入恢复、调整阶段。改革开放后进入改革、振兴阶段，出现第二个辉煌时期。进入新的21世纪，现代建筑创作迎来了它的黄金时代。

1949年中华人民共和国成立，中国建筑发展在国内战争的尾声中开始了新的篇章。战争让国内原本低下的生产力更是几近崩溃、百业待兴，辽宁的城市建设也亟待发展。在当时的技术队伍中，仅少数人是具有建筑设计专业素质的，亟需大批的专业建筑设计人才；在技术管理上，没有明确的政策性条文，也没有系统的设计标准和设计规范，因此设计思想具有较大的盲目性和随意性，总体设计能力较低。1952年8月，国家成立了中央人民政府建筑工程部，同年教育部也开始了院系调整，1956年东北工学院最强的建筑系、土木系西迁西安。

新中国成立初期，少数新中国成立前曾受过专业训练的建筑师，在效仿西方古典主义的基础上，开始探寻和摸索与当时的国情、文化相适应的建筑模式，留下了一些很优秀的建筑作品，比如由梁思成先生的学生、1933年毕业于东北大学的刘鸿典教授等建筑师设计的原东北工学院（现东北大学）冶金馆等四座教学楼（图6-1-1～图6-1-3），由俄罗

图6-1-1　东北大学采矿馆外观（来源：辽宁省建筑设计研究院 提供）

图6-1-2　东北大学冶金馆外观（来源：辽宁省建筑设计研究院 提供）

（a）建筑馆外观

（b）建筑馆外观局部1

（c）建筑馆外观局部2

图6-1-3　东北大学建筑馆外观（来源：辽宁省建筑设计研究院 提供）

斯专家小组设计的旅大市人民俱乐部（现大连市人民文化俱乐部）等。与此同时，由于设计力量的不足和国力的薄弱，建筑业发展困难重重，国家着力于培养新一代的建筑设计工作者，并提出了“设计工作应向苏联学习”的要求。辽宁省还聘请了一批苏联专家，引进了苏联的建筑设计方法和设计思想。

经过几年的努力，初步建立起一套比较系统的设计管理程序和制度，初步掌握了城市规划以及工业与民用建筑设计的理论和方法；在国民经济第一个五年计划时期，采取不拘一格的方式培养人才，从内地招聘工程技术人员以及组建省、市级的设计单位等方式，培养出了一支能够胜任建筑设计工作的专业队伍。完成了大批工业建筑的改建、扩建和新建工程以及城市规划、小区规划与民用建筑设计项目，如沈阳市铁西区大规模的工业厂区和“工人村”居住区建设工程，在全国率先推出住宅标准设计。创造出多年来常用不衰的北方单元住宅的“老五二”布局方式等。

新体制刚刚建立，旧体制尚有余存，此时的建筑设计环境处于未成熟时期，原有的一些个体建筑师、事务所及营造商还在继续执业，中央政府还没有形成足以控制全国建筑设计的政策方针。并且由于建筑任务紧急而经济力量又非常薄弱，所以在建筑设计过程中较少遇到行政干预。在清理战争废墟的同时，也展开了许多规模不大，但生气勃勃的建设活动。建筑创作方面，建筑师自发地采取了自己所熟悉的、最能适应当时形势的现代建筑思想和方法，并以重视基本功能、追求经济效果、创造现代形式为主要原则。

“国民经济恢复时期”的中国建筑设计延续了新中国成立前的一些设计理念和方法，自发地设计出一批比较典型的现代建筑，体现了现代建筑所遵循的一些基本原则，造就了现代建筑的自发延续。

图6-1-4 中苏友谊宫旧址（来源：网络）

图6-1-5 东北建筑设计院办公楼外观（来源：辽宁省建筑设计研究院提供）

图6-1-6 辽宁省建筑设计院办公楼外观（来源：辽宁省建筑设计研究院提供）

20世纪50年代中期，按照“社会主义内容、民族形式”的设计要求，辽宁省的设计工作者又开始了新一轮探索，最初的思路集中于将中国传统建筑中最有代表性的“大屋顶”形式应用到用砖或钢筋混凝土建成的现代建筑上面，形成了一种普遍流行的建筑模式，如沈阳体育宫、1952年建成的中苏友谊宫就是其中比较有代表性的作品（图6-1-4）。应该说，这不失为一种十分可贵的创造尝试。但是，由于其不适合国情的高昂建筑造价，使得它被卷入到具有政治色彩的批判运动之中，而被全盘否定。但探索并未因此而终止，建筑师们经过反思，又尝试利用新型建筑材料和做法，对中国传

图6-1-7　辽宁工业展览馆外观（来源：辽宁省建筑设计研究院 提供）

图6-1-8　辽宁大厦外观（来源：辽宁省建筑设计研究院 提供）

图6-1-10　辽宁人民会堂外观（来源：辽宁省建筑设计研究院 提供）

图6-1-9　辽宁友谊宾馆友谊宫外观 （来源：辽宁省建筑设计研究院提供）

统建筑中一些具有代表性的局部和片段进行提取、抽象和重组，作为一种建筑符号运用到现代建筑之中，比如坡屋顶、混凝土斗拱、透花窗、三段式立面等。特别把对立面处理的注意力放到对尺度、比例、色彩和建筑细部方面的把握。如当时建成的东北建筑设计院办公楼、辽宁省建筑设计院办公楼等建筑，在现代建筑与中国传统形式相结合方面都是比较成功的实践（图6-1-5、图6-1-6）。

20世纪50年代末，在新中国成立十周年北京十大建筑的影响下，这种设计思想愈发明晰、设计手法也日渐成熟，辽宁省出现了一批规模大、功能复杂、水平较高的设计作品，如辽宁省建筑设计院设计的当时辽宁省规模最大的重点工程辽宁工业展览馆（1959年建成）（图6-1-7）、辽宁大厦（1959年建成）（图6-1-8）、辽宁友谊宾馆（1960年建成）（图6-1-9）、辽宁人民会堂（原东北局俱乐部（1962年建成））（图6-1-10），这些建筑的出现也标志着对“社会主义内容、民族形式”的探索取得了显著成效，也达到了在今天看来仍旧比较高的设计水准。

在20世纪60年代的“设计革命”和“文化大革命”时

期，设计单位被削减、撤销，设计人员“靠边站”，大部分职工下放到“五七”干校或到农村插队落户。辽宁省设计工作陷入万马齐喑的停滞局面之中。1966年～1972年呈现出停滞阶段。随着“文化大革命”的结束，辽宁省的城市建设形势逐渐好转，建筑业面临复苏与调整。广大设计人员逐渐摆脱了思想枷锁的桎梏，表现出强烈的创作欲望，经济的复苏又为他们带来了空前的创作机遇。他们在一批大型建设项目中表现出努力追逐世界建筑发展大潮的精神面貌和工作状态，学习引进了现代主义的思想方法和现代建筑技术，并使其迅速发展起来，并将现代建筑的主张和严谨的创作态度结合起来，体现在当时建成的许多建筑之中。如最具代表性的辽宁体育馆、沈阳新乐遗址展览馆、辽阳石油化纤工业总公司居住区规划及其主要公共建筑等大型建设项目，虽然“文化大革命”的余波仍在工程中造成了一些历史性的缺憾，但这些建筑在设计思想和建筑技术上都较新中国成立初期取得了突破性的进展，连续获得多项国家或部级设计奖，标志着辽宁省建筑设计水平已进入到一个新的历史阶段。一些新型建筑技术如大板、砌块、滑模、框架轻板、IMS南斯拉夫体系等，当时在研究、试验和试建方面都居于全国领先地位。

党的十一届三中全会以后，改革开放的政策和经济发展的形势进一步解放了设计人员的思想，激发了他们的使命感，为他们创造了历史上最佳的创作环境与条件。随着“文革”后入学的建筑学专业大学毕业生陆续走上工作岗位，老中青建筑师们的设计思想空前活跃，出现了多元化发展的趋向，尝试着各种风格、流派；计算机的广泛应用，使设计手段迅速增强；建设项目的数量和规模都达到了历史最高水平。伴随着改革开放三十多年中国经济整体上的强势表现，辽宁现代建筑的实践也走过了一个快速发展期，这个时期的建筑设计具有如下特点：（1）一大批体现着较高设计水准和现代设计思想的建筑作品如雨后春笋拔地而起，城市面貌发生了巨大的变化。如1995年全省评出的沈阳新北站（图6-1-11）、大连富丽华大酒店（图6-1-12）、东北电网调度中心（图6-1-13）、锦州辽沈战役纪念馆（图6-1-14）、大连市体育馆、沈阳青少年宫（图6-1-15）、中兴——沈阳商业大厦、沈阳夏宫

图6-1-11　沈阳新北站外观（来源：辽宁省建筑设计研究院 提供）

图6-1-12　大连富丽华大酒店外观（来源：辽宁省建筑设计研究院 提供）

图6-1-13　东北电网调度中心外观（来源：辽宁省建筑设计研究院 提供）

图6-1-14　锦州辽沈战役纪念馆外观（来源：辽宁省建筑设计研究院 提供）

图6-1-15　沈阳青少年宫外观（来源：辽宁省建筑设计研究院 提供）

图6-1-16　沈阳夏宫外观（来源：辽宁省建筑设计研究院 提供）

图6-1-17　辽宁省艺术剧场和博物馆外观（来源：辽宁省建筑设计研究院 提供）

（图6-1-16）、沈阳“九·一八”纪念碑等十大优秀建筑，展现出辽宁省改革开放以来建筑设计工作的兴盛与风采。20世纪90年代末和21世纪初，又一批具有时代水准的大型建设项目落成，如辽宁省艺术剧场和博物馆（图6-1-17）、沈阳国际会展中心（图6-1-18）、沈阳桃仙机场“扩建工程”、“九·一八”纪念馆、大连现代博物馆等（图6-1-19）。这些建筑在辽宁的建筑设计发展史上书写了更为辉煌的一页。21世纪到来之后，随着辽宁经济社会的快速发展，城市化进程加快，建设量快速增长，同时随着沈阳世界园艺博览会、大连夏季达沃斯论坛、第十二届全运会等重要活动、事件落户辽宁，一批类型多样、规模较大、功能复杂、技术领先的建设项目相继在21世纪头十年开工建设,如沈阳“世园会”百合塔（图6-1-20）、沈阳市图书馆、儿童活动中心、沈阳城市规划展示馆（图6-1-21）、大连国际会议中心、辽宁省图书馆（图6-1-22）、辽宁省档案馆（图6-1-23）、博物馆、科技馆新馆等一批新建筑相继落成。（2）对地域性建筑理论和实践给予关注。在敞开大门、努力学习国外和国内先进地区设计思想和设计经验的同时，逐渐意识到建立地域性建筑文化的必要性和迫切性。许多城市由政府部门牵头开始组织专题研究辽宁省各城市的建筑风格与特色问题，一大批建筑设计工作者从理论上和设计实践上对这一问题进行着不懈的探索。同时，对经济发展时期如何做好历史建筑保护和注重延续与发展城市文化的问题也开始给予越来越多的关注。这些思想在沈阳、大连、兴城、辽阳等城市建设中已得到一些体现，并将在今后的

图6-1-18　沈阳国际会展中心外观（来源：辽宁省建筑设计研究院 提供）

图6-1-19　大连现代博物馆外观（来源：辽宁省建筑设计研究院 提供）

图6-1-20　沈阳“世园会”百合塔外观（来源：辽宁省建筑设计研究院 提供）

图6-1-21　沈阳城市规划展示馆外观（来源：辽宁省建筑设计研究院 提供）

图6-1-22 辽宁省图书馆外观（来源：辽宁省建筑设计研究院 提供）

图6-1-23 辽宁省档案馆外观（来源：辽宁省建筑设计研究院 提供）

建筑设计实践中起到更为重要的影响和导向作用。（3）高层建筑与智能技术加快发展。日益紧张的城市用地对高层建筑提出了要求，日益发展的新技术和新材料为高层建筑乃至超高层建筑创造了更好的条件。高层建筑在全省各个城市发展很快，“城市长高”成为辽宁的普遍现象。高新技术也越来越多地出现在建筑之中，建筑智能化应用成为一种新的要求和新的设计课题。（4）对建筑环境质量的要求日益提高。今天的建筑设计已不仅仅局限于建筑本身，如何塑造高质量的建筑内外环境，正随着越来越多的市场需求而成为建筑设计的重要组成部分。生态环保、历史建筑保护、可持续发展的理念已经越来越多地体现在今天的城市新建、扩建、改造的具体工程之中。沈阳、大连的城市面貌变化巨大，其他城市如本溪、营口、丹东、铁岭、葫芦岛等城市的面貌也都发生了明显的变化。与此同时，在新城建设、旧城更新中也出现了许多值得反省和总结的经验教训，对新时期、新常态的辽宁现代建筑实践将起到非常宝贵的借鉴意义。

# 第二节　辽宁现代建筑传承实践评析

## 一、传承实践总结

辽宁现代建筑的传承实践有比较好的起点和基础，也在20世纪前30年左右及新中国成立头十年间有过比较成功的传承实践，本地的建筑教育资源（梁思成、林徽因先生等创办的东北大学建筑系），两代优秀本土建筑师的实践（穆继多、杨廷宝、刘鸿典、黄民生、侯继尧、顾汕福、胡人浩等）都成为辽宁现代建筑本土化实践的佳话（图6-2-1、图6-2-2）。

虽然“文革”期间经历了萧条和停滞，但良好的产业工人和工业基础以及科研设计力量，在计划经济时期，辽宁仍在工业与民用建筑领域，从新的技术和结构体系、标准化等方面对现代建筑的传承实践进行了许多探索，并在当时领先全国。改革开放后，虽然经历了国企改革、资源枯竭型城市转型等一系列考验，在全国经济、社会快速发展的大背景下，在现代建筑的继续传承与发展中仍然取得了较多的进步和成果。为便于总结，梳理辽宁这一文化地域范围的现代建筑设计的发展脉络，为当今及未来现代建筑在这一地域能够健康发展，本节将选择有代表性的建筑创作实例进行分类，着重解析新中国成立以来辽宁地区有地方特色的建筑创作理念，并概略总结本地在建筑传承中走过的探索之路和有益经验。

图6-2-1　东北大学老图书馆外观（来源：辽宁省建筑设计研究院 提供）

图6-2-2　沈阳老北站外观（来源：辽宁省建筑设计研究院 提供）

图6-2-3　沈阳北陵电影院正立面（来源：辽宁省建筑设计研究院 提供）

### （一）地域传统建筑的传承

建国初期，受“设计工作应向苏联学习”要求的影响，现代建筑的创作普遍采取了“社会主义内容、民族形式”的做法，“民族形式”被程式化为现代建筑的结构、经典的三段式以及采取现代与传统结合做法的屋顶、窗饰、墙饰等符号化的建筑细部，这种设计做法普遍应用于公共建筑与居住建筑中，北方传统建筑的传统做法被作为“民族形式”的主要简化原型，这一做法也成为20世纪50年代～60年代建筑的标志性特征。代表性的是辽宁工业展览馆、辽宁大厦、辽宁人民会堂、友谊宾馆、沈阳铁西“工人村”、沈阳北陵电影院（图6-2-3）等。在当时有限的财力条件下，整体上的设计水平均较高。

“文革”期间经济发展处于停滞，受财力限制和“适用、经济并在可能条件下注意美观”的建筑方针要求，“火柴盒”式建筑充斥于民用建筑中。

改革开放后，随着经济复苏和城市住房制度改革后商业开发的出现，传统建筑结合到现代建筑之中的做法又开始出现。但由于商业化导向、政府决策干预等因素的影响，设计水准参差不齐，也出现了许多城市中的建筑败笔。比较优秀并有代表性的有沈阳鲁迅公园景观建筑、沈阳市保险公司办公楼（建筑师：谢东旭）、锦州辽沈战役纪念馆（建筑师：戴念慈）；比较失败的有沈阳怀远门重建（图6-2-4）、沈阳老北市商业街、沈阳南顺城路沿街建筑改造等（图6-2-5）。

## （二）地域文化意向的表达

在日积月累的沉淀中，辽宁所在的辽河流域地域文化反映在建筑上，除了传统建筑及其程式化的传统建筑符号外，建筑在形态、布局和色彩等方面也形成了简洁、厚重、集中紧凑等具有普遍性的地域性建筑意向和抽象的形象特征共识。一些不满足于符号拼贴、传统形式堆砌等简单化表达的建筑师，也在尝试以传递具有地域文化意向的方式进行现代建筑创作。从“形似”转向“神似”，也形成了一些较为独特的地域建筑特点。

代表性的有“九·一八”纪念碑（实为内设小型纪念馆的建筑），大尺度的“残历碑”，以当地产的花岗岩为外墙，残破的碑体上布满反映这一历史事件的文字和数字符号，雕塑式的建筑体量给人深刻印象，地域文化特征鲜明（图6-2-6）；中兴沈阳商业大厦（图6-2-7）作为一座大型商业大厦，在满足使用功能的基础上，建筑形体上的厚重、布局上的集中式、暗棕色建筑外墙的凝重，都使其呈现出一种非常典型的北方商业建筑特征；抚顺平顶山惨案纪念馆（图6-2-8），其不规则的建筑平面和外部

图6-2-4　重建后的沈阳怀远门外观（来源：辽宁省建筑设计研究院 提供）

图6-2-6　沈阳“九·一八”纪念碑外观（来源：辽宁省建筑设计研究院 提供）

图6-2-5　沈阳南顺城路沿街建筑改造（来源：辽宁省建筑设计研究院 提供）

图6-2-7　中兴沈阳商业大厦外观（来源：辽宁省建筑设计研究院 提供）

形体，再加上深灰色且厚度不一的火山渣石材作为外墙材料，都使其纪念性和地域文化特点得以强化；沈阳蒋少武摄影博物馆，由两个立方体体量组成，根据建筑造价较低和博物馆的使用特点，单元式的火山渣石笼外墙使这组"立方体"表现出比较贴切的建筑性格和地域文化意向的特点，探索了辽宁地域现代建筑传承的另一种可能性（图6-2-9）。

图6-2-8　抚顺平顶山惨案纪念馆外观（来源：辽宁省建筑设计研究院 提供）

## （三）地域自然条件的回应

当建筑的生成更主要的来源于对地域自然条件的回应时，它的地域文化属性也就越准确和恰当，建筑形态的客观性理由也就更加充分。这也是现代建筑"形式追随功能"的另一种体现，也可以避免肤浅的符号化建筑或陷于"千楼一面"的尴尬，并且可以很好地符合可持续发展的生态观和建筑观。按照这样的创作理念，一些本土建筑师设计了一些形态各异却都很好地对地域自然条件做出回应的建筑，比较成功的如沈阳市图书馆新馆、儿童活动中心（图6-2-10）、桓仁五女山城高句丽遗址博物馆（图6-2-11）、大连邢良坤陶艺馆（图6-2-12）、桓仁文化艺术中心（图6-2-13）等。

图6-2-9　沈阳蒋少武摄影博物馆外观（来源：辽宁省建筑设计研究院 提供）

图6-2-11　桓仁五女山城高句丽遗址博物馆外观（来源：辽宁省建筑设计研究院 提供）

图6-2-10　沈阳市图书馆新馆与儿童活动中心（来源：辽宁省建筑设计研究院 提供）

图6-2-12 大连邢良坤陶艺馆外观（来源：大连市建筑设计研究院有限公司C+Z建筑师工作室 提供）

图6-2-13 桓仁文化艺术中心外观（来源：辽宁省建筑设计研究院 提供）

## 二、传承实践评价

在回顾新中国成立后的辽宁现代建筑传承实践时，与全国其他地区相比，存在一个共性问题：改革开放后这二十多年，物质条件、技术手段均比新中国成立之初的50年代～60年代有了长足进步，但无论是建筑师的创作状态和追求，还是实践的成果均有不同程度的倒退；与此同时，本地区长期存在的开放、创新意识不强，决策过程“官本位”意识突出，公众参与意识薄弱，市场环境恶性竞争现象比较突出等都对辽宁建筑师的创作行为有着比沿海发达地区更为明显的制约和阻碍，全球化在带来先进理念和经验的同时也从另一方面加剧了“千城一面”、“千楼一面”的蔓延。

### （一）传承样本的割裂与遗失

辽宁现代建筑的传承与发展离不开它所处的辽宁地域文化传统，以及它所依托的各个历史时期的传承样本，这样的样本有历史上的传统建筑（中国传统和西方传统），也有近现代辽宁这一地区处于全国领先地位和自身鲜明特点的大量工业遗产和遗存。而事实是随着城市商业开发的加剧，许多这样的优良样本正在沦落为商业开发、城市更新的牺牲品。许多历史建筑的保护利用令人担忧，工业遗产和遗存遭到的破坏更加严重，遗失地更加快速，城市记忆面临被割裂的残酷现实和进一步的风险。在商业开发、城市更新的选择面前，急需提升“双赢”意识和“存量更新”的理念和方法，让这些传承样本能够成为城市发展的新动力和建筑师大有可为的新领域。

### （二）传承实践让位于商业开发

在肯定改革开放三十年来城市化取得的诸多成就的同时，从城市发展的客观规律和现代建筑创作的基本原则来审视辽宁现代建筑的传承实践，一个现实却不能否认：随着市场经济的推进，城市发展的动力也越来越多地来自于市场，在商业开发为改变城市面貌做出巨大贡献的同时，以商业利益为导向的一些畸形的开发行为也对城市的健康发展和城市建筑的和谐共生带来冲击甚至伤害。许多不分国家、地域、气候、环境特点的“欧式建筑”（常被冠以“西班牙式”、“新古典风格”等称呼），所谓“徽派建筑”、“新中式”甚至是一些拼凑、杂烩样式的建筑在辽宁各个城市的公共建筑、大型居住区中屡屡登场，使得城市原有的特色、印象被这些“不速之客”打破，这种不负责任的让位对辽宁城市的现代建筑传承与发展既是冲击也是阻碍。

### （三）传承主体的集体缺位

现代建筑作为伴随着人类生产力和认识能力的巨大进步而产生的一种设计思想和实践潮流，在经历了一百年来的不断探索、总结、反思和发展，也已经成为各国、各地建筑师的一种主流创作观念，运用现代建筑的一般原则结合所在地域的特殊条件正逐渐成为本土建筑师进行建筑创作所遵循的基本方法。但是随着我国从计划经济向市场经济转变，本地建筑师们所在的国有或民营设计单位也将工作中心围绕市场进行调整，特别是在城市化进程加快的近二十年时间，辽宁地区总的市场份额、收费水平、从业人员规模都决定了以经济效益为首要目标成为绝大部分设计单位的选择。在这样的大背景、大环境下，一少部分建筑师由于具有一定的知名度或单位实力较强等原因，尚能对现代建筑传承与地域性实践采取比较理智的态度，而大部分建筑师和设计单位则呈现出集体缺位，开发商们、一些自以为是的决策官员、甚至“外来的洋和尚”（一度全国乃至辽宁都形成了凡重大项目投标必须有国外设计公司参加的不成文规定，也造成了许多名不符实的“洋和尚”的出现）都拥有了更多的话语权，而辽宁本土的大部分建筑师（目前辽宁省一级建筑师约有760人，二级注册建筑师约有1200人）则被动地选择了集体缺位。这种缺位短时间看对建筑师自身和设计单位的经济效益可能是有利的，而从长期看不仅对自身的经济效益的提升无益，更重要的是对所在城市和地区的现代建筑传承、建筑师的职业发展以及城市的可持续发展会造成非常大的不利影响。

### （四）全球化对传承实践的负面冲击

当代盛行的全球化是一个以西方世界价值观作为主体的“话语”领域，在建筑界则表现为建筑文化的国际化及城市空间与形态的趋同现象。它对中国乃至辽宁城市与建筑带来的最大影响是城市化的快速发展与城市规划以及建筑设计领域内国际建筑师的参与，中小城市在城市化的过程中逐渐失去了特色，在城市空间尺度上模仿大城市。虽然全球化使得西方发达国家的新思潮和先进技术推动了本地区的进步和发展，但从20世纪90年代末，辽宁开始引进国外建筑师参与辽宁重大项目投标（辽宁省文化艺术中心和博物馆工程邀请了德国ABB建筑师事务所，虽未中标，但已开国外建筑师进入辽宁之先河），以及港澳开发商进入辽宁（1998年香港新世界进入沈阳），之后大量省外、港澳、外资开发企业进入辽宁市场，大规模的房地产开发将当时公众心目中的“现代化建筑”或者“现代建筑”从中国香港、国外、沿海发达地区输入辽宁，其中不乏成功之作，但是不顾地域、气候乃至城市传统等因素的“放之四海而皆准”的建筑也大量出现在辽宁的大、中、小城市中，“千城一面”、“千楼一面”成了这些城市的通病，一些行政干预也从另一个角度加剧这种通病的蔓延，这是辽宁现代建筑传承实践应积极反思和采取措施的重要方面。

## 第三节　创造具有传统精神的辽宁现代建筑的意义

### 一、赋予现代建筑以地域文化的生命力

作为体现着现代科技成果的当代建筑，并非是一种放之四海而皆准的“国际式”建筑，换言之，遍及全世界、全国的建筑不应该由于科技的发展而变成一个模样。现代化与地域性是现代建筑发展的两个不可或缺的方面。建筑需要现代化，建筑也需要多样化。长久以来统领世界建筑发展的“现代主义”，曾以其遍布全球的“国际化”形象而自居。但恰恰这个曾获得巨大成功的主张，随着时代的发展演化为形态单一的“方盒子”建筑，逐渐覆盖了原本多样化的建筑世界，而越来越令人厌腻。于是，人们对“现代主义”的建筑理念由热衷变为抵制。地域文化的主张，则为人们的求异心理开启了理性的思路，也为“现代主义”找到了自我完善和继续发展的科学途径。

建筑的地域性特点，来自于它所处地区诸多因素对建筑的共同作用与制约，包括来自地理、气候、工业水平、经济条件、文化背景、历史传承、风俗习惯、宗教信仰等多种客观条件，再加上设计师、决策者等主观意向综合作用的结果。

地域文化作为影响不同地区建筑特色形成的重要因素，对构成丰富多彩的建筑世界发挥着重要作用。辽沈地区是满、汉、锡伯、朝鲜等多民族的聚集地，也是民族文化特色最为鲜明的地区，多民族的融合文化在辽沈地区具有独特的影响力和厚重的历史积淀。时至今日，它仍多方

面地体现在该地区的城乡环境和社会生活之中。因此，传统建筑文化在当代建筑设计中的反映和体现，不仅符合传统文化的传承规律，也是构成辽沈地区建筑特色的重要源泉之一。

## 二、有利于城市整体风貌的建设

古代及近代留下来的建筑遗产遍及辽沈地区。从宫殿建筑到民居、寺庙、衙署、陵寝，从国家级文物到世界文化遗产，它们是构成现代城市和现代社会的重要组成部分。正是这些珍贵的人类文明的荟萃，才使我们的城市更加具有文化的深度与内涵，才使城市的现代化更加展现鲜明的对比与突显。

但是，城市应该是一个有机体，是一个逐渐成长和积累起来的历史结晶，是一个完整的建筑与空间组合群。城市中的建筑相互关联、相互影响、相互衬托，共同编织起一幅和谐的城市景观与环境构架。历史的、现代的都不可或缺，却又不可相互对立、格格不入地拼凑在一起。他们之间应该体现出一种关联、传承与发展的关系。具有辽宁特点的传统建筑文化将承担起这一份使命与职责，将成为联系历史与当代的建筑媒介。

众多富含传统文化的现代建筑设计，对于这个城市意味着构筑城市特色的意图，对于文物建筑和历史街区来说则有利于对历史环境的保护与文化氛围的渲染。需要重点强调的是，这种设计并不意味着对历史的克隆与模仿，鲜明的时代感恰恰是建筑设计的基本原则。继承与创新的共同体现才是本课题要达到的目标与境界。只有如此，我们的城市和建筑才会既具有历史文化的内涵又是现代文明的结晶。

## 三、致力于城市建筑特色的形成和城市建筑地位的提高

东北历来被视作中国文化的边缘区，辽沈建筑亦被认作是对中国主体建筑文化的延展与追随。对辽宁地区传统建筑研究的直接目的是要从历史上找到本地区建筑发展的自身体系与规律，而她的延伸目的则在于探索本地区体现着地域性文化的现代建筑特色及其设计方法。既然应该打破世界建筑大一统的模式，既然每个地区的建筑应该有其自己的特点，那么，辽沈地区建筑应该呈现一种什么样的特色呢?

中国建筑曾经在世界建筑之林中独树一帜并占有重要地位，但在现代科技的冲击下，中国建筑几乎销声匿迹，被淹没在“现代主义”的大潮之中。而在国内，辽沈建筑更是鲜有表现。建筑界的京派、海派、岭南派、江浙派等多有作为，甚至新疆、西南地区所呈现的充满地域特色的建筑作品也常常令人眼亮。辽宁却默默无闻，建筑大省却拿不出有特点、有品位的成果。艺术界的东北风席卷全国，强劲而有气势，靠的是特色鲜明的关东文化。其实，这种文化反映到建筑之中，同样具有诱人的魅力，多民族融合建筑文化无疑会为辽沈建筑注入活力。

# 第七章　通过环境应对体现地域文化特点

辽宁地域文化包含三种文化类型：一是少数民族的文化，二是中原文化，即汉文化，三是异国文化。其中中原文化的影响最大，辽宁地域文化是以中原文化为基础，发生、吸收、融合其他文化有次序地传承下来的，多民族的融合、多元文化的共生使辽宁地域文化具有向心性、包容性、开放性的特点。

地处边陲的辽宁自然环境的特点是大漠莽林、大风大雪、大江大河、大山大林，自然影响到辽宁地域文化的形态风貌，再是人文环境的历史构成——从东夷人到渤海国，从秦汉时期的移民迁入到契丹、女真族两次入住中原，再到明清时代的移民入关到出关的回流，冀鲁晋流民齐闯关东和日伪时期长达数十年的奴化教育和殖民地文化的影响，又构成了辽宁地域文化结构的复杂性和独特性。

# 第一节　通过寒冷气候的应对体现地域文化特点

建筑与气候密不可分，从古人“挖地建穴、构木筑巢”起，他们刻意创造的就是一个能够应对气候变化，刻意用来遮蔽风雨的生活场所。面对不同的气候会有不同的应对方式，气候的多样性造就了建筑的多样性。

辽宁地域文化可以从传统建筑中充分体现出来，辽宁的传统建筑在漫长的发展进程中呈现出寒地建筑自身的鲜明特色，有很多值得我们学习和借鉴的地方。在当代建筑设计中，充分考虑辽宁地区气候特征、总结以往经验，更加注重建筑的整体性，从建筑布局、建筑形体、空间应变三个方面，都展现了颇具智慧的独到之处。

## 一、防风御寒的建筑布局

### （一）合理朝向避免风袭

辽宁自古以来属于气候寒冷地区，冬季漫长，以北风和东北风为其主导风向。这里的少数民族在选择居住环境上有着浓厚的山地情怀，懂得利用天然屏障来抵御自然侵害、维护安全，择山筑城、因山就势、居高建屋是自身独特的理念和方式，一直延续至今；随着中原文化的深入，不断效仿并实践中原的选址观念——负阴抱阳、背山面水。无论是独有的山地情怀还是效仿中原选址，都凸显出辽宁传统建筑选址的主要特点，即实用性，辽宁地区的传统建筑都尽量选择在南低北高的向阳坡地上，遵照“前照后靠、坡面向阳”的选址原则。从日照的角度看，这样的选址好处很多，因为建筑位于向阳坡地上，可以争取更多的日照，温度与背阴坡地相比要高10摄氏度左右。在寒冷地区，太阳辐射是天然热源，建筑基地选在能够充分吸收阳光且与阳光仰角较小的地方。由此可见，建筑选址应当结合周边地形，结合相对宜人的局地气候环境选择合理的朝向；从风的角度来看，气候寒冷地区的风速过大会使人更加寒冷。太热、太冷、太强或灰尘太多的风是不受欢迎的，所以在选择建筑基地时，既要避免过冷、过热、过强的风，又要有一定风速的风吹过。在气候寒冷的辽宁地区，防风比通风更重要。由于冬季主导风是寒冷的北风，不利于保暖防寒，背风建宅已成为建筑选址的另一项重要原则。

借鉴传统建筑的选址原则，结合现代生活、地形条件等多方面因素，辽宁地区的当代建筑在“合理朝向避免风袭”上，多采用以下手法：

1.在朝向选择时，尽量避免北向，这不仅是因为北向的房间冬季较难获得足够的日照，还因为冬季来自北面的寒冷空气会对建筑热工环境产生非常不利的影响。

2.通过建筑群体的不同组合形式在水平方向对冬季寒风形成“挡”的效果，即在面向冬季主导风向的基地北侧，建造环绕的、连续的建筑空间体量，形成一道或多道挡风屏障，阻挡寒风的侵袭，而将主要的活动场地和建筑入口广场置于避风区，改善局部环境的微气候，提高冬季在室外空间活动的可能性，这一手法有效地改善了冬季居住生活环境，提高了户外活动的舒适程度。风屏蔽式布局尤其适合于居住区规划和校园规划。沈阳唯美品格小区规划设计就是通过基地北向高层住宅，将居住院落内部的开敞空间、公共设施以及其他层数较低的住宅布置在基地南向的背风区域（图7-1-1）。

3.借助景观要素如挡风墙和挡风树在建筑群体空间中的灵活组合，改善风环境，调整微气候状况。一般在建筑南侧布置落叶树，冬季叶落不遮挡阳光，夏季树叶茂盛可以遮阳。而在建筑北侧布置常绿树，起屏障作用。通过绿化风障

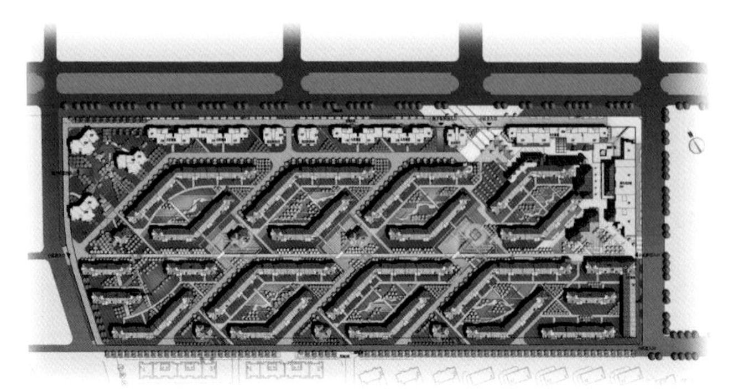

图7-1-1　沈阳唯美品格小区规划总平面图（来源：辽宁省建筑设计研究院 提供）

图7-1-2　沈阳市区高楼林立（来源：王蕾蕾 摄）

的设置，可降低冷季风速，减少建筑物和场地外表面的冬季热损失。

## （二）适宜间距诱导风势

太阳辐射是影响建筑间距的主要因素。辽宁大多数的街区为了获得更多的日照，沿着南北向的街道大多比较短，沿东西向的街道比较长，这样的建筑布局方式有利于争取更多的南北向住房。此外，为尽量争取足够的日照，在保持建筑布局紧凑的同时，尽可能扩大建筑之间的间距，以实现朝阳面的日照面积和光照时间的最大化。

另外，以“遮挡”的方式可以创造城市局部的舒适微环境，但在考虑更大范畴的城市空间布局时，我们还应提倡一种“疏通、诱导”的方式。具体地说，即要求相邻建筑之间的高度差不要变化太大，建筑高度最好不要超过位于它的上风向的相邻建筑高度的2倍。在当代，高层建筑已占据了城市建筑中的主导地位，这样的建筑布局方式能最大程度上避免“高层风”的影响，减少建筑受风面由于下行气流带来的“垃圾旋风”（图7-1-2）。

## （三）群体布局形成宽大院落

建筑的群体布局形式大体上可分为集中式、分散式和混合式三种。集中式最适宜寒冷地区的布局形式，这种方式既节约了交通面积又减少了建筑的外表面积，从而降低了建筑的失热量，提高了建筑的整体保温性能，在当代建筑设计中都采用这种方式实现建筑群体关系的优化布局。此外，辽宁地区集中式布局所形成的院落，尺度、比例又有别于其他寒冷地区或低纬度地区，以与北京四合院相比为例，辽宁地区气候寒冷，院子更加宽大，北京地区夏季西晒严重，院子变成南北窄长，同时西北风沙很大，院墙更高。如位于沈阳市浑南新区的四大文化场馆，即辽宁省图书馆、辽宁省档案馆、辽宁省博物馆、辽宁省科技馆，在设计中充分体现集中式布局的理念，四个场馆围绕城市中心轴上的市民广场布局，使市民广场成为四个场馆的共同“庭院”，形成一个巨大的“城市客厅”，同时四个场馆均采用沿地段周边排列建筑功能，中间形成院落的建筑布局方式，形成“一大连四小”的群体院落形式，每个小院落根据建筑所属功能的不同，各自体现不同的特点，每栋单体的空间排列组合相辅相

图7-1-3 沈阳市浑南新区四大文化场馆（来源：辽宁省建筑设计研究院 提供）

成，内部景观、庭院和外部宽阔的广场内外穿透，从空中看过去像一幅刺绣中的画卷，整幅画卷就是一个中国古典文化中的博古架。将博物馆、图书馆、科技馆、档案馆以中国庭园四合院与西方现代广场的组构形式排列在沈阳市民面前（图7-1-3）。

## 二、封闭厚实的建筑形体

### （一）规整轮廓，降低热损

辽宁地区冬季长达6～8个月，最低温度可达零下20多度，甚至更低，传统建筑如满族民居，大都矮小紧凑、形体规整，平面一般是三间或五间的矩形平面，朝向基本上是正南正北，大都采用硬山的屋顶形式，形成这样的外形特征，可以从体型系数的角度来解释。体形系数是衡量一个建筑物是否有利于保温的重要参数，对于同样体积的建筑物，在各向外围护结构的传热情况均相同时，外围护结构表面积越小，传出热量就越少。

借鉴传统建筑形体特点，在当代建筑设计中多采用以下手法：

1.体型设计的基本原则是尽可能地减小建筑外表面积，并使热工性能较差的外表面积降至最少。为获得充分的日照，还应尽量扩大南立面，在满足通风采光要求的基础上，减少北向、西向等不利朝向墙面面积及窗地比。因此，辽宁地区的建筑单体多采用紧凑、集中的平面形式，以矩形、圆形、工字形等几何图形作为平面的基本形态，减少外围护面积。

2.建筑内部空间组织多以对热舒适的不同需要而合理分区，对于人们使用和停留时间长、活动频繁、舒适度要求较高的主要房间，从尽可能多获取太阳辐射的要求出发将其布置在朝阳面——正南、东南或西南，并开设稍大面积的玻璃窗。而人们停留时间短、使用要求较低的一些房间和空间，如卫生间、楼梯间等，可布置在北侧或东、西侧，为减少热损失，开设面积较小的窗，有利于保持房间的适宜温度。

当然，随着现代材料、技术、工艺，尤其是玻璃保温性能的提升，人们向往开放空间、交往空间的天性，在辽宁地区的建筑中已有相当程度的体现。一些单体建筑公共空间正由以前的封闭状态逐渐走向半封闭，甚至部分开放的空间形态，并结合气候特点采用有顶的室内、或半室内半室外的空间处理方式。

### （二）空间多义，外景内置

向往开放性的自然空间是人类的天性，辽宁冬季严酷的气候特征制约了很多户外交往活动的正常发生。于是，在辽宁地区，室内的建筑空间承载了更多的活动与交往功能，这便要求在建筑设计中能更加合理地组织好建筑空间，不仅能够适应相对稳定的自然气候，更能创造适宜的建筑微气候，改善室内环境的舒适性。如果说江南地区多围绕天井组织建筑空间的话，辽宁地区则偏爱于室内中庭的使用。一种通常的做法是在建筑内部设置有直射阳光、绿色植物和流动睡眠的共享空间或四季厅，引入阳光、树木、水景等自然要素，既有效地实现了气候防护，增加了环境的舒适程度，又满足人与自然接近的心理和生理要求。

在寸土寸金的商业空间中置入通高的中庭，看似是一种浪费面积的选择，但这种方式在寒冷地区的商业空间布局中越来越常见。沈阳中街豫珑城商场功能空间围绕一个五层通高的中庭布置，把阳光、绿色、园林引入室内，尤其是在寒冷的冬季，宛如春天般的室内环境为顾客提供了休息、驻足的场所，无形中为商场增加了更多的客源（图7-1-4）。东网科技有限公司超算中心采用圆形平面、室内共享大厅的空间方式，使空间组织简洁高效，在典雅中透出现代气息（图7-1-5）。在当代建筑设计中，通过对内部空间巧妙组合创造出自然生态的室内环境和积极活跃的空间氛围，会导致丰富多变的建筑空间形态。

## （三）注重地下空间利用

早期的人类社会，使用粗制石器采伐树干、借助树木构筑一个简陋的窝棚，或用木棍、石器在黄土、断崖上掏挖一个横穴。因此，基于环境的选择和利用，“巢”和“穴”自然成了建筑起源的主要渊源。由此可见，自古人们就以穴居的形式充分利用了地下空间。

地下建筑的特点是有相当部分的维护结构作为自然实体

图7-1-4 沈阳中街豫珑城中庭（来源：王达 摄）

图7-1-5 沈阳东网科技有限公司超算中心中庭（来源：辽宁省建筑设计研究院 提供）

（泥土、岩石等），接触外界空气面积少，即有效体形系数小，因而割舍性能好而热容量大，使之能在严酷多变的气候条件下保持相对稳定的室内气候，这种特性非常适合我国多变的大陆性气候的需求，可以大大降低建筑的采暖和制冷能耗。

地下建筑良好的热工品质源于地温环境的稳定性，以及外界气候对地温影响的延迟效应。有关测试表明，由于延迟效应的影响，在地表以下6米深处的温度波动恰好与室外空气的年波动呈现大约180度的相位差，即室外气温最冷月份（1月~2月）时该地层温度却处于最高峰处，而室外最热月（7月~8月）时该地层温度却处在最低峰处。而且地层越深，地温波动的幅度就越小，在地表以下2米时，还有10摄氏度左右的年平均温差，当深入地面以下8米深处时，在一年的周期里地层温度能基本保持不变，这就是地下建筑冬暖夏凉的原因。

一方面，地下建筑是对外界气候应变能力最好的建筑，土壤或岩石实体具有较好的蓄热性能，形成热流的天然屏障，是应对外界气候变化的理想界面；另一方面，地下建筑又可以理解为对环境应变性最差的建筑，其室内自然气候完全受其所处环境（土壤、岩石的温度场）的温度变化所左右，地下建筑之所以有理想的室内环境，完全是因为其所处的环境温度场比较理想。总之，在气候寒冷而地温理想的辽宁地区，“冬暖夏凉”的地下建筑空间是一个良好的选择。

利用地下空间的热稳定性，可以将公用建筑做成下沉式，即半地下式，周围覆以土层，在隔声、保温、隔热等方面对于提高建筑物稳定性十分有利。同时尽量减少大空间建筑与其他类型建筑之间在形象、尺度上的差异，彼此渗透，融入城市肌理，以自律的态度调整建筑形态，减少对周边环境气候的影响。

作为沈阳最重要的商业核心区，太原街步行街久负盛名，而太原街地下商业街是这一商圈最重要的组成部分。一方面地下空间是重要的空间发展途径之一，它使用地在利用上更加立体化，另一方面利用地下空间的热稳定性，打造“冬暖夏凉”的逛街环境，使太原街步行街由水平延伸走向立体，形成连续的、完整的步行空间（图7-1-6）。

## 三、趋利避害的空间应变

从人类早期的聚落选址以及原始的建筑营造直到当代的建筑创作都在遵循“取自然之利，避自然之害”的原则。这种对地域环境特殊性的表现从最初的无意识或被动的行为，逐步转化成自觉、积极的创造而延续至今。辽宁地区传统建

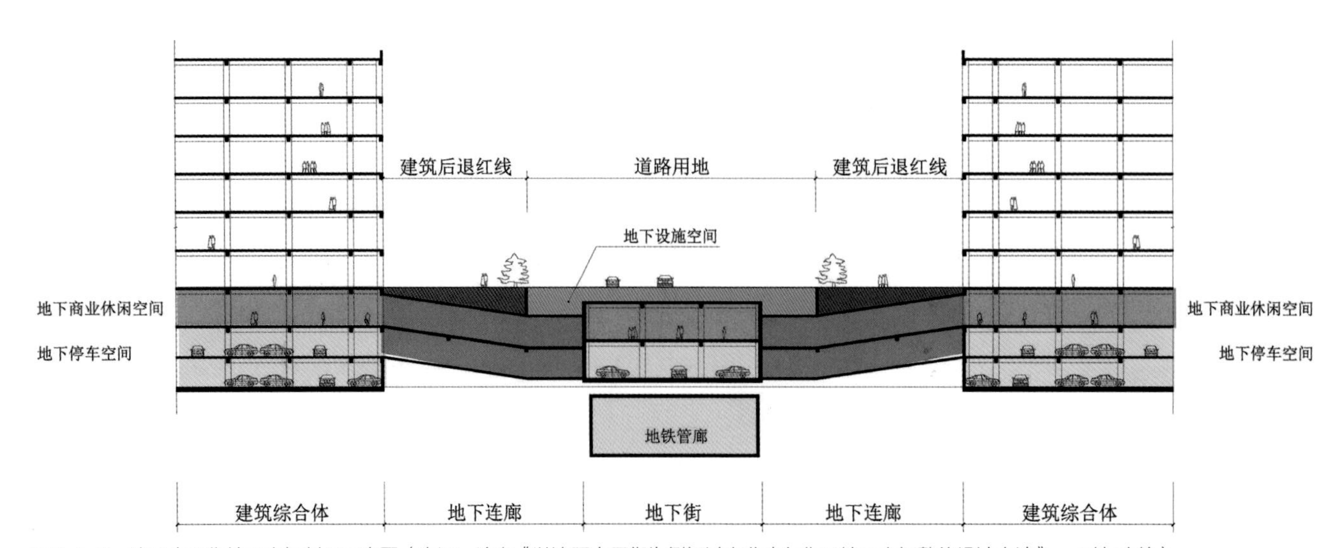


图7-1-6 沈阳太原街地下空间剖面示意图（来源：论文《以沈阳太原街为例探讨商业步行街区地下空间整体设计方法》，王达 改绘）

筑在局部“小型空间”上的一些处理方式是建筑空间智慧成就中最为让人赞赏和称道的。对于这些优秀的地方智慧，我们应毫无保留地予以继承和发扬。

### （一）设置热缓冲层

热缓冲层指通过对建筑界面的层次处理，在室内环境与自然气候之间构筑一个可以调节的缓冲区域，既可以在一定程度上防止恶劣气候的不利影响，又可以通过对气候缓冲区域的调节来改变建筑的气候性能品质，应对气候变化。通过热缓冲层的设置，可以在舒适度要求较高的室内空间与恶劣的外界气候之间形成缓冲区域，减弱气温冲突，提升建筑室内空间的热舒适度。入口空间是建筑保温的薄弱环节，对这些部位进行巧妙的空间处理，对改善建筑物的保温性能十分有效。例如，在辽宁地区满族传统民居中，入口堂屋做灶间，有利于御寒并缓冲室外冷空气对室内的直接侵袭，沿北墙常分隔出“倒闸”空间，以保证居室防寒保温条件的同时可用于贮藏等次要功能，堂屋灶间与其他房间之间用实墙分隔利于保温，辽宁地区从古至今在防寒保温上都体现了同样的智慧。

辽宁地区当代建筑设计中多采用以下三种方式处理入口空间：

1.设双层门的门斗。这种方式是辽宁地区公共建筑中应用最多的一种，人们通过门扇的两次开启才能进入建筑内部，因此有效抵御了室外冷空气和寒风的直接渗透。

2.设门廊。雨篷出挑较大，在边沿设柱，就成为门廊。在寒地建筑中，门廊不仅可以提示入口的位置、丰富建筑的造型，还能在一定程度上阻挡风雪，在门斗外部形成相对稳定的空气层，减小室内外温差，利于防寒保温（图7-1-7）。

3.设置突出式门斗改变外门朝向。 在寒地建筑中，通过加设改变入口方向的突出式门斗，将入口开向东侧或南侧。这样，在门斗空间内，空气有较大的回旋，因此也有效避免了西北风的直吹。大连软件信息学院教学楼采用圆形的突出体量把入口门的方向改在东侧，既考虑了形象性，又重视了防寒效果（图7-1-8）。

图7-1-7　大连软件信息学院实验楼门廊（来源：沈阳都市建筑设计有限公司 提供）

图7-1-8　大连软件信息学院教学楼门（来源：沈阳都市建筑设计有限公司 提供）

### （二）避免烟囱效应

李绍刚曾以北方大厦和辽宁大厦的门厅、大堂及竖向交通的空间组织关系为例，分析了由于烟囱效应带来的寒冷地区公共建筑门厅冬季冷风渗透的不良影响。这种由“门斗—门厅—过厅—竖向交通空间”组成的空间序列虽然追求了宏伟壮观的入口空间气氛，但因热压作用，冬季室内温差而形成的空气容重差，使得建筑物内部像烟囱一样有一股上升的热空气柱，底层渗入的冷空气将室内热空气沿竖向交通井上挤，然后由高层部分的缝隙排至室外。并且室内外温差越大，建筑物越高，热压作用就越强烈。为了避免这种烟囱效应的负面影响，建筑内部的空间组织应采取有针对性的处理

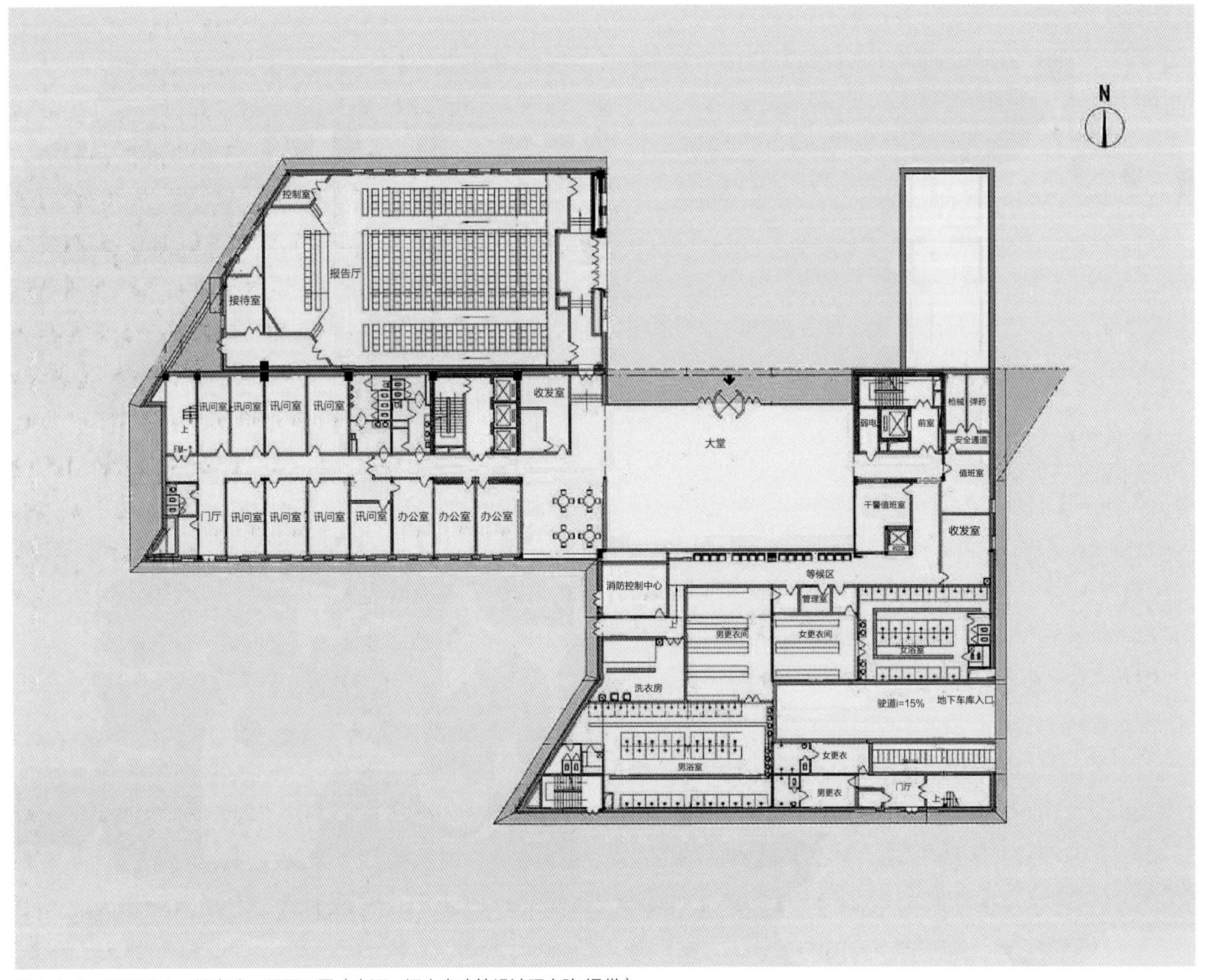


图7-1-9 沈阳市人民检察院一层平面图（来源：辽宁省建筑设计研究院 提供）

方式。沈阳市人民检察院的设计采用门厅和塔楼竖向交通盒分开设置的方式，体现了应对气候特点的空间组织智慧（图7-1-9）。

## （三）独特的“炕上空间”

从早期的穴居开始，东北地区火炕的使用，至少有2000多年的历史了。这种因气候条件、经济条件形成的居住文化和行为模式促成了具有寒冷地区民居特色的炕居文化而延续至今。

在当代辽宁地区的广大农村，绝大多数仍采用火炕取暖的方式，“炕上空间”成为室内活动的主要场所。随着我国城镇化的发展，越来越多的居民住进楼房，但仍保持炕上生活的习俗，地热采暖方式的普遍应用也使“火炕”进入城市的高楼大厦成为可能，同时赋予“炕上空间”寝卧休息、起居会客等多种功能，使之成为辽宁乃至东北地区独具特色的室内空间（图7-1-10）。

图7-1-10　城市住宅里的炕（来源：王达 摄）

## 第二节　通过地形、地貌的应对体现地域文化特点

辽宁全省地貌结构大体为“六山一水三分田”，可划分为辽东山地丘陵、辽西山地丘陵和辽河平原三大部分。针对地形、地貌特征进行的设计属于一种地域性建筑设计，也是辽宁地域文化特点的一种体现。建筑形态的产生是一个自发、自为的过程，有形的形态往往伴随着一种无形的控制因素作用，表现出整体环境的某种协调与礼遇关系。建筑形式的确立，应是对具体问题、具体境遇和具体存在的回应，要对周边的资源要素进行整合并充分利用，既满足使用需要，同时充分注意降低环境负荷，做到可持续发展。建筑所处的地形、地貌特征多种多样，归纳起来大概可以分为两类：一类是以自然环境为主，一类是以人工环境为主。辽宁地区的建筑作品在这两类环境中的相应特征，是地域性建筑创作、体现地域文化应当遵循的创作方向。此外，作为一种典型的与地域内特定要素有着直接或间接的隐喻性关联，也可视为地域性建筑创作适应地形、地貌特征的一个特例。

### 一、土地资源的高效利用

建筑的建造，从根本上来说已经破坏了原有土地的植被和动物的生存环境，这是无法避免的。怎样在建造和使用过程中，最大限度地减少这种后果，是人们必须考虑和解决的问题。

在辽宁省残疾人中等职业技术学校设计中，着重落实在如何针对特殊的环境肌理、特殊的场地地形地势、特殊的使用人群、特殊的发展需求作出全面、合理的最适宜的回应。可以总结为以下几点设计手法：延续周边肌理，建筑主要以东西方向水平展开，结合场地地势的竖向变化，将水平建筑架空于两侧较高的地势上；最大限度地保持基地原始地貌，建筑仿佛从地面生长而出，与周边环境浑然一体；结合场地中间地势低且平坦的现状，创造方便、安全、宜人的步行和残疾人通行空间。其他场地依坡就势，既有情趣又有经济性；在用地中部和西部预留并兼顾近期、远期发展的空间，既能满足当前实训教学之用，又能形成优美环境，并为未来发展留有充分余地（图7-2-1）。

### 二、建筑与地形、地貌的双向适应关系

自从人类开始从事建筑活动以来，建筑与地形、地貌的关系就密不可分，地形制约和影响着人类的各种建筑活动，反之建筑活动也逐渐改变并深刻影响着地形。辽宁地区既有山地丘陵，也有平原地貌，建筑与地形、地貌相结合的方式也多种多样，分析探讨建筑对地形的适应关系、设计策略和建筑形式，将有助于自觉地在建筑设计中采取有效的手段实现人工建筑环境与自然地形、地貌之间的和谐共生。建筑与地形、地貌的适应关系是一种双向适应：一方面建筑应适应地形，基地的地形结构对建筑形态产生作用，建筑应尊重基地地形所提供的基本格调、大致轮廓、植被覆盖物等已有环境；另一方面在改造地形以使其适应建筑开发时，应秉持可持续发展的基本原则，尽可能减少对天然地形、地貌的扰动和破坏。基于以上所阐述的双向适应关系，结合辽宁地区的地形、地貌特色，可以总结出建筑设计的三种类型，即融于自然的地形建筑、楔入城市的肌理建筑、彰显特质的场景建筑。

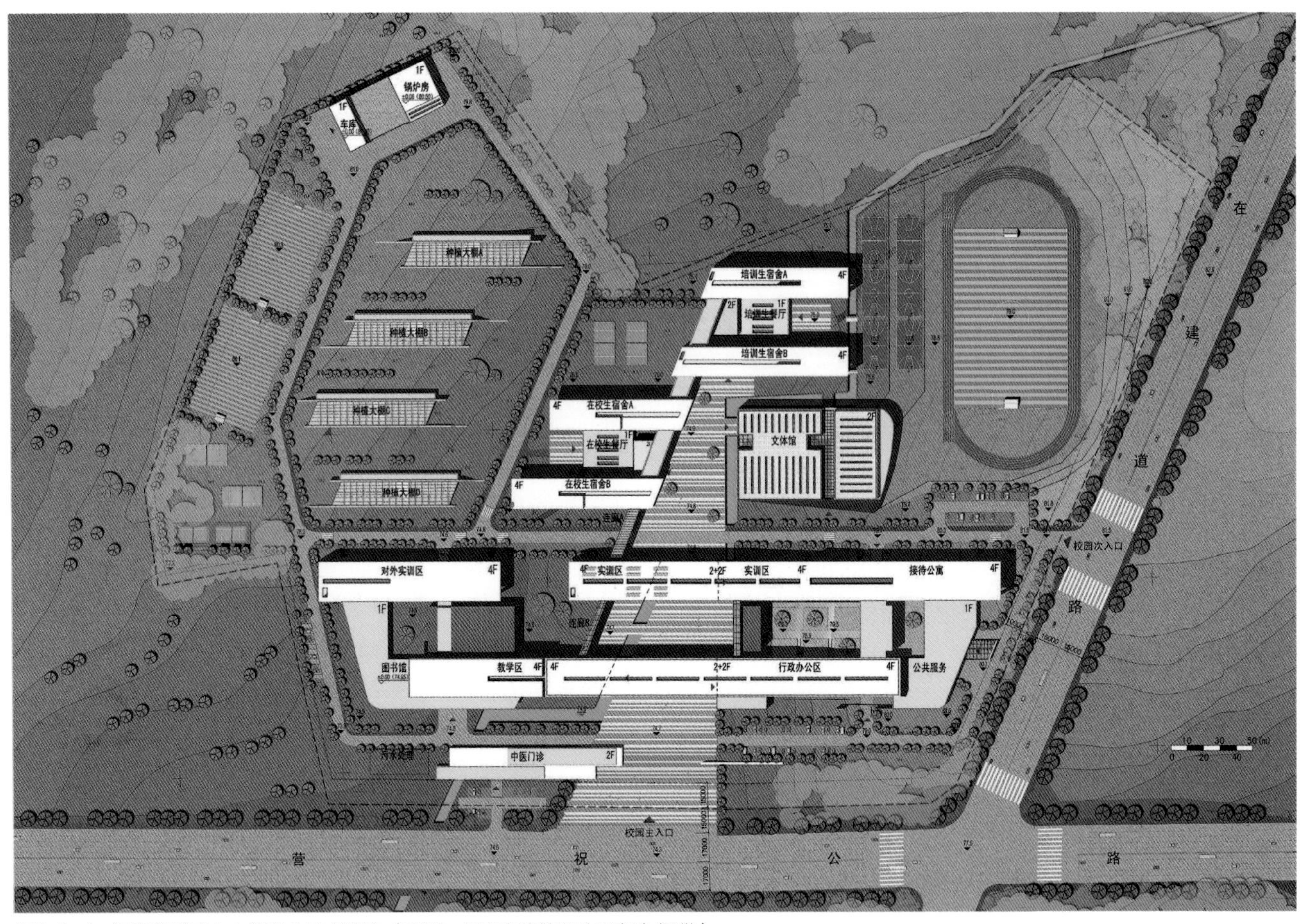


图7-2-1　辽宁省残疾人中等职业技术学校（来源：辽宁省建筑设计研究院 提供）

## （一）融于自然的地形建筑

建筑适应自然与环境的限定，是建造活动的出发点，也是地域建筑形态万千之根源。因此，地域的自然因素在建筑中的体现，是当代建筑设计不可或缺的创作思路。“地形建筑”这类建筑从外部形态上看类似于地景。这类建筑所关注的问题更接近于城市设计和大地艺术，即如何掌握大型的城市建筑，并且在尺度上避免显得过于纪念性或庞大、压抑。

辽宁地区广袤的土地环境、丰富的自然景观在寒冷的气候中孕育着无穷的生机。辽宁地区的很多建筑师都非常注重这种无形的地域性背景因素，经常以完整的形态、厚重的墙体、敦实的体块，将建筑大尺度地铺陈在黑土地上，以朴素的语言去激发人们的心理归属与情感共鸣。常用的手法主要有以下两种：

1.因形就势，完善地景。传统聚落景观中的乡土建筑之所以能够令人叹为观止，重要原因在于其“因形就势”介入场址过程中所具有的美学功能。在这一过程中，建筑以自身的形态特征影射和隐喻建造环境的特殊个性。建筑的地域性生动体现在建筑的场所环境中，建筑空间与景观意境重合在一起，建筑与自然互为映衬，互为前提，互为衬托。阿尔瓦罗·西扎在描述建筑与自然的关系时曾经说过，“我越来越认为在自然和人为的东西之间有一个距离。可是它们之间也同样有对话，建筑从自然中来，但它们同样也改变自然。”在当代，人们习惯于用推土机一类的现代化设备对地形地貌进行改造，建筑不顾地形，与周围环境形成对峙的姿态。虽然人工环境的嵌入不可避免地会对所在场地的自然环境造成影响，但我们仍尽可能减轻对环境的负面作用，最大限度地维持自然环境的原始风貌，甚至是利用地形，使得建筑与环境有机地融为一体。

在大连东软信息学院图书馆及行政楼设计中，建筑的布局充分利用了变化的地形，结合场地高差，充分利用屋面、大台阶，形成平台、场地等开放空间，连续的界面与厚重、单纯的建筑单体组合在一起形成错落有致的形体关系，与自然环境有机的整合成一个整体。加之建筑外立面使用天然石材切割的页岩板整体贴装，结合立面设计的凸凹折射的光影律动着厚重古朴的韵律，使建筑体现出很强的北方地域建筑特色（图7-2-2）。

2.和谐介入，再现自然。地域建筑形态重视与大地景观的融合，当建筑形态不再为大地表面上兀然站立的几何体，而是以其连绵起伏伸展的形体与大地形态走向融合时，甚至创造性地重构了大地形态，建筑将其自身的完备性整合和统一于景观系统之中。调和了建筑形态与大地形态的二元异质性，保持、留存和发展了景观空间的连续性。

大连海事大学校史馆位于学校入口区校友林背后的一片小空地上。为了突出项目的景观特征，建筑师有意识地削弱建筑的纪念性，使其最大程度上与基地环境相结合。建筑用地为坡地，西侧道路和东侧的草地之间有4米左右的高差，建筑师利用地形高差，把部分展厅、报告厅和接待功能放在地下，从而降低了建筑高度，减小了建筑体量，并采用更加灵活的折线形态，取代原来地段上的自然陡坎，创造人工地形。在面向校门的一侧，采用与地面连续的草皮屋顶，让建筑隐藏在自然环境中（图7-2-3）。

沈阳市图书馆的设计也采用了覆土建筑的处理方式，大尺度的屋面绿化从斜向屋顶延伸而下，与城市广场的绿化景观浑然一体，体现了自然风貌的景观和谐。通过采取屋顶绿化的方式，这组新建筑最大限度地连接了原有科普公园的绿化空间和城市广场空间（图7-2-4、图7-2-5）。

图7-2-2　大连东软信息学院图书馆及行政楼（来源：王达 摄）

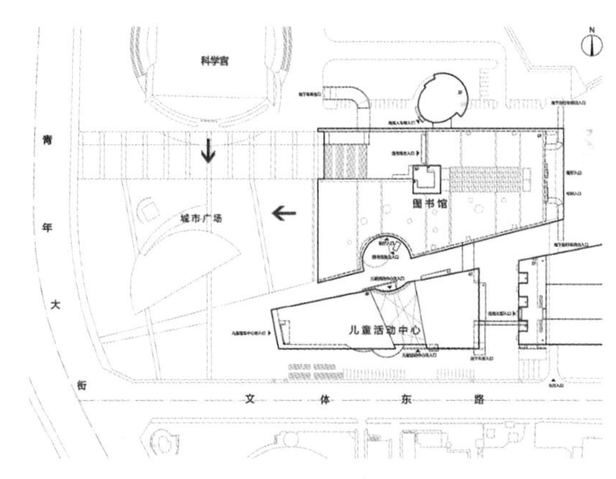

图7-2-4　沈阳市图书馆一层平面图（来源：辽宁省建筑设计研究院 提供）

图7-2-3　大连海事大学校史馆外观（来源：王达 摄）

图7-2-5　沈阳市图书馆屋顶与周围城市空间的关系（来源：辽宁省建筑设计研究院 提供）

## （二）楔入城市的肌理建筑

在城市外部，由于周围建筑较少，建筑的形态主要和自然发生关系；而在城市内部，新建建筑除了要考虑对地形地貌的呼应以外，在材料、形态上还要和周围的建筑发生更多的回应。《马丘比丘宪章》强调建筑与城市的互动关系，新的城市化追求的是建筑环境的连续性，即每一座建筑物不再是孤立的，而是一个连续统一体中的一个单元，它需要同其他单元进行对话，从而完整其自身形象，同时保持城市组织结构的连续性。在辽宁地区的建筑创作中，常用的手法有以下两种：

1.植入建筑，激活地段。建筑设计应该以城市设计为先导，一栋建筑在城市中展现自身的价值最为重要的是对城市基地的理念进行诠释与激活。在城市中的一些重要的控制性手段，需要建筑以自身的特点对城市环境做出应答，以扩展城市的内涵，同时完善建筑的城市属性。

坐落于鲁迅美术学院沈阳老校区的体育馆，作为占地只有82000平方米的校园里不断持续改造更新的产物，更加体现植入的概念。一坐老校园在形成和生长的过程中，自然而然地会出现过许多碎片，也出现过各式各样的不适应，功能上的、规模上的、形象上的等，因此在校园里逐渐通过长年累月的更新、置换，植入用于缝合碎片的一个个新元素，校园的面貌、氛围、整体性以及协调性也就渐渐显现和清晰起来了。这座总建筑面积为4676平方米的小体育馆，被定位成校园中心的一个大号的校园“家具”，在周围暖灰色调建筑的环抱中正好起到“提神”的作用。另外作为校园的边界，也完成了和喧嚣的城市、城市中的园林在校园界面上的对话，反映了建筑师在空间形态设计过程中对城市环境的思考（图7-2-6）。

图7-2-6　鲁迅美术学院沈阳老校区鸟瞰图（来源：辽宁省建筑设计研究院 提供）

建筑从属于城市品性，忠实于城市生命系统的构成与运作，并加以物化记述，具体体现城市生命的新陈代谢。建筑的内涵随城市的发展而日益扩大，建筑特性也越发清晰明朗起来，与城市生态圈构成相对应，建筑品性也是由环境特性、功能特性与风格特征有机整合而成，与城市生命一样熔铸着人类生命的基因与逻辑。

2.因循肌理，诱导空间。建筑师应该关心建筑的外部环境，重视建筑与建筑之间的关系，重视建筑与城市空间之间的相互渗透，在建筑创作中重视从城市设计的角度来设计建筑以及建筑的外环境，使建筑与城市形成有机的统一体。

东北电网电力调度交易中心大楼，总体布局首先来自对基地的阅读，基地周边有大尺度的高速与河流，规划之初，近郊只有圆形平面的新华社和方形平面的汽车展厅，因此圆形母体的总平面布局成为与未来不确定环境形成对话的一种调和选择。与此同时，形式构成上，则希望与东北电网有限公司的VI标识和天圆地方的传统观念形成一些默契。根据对功能、体量、空间的分类归纳，设计者把一坐功能、空间都相对复杂的建筑整理为主楼、辅楼、副楼三部分。主楼、辅楼、副楼分别占据基地的西南到东北的三个朝向，形成了基地的依靠。在东南角设计入口广场作为与周边环境之间的缓冲空间，成为城市的客厅，通过与弧形水面形成总平面完整的圆形，负阴抱阳。主楼与辅楼通过3层高的共享大厅分合自如，宽敞的共享空间同时可以举行各种集会和庆典活动，透过共享大厅可见秀美的浑河公园，景致被引入建筑内部，浑河北岸的城市建筑成为本项目的天然背景，同时也与这一方位延长线上的原东电大楼取得了某种精神上的联系（图7-2-7、图7-2-8）。

## （三）彰显特质的场景建筑

地域性中的最自然因素往往是指地域环境中的地形地貌，它是大尺度的，体现着一个地区的整体特征。而在城市的规划和建设中，遇到更多的可能是特殊的和局部的，即我们常常讲到的地点性和场所性，它不完全等同于地域性，但我们可以将地点视为地域性的一个特殊情形。建筑任务和目

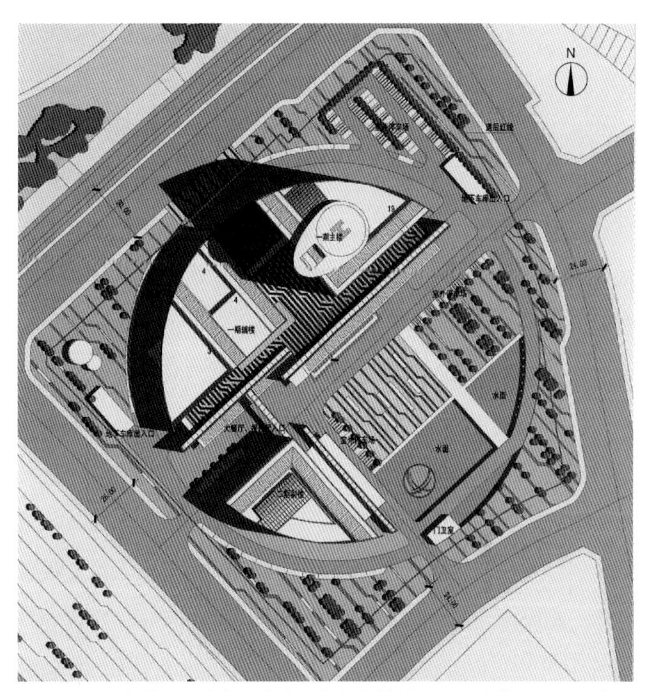


图7-2-7　东北电网电力调度交易中心大楼总平面图（来源：辽宁省建筑设计研究院 提供）

图7-2-8　东北电网电力调度交易中心大楼外观（来源：辽宁省建筑设计研究院 提供）

标在于寻求和创造一种强烈的“场所精神”，正是这种“场所精神”，构成了城市建筑环境被文化包容、也被人们所认同的基础。

1.场所基因的协调。仿生形态设计是人们在长期向大自然学习的过程中，经过积累经验，选择和改进其功能、形态而创造更优良、多样化的形态的过程。将仿生形态和构造原理应用到建筑和空间结构领域中，将使得建筑结构无论在形态还是质量上都会得到提高。

大连贝壳博物馆位于大连市西南部的马栏河畔，南邻黄海，东邻优美的白云山风景区，而西侧的星海广场是亚洲最大的城市广场。广场中心有全国最大的汉白玉华表，有著名的城雕“路”。广场北侧是大连市的一个标志性建筑——星海会展中心，东南角是形似古堡的大连贝壳博物馆的老馆。建筑师将博物馆所处的标志性地位、周边环境及其展品性质结合起来考虑，并通过运用“仿生”和“隐喻”等设计手法，强调建筑与自然的关系，提出了建筑应生于自然，融合于环境的设计理念。在构思上紧扣“贝壳”这一主题，将贝壳丰富多变的有机形态引入建筑造型的室内外空间中，形成了原创的有机形建筑，充分体现出专题博物馆与展品相结合的设计理念，博物馆本身不仅成为其艺术展品令人震撼的艺术背景，也成为其所处环境中一组令人震撼的雕塑（图7-2-9）。

2.场所信息的隐喻。“隐喻”起源于西方传统的修辞学，后现代逐渐将其作为一种建筑设计方法，即用建筑的语言、手段去表达某种其他领域的含义。它包括建筑整个外观造型的隐喻、空间的隐喻和对历史片段加以引用变形。建筑的空间和形态与自然地理特质保持着直接或象征性的联系。建筑设计不能阻隔自然环境，建筑与自然环境场所应相互渗透，使人们强烈感受到建筑深深根植于自然所获得的某种生命力。安藤忠雄认为“未经加工的自然，常使人见惯不惊，而被抽象后的自然则令人耳目一新、兴奋刺激，从而使建筑成为一个人与自然交流的场所”。“抽象的自然”探索和欣赏自然美并将其运用于环境设计的方式，暗示了一种超越理性思维的直觉与真实体验所具有的重要意义。

大连开发区的银帆宾馆，两片三角形交错的形体坐落在一层连续的拱券上。它庞大的体量与山体相呼应，又如大海中扬帆的巨轮，出色地借鉴了山海相会的自然环境特征，形成具有地域标志性的独特造型，给人留下深刻的印象（图7-2-10）。

大连国际会议中心项目位于大连东部港区，面向大海，背倚城市核心，是城市与海、自然与人文的交汇点，是东部新区发展的起始点。项目的核心功能要具备国际标准的大型综合会议中心及演出中心，并满足达沃斯会议的使用要求。建筑具有鲜明的地标性，建筑的意向像云一样飘浮在空中，流畅动感。这种意向与蜿蜒的海岸线相呼应，给海滨城市增添了亮丽的一笔。尺度恢宏的室内共享空间，展示了开放包容的城市性格，设计的中心理念体现了“城市中的建筑，建筑中的城市”思想（图7-2-11）。

图7-2-9　大连贝壳博物馆外观（来源：王达 摄）

图7-2-10　大连银帆宾馆外观（来源：王达 摄）

图7-2-11　大连国际会议中心外观（来源：王达 摄）

## 第三节　通过日照、降水的应对体现地域文化特点

辽宁地处寒冷地区，影响寒冷地区建筑设计的两个主要气候条件就是日照和降水，应对这两点所进行的建筑设计也充分体现了辽宁地域文化特点。寒冷地区建筑为满足冬季采暖，利用阳光（日照）是最经济的、最合理的有效途径。降水也是影响人居环境的重要因素之一，寒冷地区水的蒸发量不大，而且冷空气也不可能包含很多水汽，降水量也很有限，但是寒冷地区冬季气温较低，持续时间也较长，降水通常以降雪的形式出现。辽宁地区的建筑设计实践在发展的同时，应积极寻求更好地与地区条件的特殊性相融合。

### 一、太阳光能的综合运用

从气候特点看，辽宁地区冬季较长，气温与同纬度国家相比偏低，但与同纬度的欧洲供暖地区相比，冬季日照时间却要长得多，日照百分率高得多。在冬季现场测试中，当测试日室外温度为-2.1~8.9摄氏度时，简易附加日光间温度波动范围是7.8~17.7摄氏度。因此在建筑中应充分利用丰富的太阳热能，特别是南向太阳辐射，对于节约供暖能耗、提高热舒适度都会大有益处。同时，辽宁地区的光环境虽没有西北部那样的强烈效果，但如在建筑空间巧妙地利用太阳光的照射，结合阴影效果，也能很好地体现建筑的地域特点。英国建筑师理查德·罗杰斯曾这样说道："建筑是捕捉光的器物，如同乐器如何捕捉音乐一样，光需要可使其展示的建筑。"

#### （一）捕捉太阳光

在辽宁地区，漫长的冬季和短暂的白天已经给生活在这里的人们和阳光之间创造了一种特殊的联系。在寒地建筑中，阳光是很重要的自然要素，人们都愿意聚集在温暖的、有阳光直射的空间里面。光与影相伴而生，如果场景中的一切都很明亮，那就会失去层次感和实体的体积感，空间也会变得平面化和缺乏情趣。辽宁地区曼妙的阳光是大自然的恩赐，特殊的地理环境条件使得建筑与光的投影游戏如语言一样无休止地变化着，太阳的移动伴随光影的变幻并在建筑上反映出来，使建筑成为自然象征的一部分。因此，结合地区自然气候条件，充分把握光线的特性，注重光的反射、折射、漫射和所形成的投影，在建筑空间和形态上应以细致的方式容纳、渲染或是遮挡强光的辐射。

适当的光线明暗变化和光影对比可以很好地体现空间的体积、层次和场景的深度，斑驳的光影本身也能产生丰富的韵律和动感的构图。辽东湾城市文化展示馆采用方圆对比的平面布局，方形的三层台基与主体建筑代表了大地的厚朴沉实，中间红色圆筒则承接浩瀚天穹。圆筒采用外挂穿孔的形式，通过精心布置大小不一的穿孔方案，采用“幻彩”技术，光从圆形天井洒落，在不同角度、不同时段配合光影效果呈现由金黄到暗红的变化，隐喻当地芦苇荡、碱蓬草等湿地的典型植被色彩。丰富的光影赋予建筑空间内部无限的生机和活力（图7-3-1）。

图7-3-1　辽东湾城市文化展示馆光影效果（来源：沈阳建筑大学天作建筑设计研究院 提供）

沈阳马三家伯特利堂较多着眼于光影的营造，进而在表皮的形态上留下印记。信徒们做礼拜的时间通常在上午，因此，教堂在东侧外墙上设置了一些看似随意的窗口，阳光从这里成束地射入教堂，可以营造神秘、崇高的氛围。上午西侧是漫射光，教堂西侧外墙设计了均匀的竖条窗以尽量扩大采光面积，为室内提供有效的照度，使光影成为讲坛流动的背景（图7-3-2）。

图7-3-2　沈阳马三家伯特利堂室内光影效果（来源：王达 摄）

## （二）利用太阳能

这里提到的太阳能利用指被动式太阳能的利用方式，即通过建筑空间的应对实现对太阳能能源的积极运用。体现在有效地安排建筑的朝向、平面布局、内部空间处理的基础上，对建筑剖面、建筑材料、构造形式等的研究和推敲。被动式太阳能建筑是利用建筑空间、构造的合理组合将太阳能自行吸收、存贮和分配并有效利用热压原理组织室内冷、热空气流动的过程。按照太阳能在建筑中的获取途径分为三种基本类型，即直接受益式、附加阳光间式和特朗勃（Trombe）墙式。

所谓直接受益式指阳光直接透过窗户加热房间，而房间本身就是一个自然光收集、储存和分配系统。无论从设计和构造来讲，直接受益式都是最简单的被动式太阳能设计。其最大的缺点是会引起室内温度波动，热稳定性较差。

阳光间式太阳房指将作为集热部分的阳光间附加在建筑主要房间的外面，利用阳光间和房间之间的共用墙作为集热构件。阳光间与直接受益式相比，主要房间的温度波动减小了。并且作为室内外过渡的缓冲空间，可减少冬季房间的热损失，同时，它本身也可以作为白天的活动空间，多用途的阳光式太阳房在被动式采暖设计中运用最多。

Trombe墙指利用建筑南立面外涂高吸收系数的无光深

色涂料，并以密封玻璃覆盖而成。Trombe墙具有较好的蓄热能力，因此房间温度波动最小，舒适感好。但是，为了增加太阳能的吸收率，南向集热墙表面需要涂黑，建筑的立面处理难度很大。大连理工大学行政楼的设计在好多处即运用了Trombe墙的太阳能利用方式（图7-3-3）。

图7-3-3 大连理工大学行政楼立面（来源：王达 摄）

## 二、适应雨雪的寒地景观

从受降水影响上看，辽宁地区与其他低纬度地区最大的区别在于冬季受雨雪天气的影响较大。降雪是寒冷地区气候条件下一种特殊的气候现象，大量的积雪不仅会使环境温度降低，影响人的舒适度，积雪自身的荷载也会对建筑造成一定危害，而积雪融化后对建筑的防水有更高的要求，因此辽宁地区的建筑设计应充分考虑积雪因素并应采取相应的技术措施。但是，雪也是北方重要的景观元素，它配合独有的寒地植被可以营造出极具特色的寒地景观、冰雪风情。

### （一）寒地植被的合理配置

1.注重植物的建造功能 植物赋予建筑空间质感，与建筑共同构成了环境质感的体验。建筑环境景观既希望能够与建筑有机地融合，同时也希望有其独立于建筑之外的自身属性。这成为建筑外部空间形式的生成基础和出发点，而恰当的植物配置能够明晰地组织起建筑空间的性质与质感。基于建筑场地空间属性的需要，植物可以以其丰富多样的自然形态去完善由建筑所构成的空间范围及布局，在建筑的外部环境结构中构建起必要的二次空间结构，体现植物的建造功能。植物作为空间的构成要素之一，与建筑物的墙体、柱子、门窗等起到同样的作用。

辽宁地区的寒地植被是一种地域性的资源，是寒地城市景观的重要组成部分，与地域性建筑创作密切相关，我们要好好把握这种资源，协调寒地城市景观中的植物配置，创造出具有巨大活力和吸引力的寒地城市景观空间。强调植物的绿化，可以提高外部空间的质量和情趣，能调节和改善气温、调节碳氧平衡、减轻城市大气污染、缓解城市热岛效应、减低噪音、遮阳、保温隔热、保护建筑边缘、改善房屋外围护结构的热工性能，是改善建筑室外微环境、改善建筑室内外热环境、实现室内持续自然通风、节约建筑能耗的有效措施。我们可以通过对寒地植被进行优化配置来达到建筑节能的目的。在现阶段的植物配置中，绿地空间结构基本采取了以草坪为主的种植形式，虽然有相对开阔的视觉效果，但却忽视了植物配置的生态效益，生态结构不稳定，绿量小，生态脆弱度高。在建筑设计中，对植被的合理配置主要体现在两个方面，即外部空间环境和建筑屋顶绿化上。

屋顶绿化也是建筑创作常用的一种形式，沈阳市图书馆以屋顶绿化的方式，采用了普通草皮，应季节而变，最大限度地连接了改组建筑与原有科普公园的绿化空间，实现了与周围城市景观的和谐共生。

2.考虑植物的季相变化 辽宁地区的城市景观有着先天不利的自然因素，但四季分明的气候特征又可以用来作为创造城市公共空间的景观要素，建筑设计应顺应这种场景化的景观特点。外部空间的植被配置应把握两个基本原则：一是多树少草原则；二是四季园林原则。寒地城市住区内部不适宜

图7-3-4 大连远洋天地住宅区冬季沿街绿化（来源：王达 摄）

图7-3-5 沈阳建筑大学稻田景观（来源：纪文喆 摄）

种植大面积草坪，为强调冬季绿化效果，常绿乔木的比重较大，树种的选择应能反映当地气候的乡土树种和历史文化传统，高大通直的树形可作为其他景观的背景树，低矮和开阔的树形可作为不同形体景物的调和树种，造型奇特的树木可作为孤植树，结合列植、群植等多种配置形式，以弥补寒地植物种类的不同。还可将不同花期和花色的树木相结合，通过色彩的设计为寒地城市增添活力。如春季有早花忍冬、金银忍冬、山樱桃等；夏季有四季锦带、刺玫蔷薇等；秋季有胡枝子、荆条等。目前，常绿树种主要是松树和柏树。草坪则往往色彩单调、形态单一，只有冬夏时的黄色和绿色。不像灌木，枝、叶、花、果四季给人以美的色彩享受，形态上也不像乔、灌木那般姿态万千、光影婆娑。

大连远洋天地住宅区是一个海边的开放式小区，沿着蜿蜒的海岸线形成了很多块公共绿地，场地内种植了丰富的植物品种，而且在常绿与落叶的搭配、植物的色彩选择、基质植物和观赏植物的选择上，具有独到的处理方式，这里的植物呈现出了层次丰富、季相分明的寒地植物景观（图7-3-4）。

沈阳建筑大学的设计理念之一是“把建筑建在田园里，把田园建在校园里”。校园在众多林立的建筑群里保留了一大片水稻田，这个稻田结合现代景观设计元素，成为校园一处具有浓厚田园风情的自然景观。这一稻田景观的用意就是要体现人与自然的和谐交融，让师生体会一分耕耘、一分收获的哲学思想。每年学校都组织教师代表和学生代表在田里插上水稻。袁隆平院士还为学校特意题词：“稻香飘校园，育米如育人”，更增加了它的人文内涵。这一稻田的设计把北方特有的农作物引入到高校内并形成了独特的植物景观，更值得一提的是，整片水稻田延续了校园教学区的整体网格，每个网格的模数为80米×80米，这为学校的未来建设发展提供了预留场地，对我们确实是一个很大的启发（图7-3-5）。

## （二）冰雪景观的特色营造

与寒冷相联系，辽宁所属的东北地区有“冰山雪窖”之称，冰雪世界是东北人较大的活动空间。自古以来东北人就利用冰雪来美化自己的生活，表现自己的个性。乾隆在《冰嬉赋序》中称滑冰为“国俗”，与骑射并列。东北人对冰雪有一种特殊的感情，把冰雪看作美的象征，成为一种地域的“图腾”，其本身具有巨大的凝聚力，体现出北国粗犷、豪爽的气质。

冰雪文化是东北地区独特的城市景观，是自然与人文景观中重要的组成部分，是地域文化的重要组成部分。冰雪在漫长的冬季里让建筑充满生机和雕塑气质，同时也吸引了大批的游客，为城市空间注入了活力和新鲜，因此“冰雪主题”也成了建筑创作中一个重要的命题，成了建筑师们进行有意识经营的一种主题文化，甚至可以说冰雪文化已经成为东北地区的一种产业。在冬季，我们可以运用冰雪材料塑造

图7-3-6　棋盘山元宵节灯会（来源：王达 摄）

冰雪城市、冰雪建筑、冰雪景观等，在辽宁地区虽然没有哈尔滨冰雪大世界那样广为人知，但棋盘山每年的冰灯游园会以及散布于各居住区的冰雪文化广场，都深受人民的喜爱（图7-3-6）。

## 第四节　通过人文环境的应对体现地域文化特点

随着现代社会、科技、经济的迅猛发展，传统时空意义的地区概念被打破，在全球化的“世界文明”倾向下，重新关注建筑与文化的特定关联，从人文环境中寻求建筑特色和自我存在是当代辽宁地区体现辽宁地域文化特色的一项重要任务，集中体现在以下三个方面：在物质层面上体现为具体的建成环境形态与建筑形式表达；在社会层面上体现为不同的生活态度与行为方式；在精神层面上体现为独特的审美方式与思考方法。

### 一、传统建筑形态的创造性延续

辽宁地区注重对传统建筑形式的研究由来已久，早在1928年梁思成创建东北大学建筑系时便十分注重传统建筑遗产的调查、整理和研究，梁先生倡导的“融合东西方建筑之特长，以发扬吾国建筑固有之色彩”即是建筑民族观的集中体现。另一重要建筑师杨廷宝也在沈阳留有建筑作品，杨先生的建筑作品在借鉴西方建筑的样式和做法的同时，注重对地方材料的应用和材质的设计表达，探索民族主义建筑形式的发展，此外，许多优秀的具有地区色彩的传统式建筑都可成为当代地域性建筑创作参考和借鉴的设计原型。

图7-4-1　抚顺市人民政府办公室（来源：抚顺市建筑设计研究院有限公司 提供）

高台建筑源于女真人登高远眺、居高保安的嗜好和生活习俗，将房屋的地坪用土填高形成基台，在台上筑房或筑楼，成为满族建筑的一大特征。居高建屋依然是辽宁地区建造房屋普遍选择的一种形式，是传统建筑形态的一种创造性延续。抚顺市人民政府办公楼始建于1996年，21层的主楼坐落在三层群房基座上，正入口大台阶直上二层，形成宽大的入口平台，这种做法和满族建筑中高台形式类似，虽然给使用者出入、上下带来了许多麻烦，但换来了对其登高心理和习俗的满足（图7-4-1）。

在北方少数民族文化和中原汉文化共同影响下，辽宁地区的传统建筑虽然在建筑形制上不过分强调礼制，但对中轴线给予了重视，以轴线统领总体布局成为普遍采用的一种方式，同时也是传统建筑形态的另一种创造性的延续。清代盛京城以沈阳故宫为中心，贯穿南北的城市发展轴线沿用至今，沈阳浑南新城的整体规划，对应沈阳故宫中轴设置了一条南北向轴线，轴线空间收放有序，各个独具特色的景观节点强化了轴向空间（图7-4-2）。

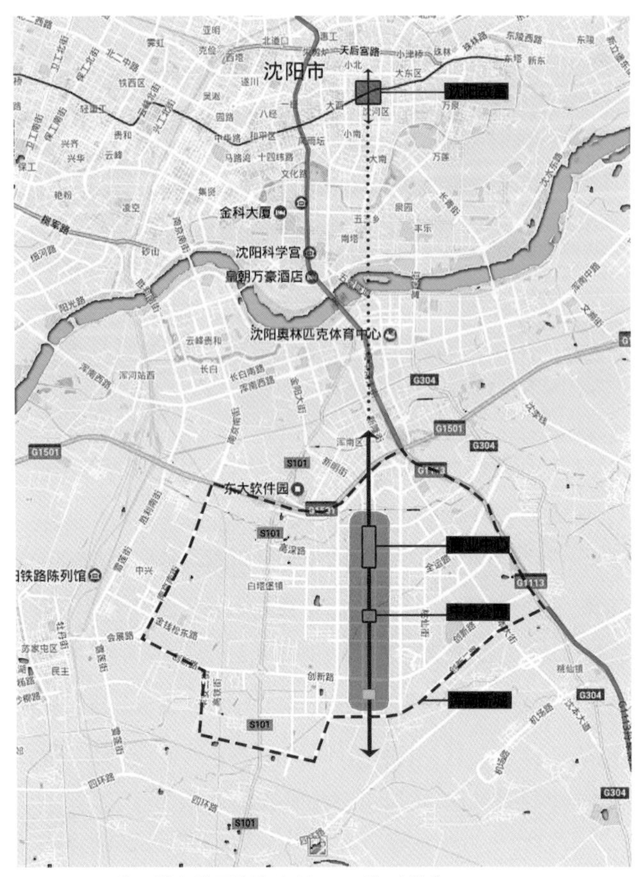

图7-4-2 沈阳城市发展轴线（来源：王达 改绘）

## 二、生活场景的重塑

辽宁地区的人们在长期的生活积累中形成特有的生活方式，这是受地域自然、文化等综合因素的长期影响。辽宁各民族热情、豪爽，善于交往，乐于与人沟通。这一方面是秉承早期迁移性居民与当地土著民族混居遗传下的交融特征，另一方面也源于近代外侨移民期间，外国居民喜爱广场等户外聚散活动的生活方式影响。同时，辽宁各民族还有慷慨、乐于助人、重感情的一面，这表达了一种古朴淳厚的民俗民风。显然这种社会学的人文关系在现代建筑创作中也是不可忽略的重要元素。在当前辽宁地区旧城改造中的居民区、历史地段及街区改造中，以类型学的角度，从社会文化的深层结构变化而出的城市空间特色营造方法的应用较为广泛。

昔日沈阳的北市，正如老北京的天桥、南京的夫子庙、上海的城隍庙地区，它在沈阳人的心目中留有不能陨灭的印象，占据着不可替代的地位，是城市中一处浸透着浓郁地方文化色彩和传统文化风情的特殊地区。中共满洲省委旧址就处在北市地区的一片平房居住区中，设计者在充分理解历史的基础上，认为该历史地段需要延续的是一种根植于人民的地下党秘密从事活动的“胡同”氛围，继而采取一系列现代的手段延续这种“场所精神”，使历史的内涵得以延续。设计从恢复“福安巷”入手，改变“旧址”已完全暴露于十字路口的窘境，避免人们失去对当年秘密工作环境的理解。由于基地条件所限，设计以一面侧墙代替已被拆除的巷东侧的民房，重新形成了“胡同”的空间效果。在胡同东侧已被拆除的民房位置，以三角形的山墙、具有现代感又反映着原建筑屋脊形象的钢架造型、原用于室内的青砖铺地和坐凳示意出当初的建筑体量与形态，也成为和平北大街旁的装饰小品和行人驻足的休憩空间。新形成的小巷之内又恢复了狭长的巷道、胡同两侧的院门、残旧的青砖墙面与石板铺地，步入其中，立刻将人们带回到当年的生活氛围之中。当年中共作为将省委机关设在这片居住区之中的选择，是出于一种植根于群众，并掩护自己真实身份的双重目的。这种生活氛围所对应的建筑形态主要地体现为“院落”的空间模式。设计以院落作为空间组织的重要元素，以“院落串”构成参观流线上的一个个空间节点，形成了空间上有开张有闭合的收放效果，也使人们时时感受到其中的生活气息。参观流线沿着重新恢复和按照基地的原有感觉塑造出来的几条“胡同”以及由它们串联起来的院落空间，形成有起伏、有高潮的序列性，并以室外参观流线为主，尽量令参观者贴近当年“胡同、宅院、平房”的空间感受。造成当年工作与生活气氛的另一个重要因素是建筑的体量。设计坚持原有住宅区低矮的建筑尺度和以“建筑、院落、胡同”为元素共同组成的空间肌理，使新增建的展出陈列部分仍按照已拆除民房的位置和体量重新建造起来。使“旧址”仍然处于一片低矮的环境之中，保持着原民房居住区的空间尺度，也与周围新建起的高层建筑形成了有效的空间分隔（图7-4-3）。

图7-4-3　沈阳中共满洲省委旧址（来源：沈阳建筑大学建筑研究所 提供）

## 三、方正直白的场域观念

辽宁的建筑布局多采用平实直白、大开大阖的空间形式，这与辽宁各民族豪爽、耿直的性格有关。辽宁地区场域观念的直白体现在多方面，从城市广场空间到建筑单体空间形态，多以完整的矩形为母体，基本不做形状上的变化，而且空间的布置和划分也受到了中国传统建筑追求的轴线、对称、均衡等设计原则的影响。

沈阳老城地区是由东南西北顺城路围合而成，面积约为1.7平方公里，是国内现存较早的传统历史街区之一。老城保持了盛京都城时期的城池格局，内城外郭、棋盘式道路网和别具一格的宫殿建筑，其中，沈阳故宫形成的东路和中路两条轴线的空间格局，拥有独特的规划布局和空间形态，体现了鲜明的地域、民族和文化特征。方城是研究满族文化和近代史重要所在，也是沈阳城市历史的缩影（图7-4-4）。

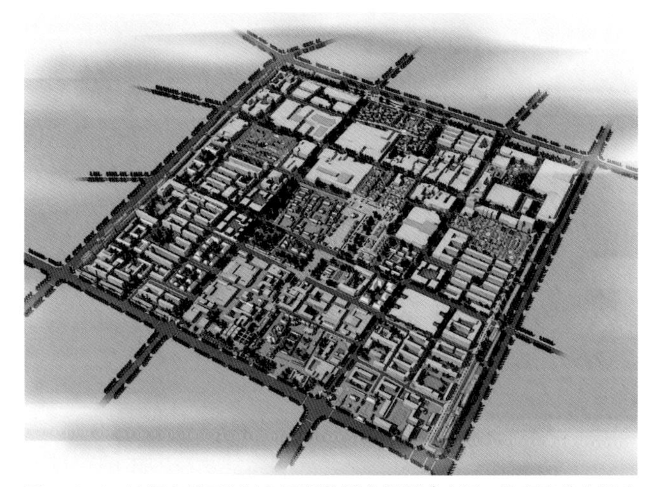

图7-4-4　沈阳老城区保护与更新的概念规划（来源：沈阳建筑大学建筑研究所 提供）

沈阳罕王宫遗址位于沈阳中街西段以北，北邻北顺城路，地处古城核心地段，如今已是城市核心商贸繁华之地。如何处理古城核心机理与现代商业空间的关系、传统建筑风貌与现代建筑元素的关系是值得思考的议题，在满足商业开发需求的同时，展示沈阳市对文化古迹保护性开发的先进理念，使之成为城市传统文化风貌的展示窗口、游客的观光体验目的地成为设计的主要目标。设计在罕王宫遗址上用玻璃制成房屋，此举既能保护遗址免受外界各因素的影响，又能模拟当时罕王宫的体制。四周方形的围护结构象征着罕王宫

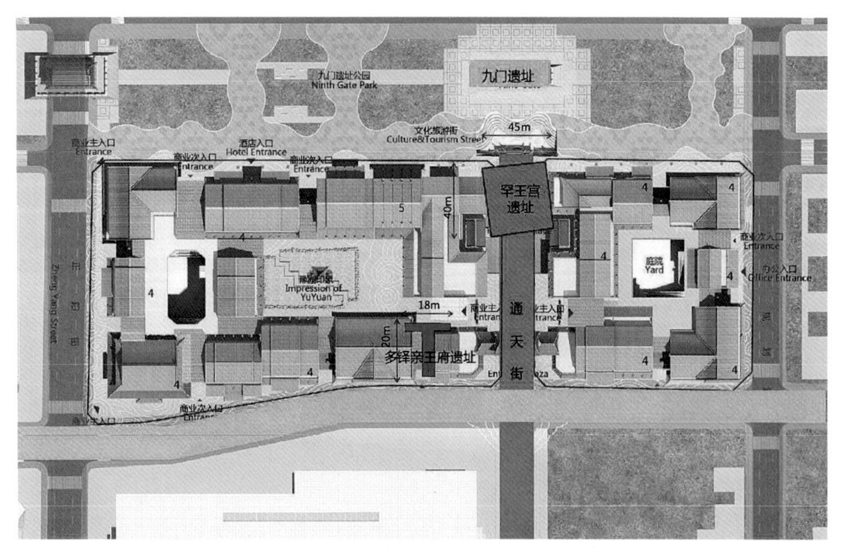


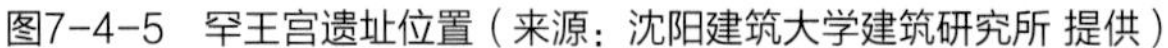
图7-4-5　罕王宫遗址位置（来源：沈阳建筑大学建筑研究所 提供）

图7-4-6　罕王宫遗址实景（来源：王达 摄）

院落的空间，其中悬挑部分代表着走进历史，形象地将人们的视线引入罕王宫遗址（图7-4-5、图7-4-6）。

辽宁地区的很多民众还习惯性地沿用“正房”和“厢房”的概念。比如在很多新建的办公楼中，很多业主都会坚持“正房”的原则，至少是所用的办公房间都要采取南北朝向，如果有大规模的会议室或其他辅助性房间，还可以有东西朝向的建筑体量。住宅建筑更是如此，东西向的住宅在销售市场上几乎没有出路。这种空间利用的方式已由地域性生活方式上升至地域性的审美层面。所以，对于一个新建办公楼或其他较单一功能类型的建筑，一字形的布局几乎是唯一的选择。这就在客观上造成辽宁地区兵营式的行列式建筑空间布局。

本章通过对设计案例特点以及设计手法的总结，具体分析辽宁地区当代建筑设计如何体现辽宁地域文化特点。在适应气候方面，强调以建筑组合、建筑自身及建筑局部的空间形态应变解决不利气候条件的影响。在应用资源方面，注重对地域特有资源的高效利用，营造舒适、宜人、和谐的建筑环境。在协调地貌方面，尊重地域自然形态和城市空间秩序，以及具有特殊意义的场所特征的隐喻表达。在文脉传承方面，注重对典型建筑形态衍变的把握，分析寻找地域传统情结的惯性延续，确认其现实合理性。在反映人文气息方面，注重生活场景的重塑，将地域传统中最具活力的部分与现实生活相结合，使之获得持续的价值和生命力。在表达审美方面，体现大气庄重、方正直白的场域观念，强调社会文化的深层影响，将审美情态与物质形态紧密结合，增强建筑认同的受众面。

# 第八章　通过空间传承与变异体现地域文化特点

辽宁地区地处辽河流域，考古发掘发现距今7万年前的远古人已经开始利用天然形成的山洞作为居所场所，这是人类最早认识并利用空间的例证，远古辽宁人从此有了空间的概念。传统建筑文化中一直注重空间的主体地位，尤其是空间形态和意向的体现。然而近年来，受经济、社会、地理、气候、材料、工艺等影响，建筑业发展时快时慢、时好时差，辽宁地区现代建筑空间设计中缺乏对地域文化和民族文化的传承，辽宁本土建筑师的经典现代作品并不多。如今，在建筑回归理性的时代，建筑师开始反思现代建筑在空间上如何反应地域特征，以及如何传承传统建筑空间的方式方法。本章将结合优秀设计案例进行归纳和总结。

## 第一节 传承地域文化特色的轴线处理手法

自古以来，中轴线在传统建筑群中发挥的重要作用是无与伦比和显而易见的。它使整个建筑群格局秩序井然、空间主次明确。沈阳为世界文化遗产——一宫两陵（沈阳故宫、昭陵、福陵）的所在地。而辽宁的古建筑群，其轴线并不完全讲究严整对称，体现礼教及中庸之道，更多的则是“轻礼教而重功能”。在显性的中轴控制下也不乏隐含其内部的隐形轴线控制，以及多条轴线并列、交叉的运用也随处可见。如今科技的进步、生活方式及审美观念的改变，今天的建筑群更加富有个性化及审美情趣。因此，现代建筑传承了古建筑重功用的特性，不仅仅利用明显的左右对称轴线关系，更包含一系列除中轴对称、多轴线并列以外的多种轴线混合处理手法，以适应当今复杂多彩的社会形态发展。

### 一、利用显性轴线呼应传统布局

显性轴线的布局方式在传统建筑群布局中分为两种：序列式和对景式。序列式是指将主要建筑中心布置在同一轴线之上，沿该轴线纵深方向依次排列；对景式则是将主要建筑成对或成组布置在轴线两侧的对应位置上，轴线位置则空闲出来作为群体空间使用。

传统建筑平面形态对现代建筑创作的影响是根深蒂固的，虽然随着时代的发展，平面布局形态早已由最初的规整严谨发展到现在的自由灵活，但大多数的建筑布局特别是一些纪念性或者特殊意义的公共建筑依然继承了这种创作手法。

建于1988年的辽沈战役纪念馆，轴线是序列式的布置手法，建筑的“凹”形平面半围合一个广场，严整对称的格局汲取了传统建筑平面布局的精髓，使人从初进陵园时那种开敞空间瞬间转换到相对凝重的氛围内，为迎接庄重、敬仰的展览内容做好心理铺陈。纪念塔、纪念馆、圆形全景画馆由南向北布置在中轴线上，并左右对称，整体建筑布局不仅契合了南高北低，高差5米的用地现状，也使得塔与馆在比例尺度上互相呼应、相得益彰（图8-1-1）。2003年将原有轴线进一步整合和强化，贯通南北园区。在南北600余米的轴线上，通过南入口门区、胜利之路、英雄广场、纪念馆前中心广场等一系列景观和功能建筑，形成了一个烘托主题的园区中轴线。南入口门区新建一座2000平方米的具有展厅和游客服务中心功能的三个抽象有力的大门，其气势宏伟，直接点明辽沈战役这一解放战争是三大战役之首的主题。英雄广场是一座借助地形高差而建的大型广场，横跨城市主干道路，将南北两园区连为一体。

阜新万人坑总体布局体现了一套严整的对景式中轴线处理手法。轴线由三个广场、两部台阶构成。首先是入口集散广场，接着顺应山势由主入口上到第二个展览广场，广场两侧对应布置展览用房及办公用房。进一步沿台阶向上，即到了整个序列的高潮部分，纪念碑前广场，高大的纪念碑终结了轴线的尽头。整个轴线上除了顶端的纪念碑没有布置其他建筑物，由底部广场放眼望去，可见纪念碑依然挺立，加上山势不太高，显得纪念碑更加高大突出（图8-1-2）。

### 二、利用隐性轴线引导空间流线

辽宁省城市建设学校整体规划围绕“生态走廊”的隐形轴线组织设计，由南到北长达200米的曲折轴线上，依次布置了教学、生活、文体板块，形成了一系列的“网络”空间。同时曲折的轴线处理既适应了地形，又满足教育类建筑规划的特殊需求。同时丰富了校园环境，营造了活泼生动的氛围（图8-1-3、图8-1-4）。

### 三、利用平行轴线并列院落布置

平行轴线在不论是官式还是民居的传统建筑中都有良好的体现。沈阳故宫东路、中路、西路形成了不同时期的并列轴线。而在辽宁民居上，由于辽宁地区地处严寒地带，自古以来，人们过着群居的生活，房屋毗邻建设，以

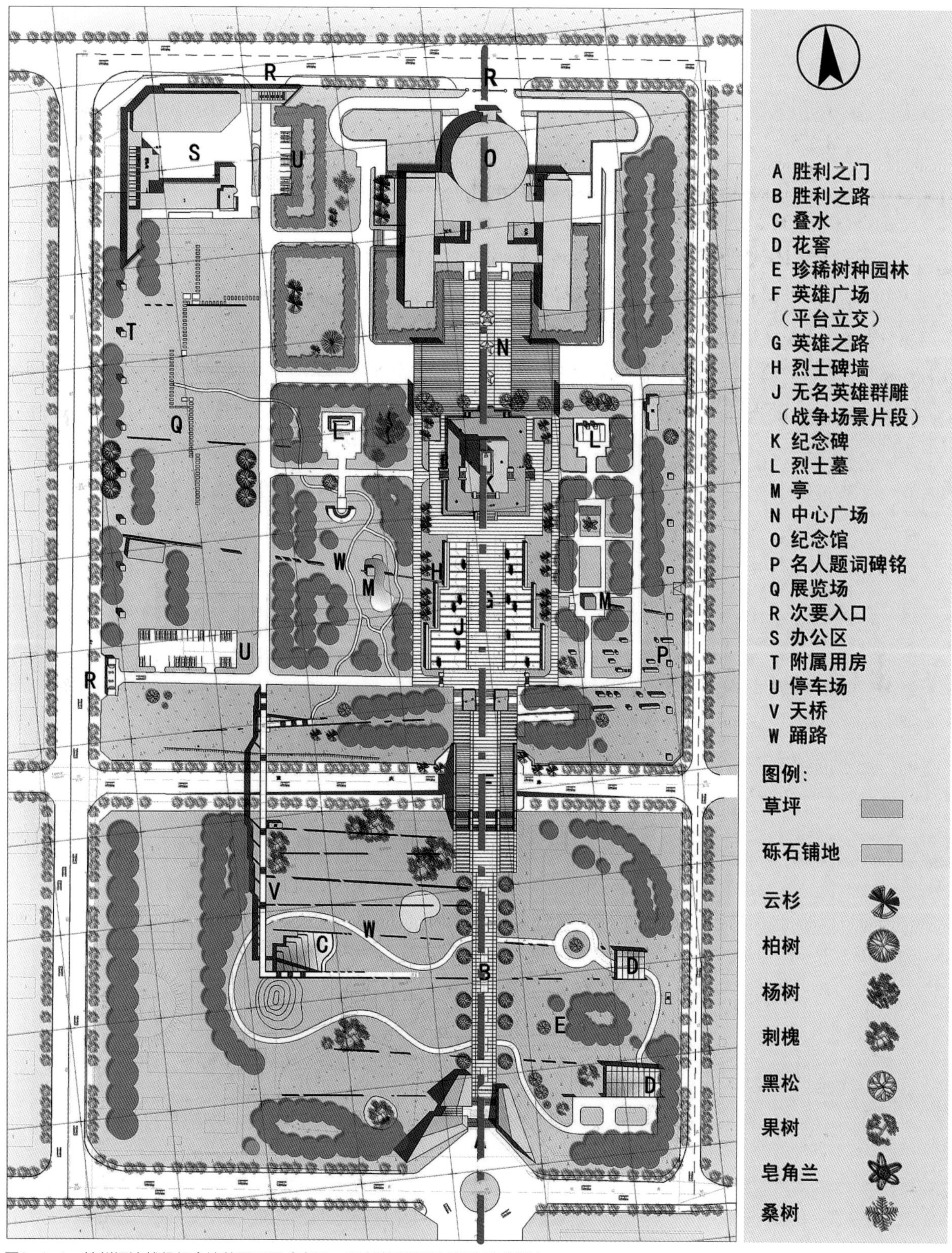


图8-1-1　锦州辽沈战役纪念馆总平面图（来源：辽宁省建筑设计研究院 提供）

减少热量损耗。在传统纵向多进院落轴线的基础上，并列排布的多个院落单元形成了平行的轴线。

辽河美术馆总体布局以内敛的传统中国庭院式的美术馆工程与开放的辽河文化广场组成，展厅单元平面组合由“九宫格”演化而来，三横两纵的平行轴线统领整个建筑布局，在统一中富有均衡变化。（图8-1-5）。

在现代联排别墅住宅区，仍旧传承了纵向院落的并排布置，形成多条平行的轴线关系。辽宁省国际会议中心部长楼（7号楼）选址在沈阳市棋盘山风景区，属丘陵地带，场地存在高差，总体规划设计结合场地高差，并对应功能体块，用三个长短不一的条形体量容纳开放的会议功能、半开放的随员客房区及私密的部长客房区。三个体块沿平行轴线布置，并精心的为每一个体块结合地势设置观景平台空间。整个布局错落有致，简洁大方（图8-1-6）。

图8-1-2 阜新万人坑鸟瞰图（来源：辽宁省建筑设计研究院 提供）

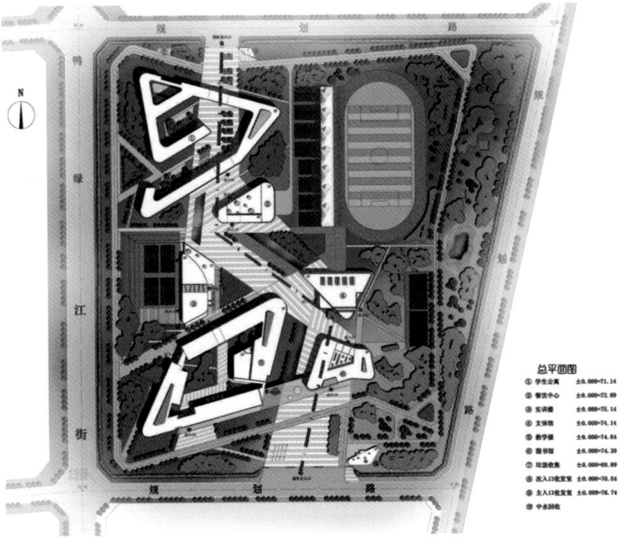


图8-1-3 辽宁省城市建设学校总平面图（来源：辽宁省建筑设计研究院 提供）

图8-1-4 辽宁省城市建设学校透视图（来源：辽宁省建筑设计研究院 提供）

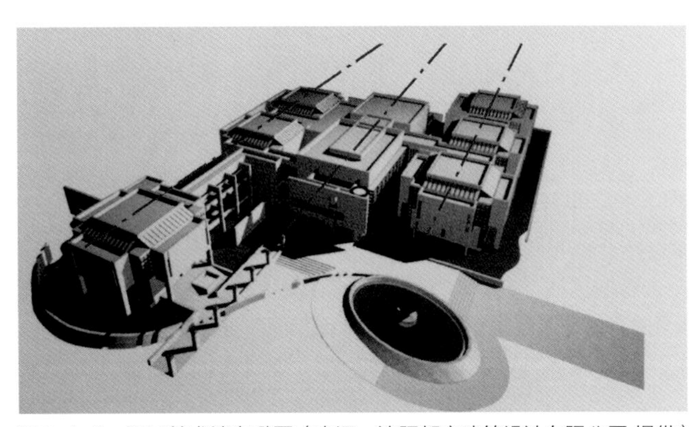

图8-1-5 辽河美术馆鸟瞰图（来源：沈阳都市建筑设计有限公司 提供）

图8-1-6 辽宁省国际会议中心部长楼（7号楼）（来源：沈阳都市建筑设计有限公司 提供）

## 四、利用叠加轴线组织空间排布

辽宁的地域特色在轴线上表现为“重功用、轻形式”的处理手法，当受到基地条件制约时，往往能运用多条互相交叉的轴线共同控制，或者利用轴线偏移、反转、叠加等手段以适应基地现状要求。

图8-1-7　大连东软信息技术学校鸟瞰图（来源：C+Z建筑师工作室 提供）

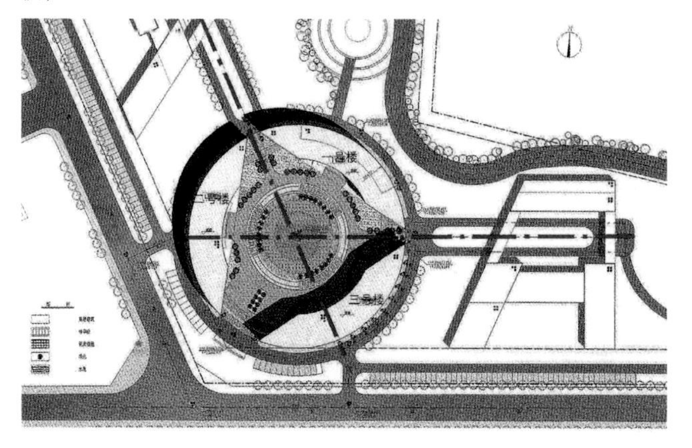

图8-1-8　大连国际软件园总平面图（来源：C+Z建筑师工作室 提供）

大连老城区规划是以交叉点出发的星形广场规划格局，东软信息技术学院的整体规划沿袭了这一规划理念，同时结合地形，将整个基地用两条相交的轴线进行连接和切换。一条是南北向连接主入口及主楼，一条斜切划分东西教学楼区。围合出的梯形空间，用建筑进行分解，同时容纳学生体育场。南侧设有50米宽的大台阶，半圆形的台阶结合一点透视形成尽端广场（图8-1-7）。

大连国际软件园，在道路交叉点处结合道路做了两条相交的轴线，在轴线上，用三个“月牙”形建筑围绕圆形广场组成，两两通过空中连廊连接。在入口及月牙形的角度，设计中做了充分的强调处理，突出了建筑强烈的震撼力与感召力（图8-1-8）。

# 第二节　传承地域文化特色的院落空间组合

## 一、院落形态处理

传统院落空间多围绕合院布置，辽宁民居中虽然也运用了“合院”的形式，但这种形式本质上对“礼制”的诉求被不断地削弱。由于辽宁地区冬季寒冷而干燥；夏季温热而短促。传统单体建筑为应对严寒气候，在建筑群组织上自然毗邻布置。而为了争取较多的日照，南庭北院则很开阔，房间距较大。单体采用特殊的构造技术，如厚重的保温材料、规整的建筑形体。在当代建筑中将传统的合院形式加入了当代的建筑语汇，在传承了传统文化的同时，满足于现代生活所需。多数平面为矩形或方形，构成及形状与我国中原传统建筑的平面构成形式的主流一致。

### （一）合院的虚实关系

中国几千年的文化积淀，早已对世界本源的整体性有了充分的认知。建筑空间主张“天人合一”，强调虚实相生、阴阳互补、形散而神聚。

从沈阳故宫古建筑群来看，并非每进院落都完全一致，整齐划一，而是建筑与院落此消彼长。建筑为“实”，院落为“虚”，互为补充。一实一虚，一开一阖。虽没有完全整齐或对称，但并不影响整个群组的整体性及完整性。

### （二）合院的组织形态

凹舍是著名艺术家冯大中先生的住宅，同时也是作其工作室及美术馆使用。地处喧闹的市中心，外部林立高楼大厦，与使用者的人文情怀似乎存在着不小的差距。该设计营造了一处对外封闭，对内开敞的中式内向空间，使该建筑既有相对安静的创作与居住空间，又赋予来访者一种神秘又深邃的文化感受。该项目利用了合院的形态进行变体，使得建筑整体既传统又现代，是不可多得的优秀作品。建筑师没有采用双面对称斜屋顶，采用具有现代感的内凹“砖盒子”，取含义为“四水归堂”。凹形屋顶对周边杂乱的市井生活起到屏蔽作用，这里形成了巨大的场所感。内院能够看到的只有远山、天空及明月。玻璃、砖等材质的运用，使建筑的内向性与外向性完整结合（图8-2-1）。

图8-2-1　凹舍效果图、屋顶（来源：陶磊建筑事务所 提供）

## 二、院落秩序安排

### （一）院落形态的强化

鲁迅美术学院大连校区总体规划通过传统类型学中中国和古希腊城市肌理的共通之处，形成了一座东方和西方文化圈共生性的两者统一的场所，从而具备了国际化校区所要求的品质特征。这里动态的地形条件作为一个鲜明的景观元素，通过一个精密的、符合四方朝向的方形基础图案，形成一个个大小相等、整齐摆放的内向合院，又如同在自然表面盖上的并具有模块化同等大小的“印章”，显得更加突出。由此而形成的道路联系在南北形成主要水平街道，而在东西随着地形形成小巷。小山丘作为特征化风景元素和瞭望点，没有被纳入建筑范围之内，使其成为建筑区域的对比，他们和其间的山谷一起成为城市肌理背后的靠山。总体规划具有鲜明的轴线及秩序，且与园林景观相辅相成，风格完整而统一（图8-2-2）。

邢良坤陶艺馆建筑内部空间设计运用了合院的变体，合院由大到小，由开敞到私密，对应邢良坤先生作为陶艺艺术家的设计思维演变过程，由粗到精，由浅入深。同时将空间高差错落布局，多样围合。结合场地自然环境设计使内部空间流动并富有趣味。

沈阳建筑大学新校区建筑是以80米×80米的“口”字形平面作为基本单元组合而成的网格状布局。每个单元的连接点即交通和辅助空间，在建筑内可以通达每一间教室、办公室以及博物馆和图书馆。每个学院都有属于本部分的单独出入口，既可相互连通，又可单独对外（图8-2-3）。

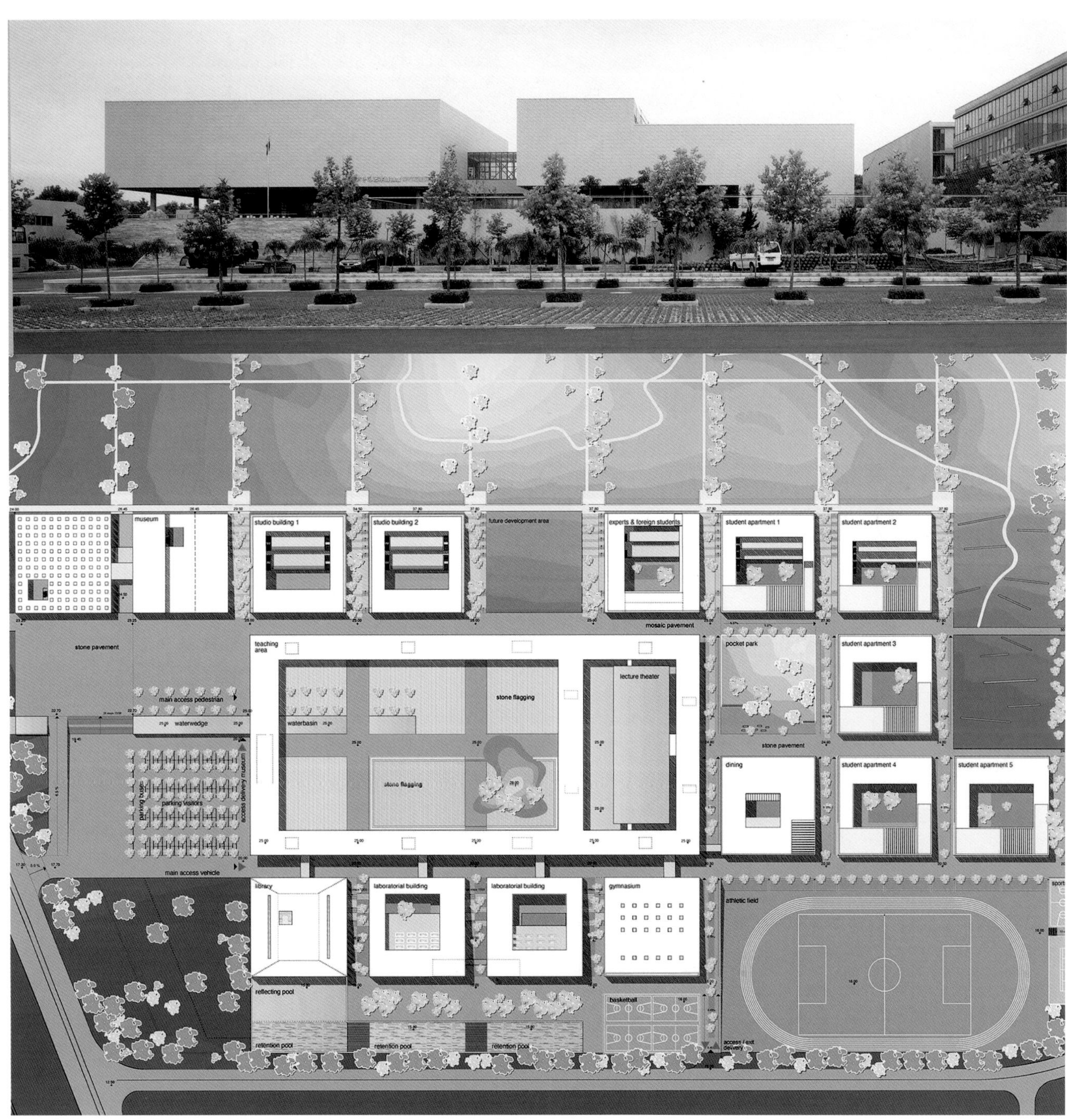


图8-2-2　鲁迅美术学院大连校区外观及平面图（来源：辽宁省建筑设计研究院 提供）

图8-2-3 沈阳建筑大学鸟瞰图（来源：张沛楠 摄）

### （二）布局中心的消解

辽河美术馆文化广场的设计突出了以辽河流域文化融汇北方文化的自然历史特点。以向心汇聚的集合构图来暗喻这种文化精神。整个建筑群体呈变幻的九宫格布置，同时建筑与广场相互围合成一角度，提供了广场多元化的空间氛围，避免了中心感过强所带来的纪念性。文化广场在铺装上也体现着社会自然与人文的文化交融。以硬质景观设计为主的广场，配有下沉集会广场与儿童嬉戏场地，提供多方位的市民活动空间的同时，又可为大型室外展示提供场所。刚劲的建筑体量配合柔美的广场曲线，使整个空间更显丰富（图8-2-4）。

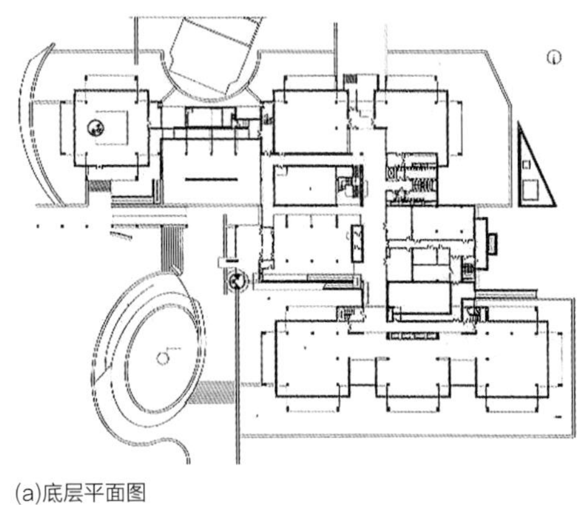

(a)底层平面图

(b)二层平面图

图8-2-4 辽河美术馆平面图（来源：沈阳都市建筑设计有限公司 提供）

## 三、高台院落空间

辽宁地区居民在很早以前曾经有大批是来自东北长白山一带的女真族祖先的后代，即后来的满族人。女真人居住在山区，以狩猎为生，因此习惯性地喜欢择高而居，不仅是保持一种防卫的优势，也是身份尊贵的象征。因此满族当时的

图8-2-5　辽西地区民居（来源：黄欢 摄）

图8-2-6　东北大学新图书馆鸟瞰图（来源：东北大学建筑学院 提供）

宫殿和民居夯筑高台是把整个院落抬高，沿袭下来在现代建筑中也有很多单体抬高的做法。

如今，在辽西一带农村有很多居民喜欢将自家房屋建在两三米高的夯土台基上。由南侧门前台阶拾级而上，是一个宽敞的户外平台活动空间，平台下部布置仓房以备杂物。整个房屋呈现类似“一明三暗”的“口袋房”空间。此类房屋在辽宁农村随处可见，广为流传（图8-2-5）。

现代居住建筑中也不乏将整个小区或小区内某组团整体抬高的做法，也有将高台院落变异而更符合现代生活的高台做法。

东北大学新校区图书馆位于校园总体规划中轴线上，也是园区中心位置。面对校园正门，其被四个学院教学楼所围合，为突出图书馆作为园区中心的统领地位，而将本来体

图8-2-7　东北大学新图书馆外观(在建)（来源：黄欢 摄）

量、高度都略低于其余四个学院建筑的图书馆整体抬高，置于高台之上。由于建筑正在建设之中，实景中看不到台基处理（图8-2-6、图8-2-7）。

## 第三节　传承地域文化特色的空间组织序列

古人很久以前就意识到了时间对空间的延展作用，因此空间随着时间的流动，产生了序列。在辽宁的宫殿建筑中，多有体现。现代建筑中，运用序列来烘托气氛、组织空间的做法更是层出不穷。

### 一、以情感组织的空间序列

老子在《道德经》中提到万事万物的此消彼长、相辅相成的状态，有高才有低，有弱才有强。伟大的建筑师在空间设计中，则表现为用“欲扬先抑”的艺术手段，用幽暗、封闭、压抑的空间变换到开阔、明朗、华彩，将使用者的情绪推向高亢、激昂的制高点，从而形成强烈的艺术感染力。

沈阳故宫东路的“十王亭”为了衬托主体建筑大政殿，无论在体量、材质、颜色、细节上都弱于后者。而大政殿则建于条石雕砌的须弥座上，殿顶为八角形攒尖，殿前蟠龙饰

柱，殿内空间高大宽敞。大政殿与十王亭形成了鲜明的对比，使得等级制度更加强烈，突出了统治阶级至高无上的权利。

现代建筑空间则运用体量对比、疏密对比、明暗对比、材质对比、色彩对比等手段表达某种特定情感，往往比单纯的渲染增强更具感染力。

锦州辽沈战役纪念馆的展陈序列是运用对比烘托高潮的典型实例。基本陈列设有序厅和战史馆、支前馆、英烈馆、全景画馆 4 个专题馆。观众进入纪念馆，首先经过序厅和战史馆，对东北解放战争的背景及经过进行讲述。随后通过坡道进入地下一层的支前馆，展现了人民群众支援前线、踊跃参军的景象。随后通过坡道进入地下二层英烈馆，展现了英烈浴血奋战的英名和功绩。气氛变得安静而凝重。最后沿着封闭、幽暗的螺旋式坡道盘旋而上进入全景画馆，惊心动魄的战斗场景豁然出现在眼前，栩栩如生，加之激昂的讲述、渲染气氛的灯光和炮火连天的音效，把整个展陈序列推向高潮。观众压抑的心情随之振奋，并达到深入人心的效果（图8-3-1）。

阜新万人坑遗址陈列馆的主题是“平静的力量”，整个序列不是慷慨激昂，而是安静而沉稳。细细品来，也不乏抑扬顿挫的节奏感，用寂静的氛围渲染传达对遗骸的无限尊重。建筑流线清晰明了，进入序厅后，由一条黑暗、幽深的“矿井隧道”进入，主展厅开阔流畅，展陈方式丰富多样，整个展厅平和而安静，建筑气氛由低沉压抑逐渐明朗，最后在预示着希望的明亮尾厅中结束，铭记历史、发奋图强的象征意义不言而喻（图8-3-2）。

## 二、以时间安排的空间序列

步移景异在古代官式建筑中被运用得极其频繁。从沈阳故宫的中路出发，主体建筑坐落在中轴线上，观者沿中轴线每穿过一座主题建筑，进入一进院落，景致都有所不同，所表达的情感也不尽相同。

辽宁古生物博物馆，建成于2011年，坐落于辽宁省沈阳市。本方案合理布置空间，将研究部分下沉，使之与展览部分隔开，互不干扰。同时，开辟精品研究展厅，用大片落地玻璃与中厅相连，让观众可以看到研究者的部分研究活动，深入了解古生物的挖掘和保护工作，增加公众的参与度。由于古生物博物馆要求空间巨大，层高很高，而基于投资和经

图8-3-1 锦州辽沈战役纪念馆空间序列（来源：黄欢 摄）

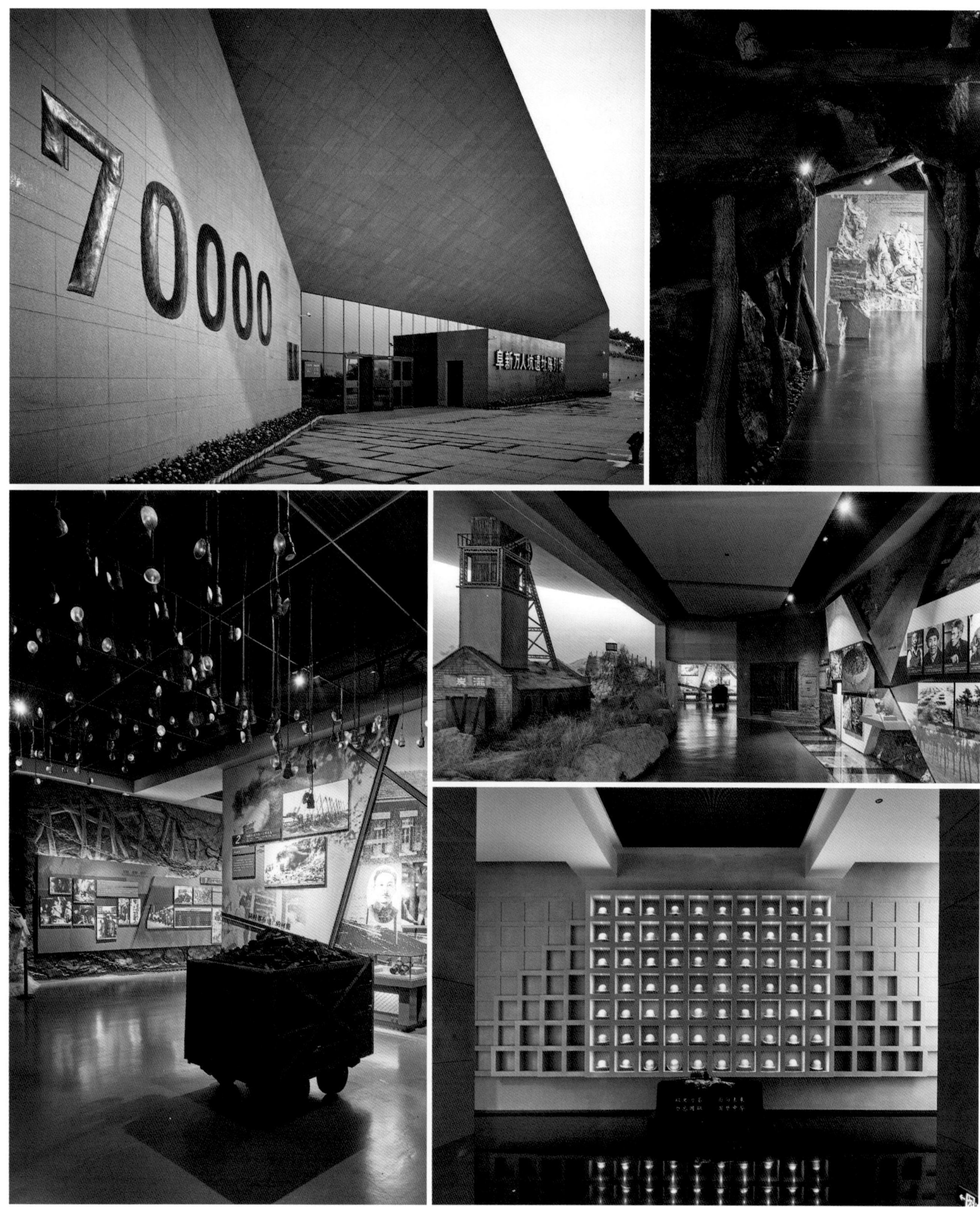


图8-3-2　阜新万人坑空间序列（来源：辽宁省建筑设计研究院 提供）

营原因，不能全部设置人行扶梯。这样，观众在参观另一层时，必须爬很高的楼梯。尤其参观后期，体力、精神都会变得疲劳。为解决这一问题，一般展厅围绕中央展厅布置，展览空间由上而下层层有序展开。首先，在观众体力和情绪最好的时候，通过“峡谷”，边参观边引至顶层，由上而下参观。其次，将展厅分成两部分，做错层处理，观众上下半个楼层就可以参观另一部分，会感觉身体轻松、精神愉悦。同时呼应了观展的时间概念，展览流线构想从上而下参观，展览按地质年代顺序由下而上布置，观众逐步进入中生代世界，完成一次时间之旅。入口以裂谷开始，将观众直接带到野外的化石发掘场景，而展览在完全封闭的空间中进行，观众仿佛置身于中生代的缤纷世界（图8-3-3、图8-3-4）。

沈阳市图书馆、儿童活动中心位于沈阳市规划金廊地带，建筑环抱着一棵历经沧桑、见证百年历史的老柳树。为了保护这棵活的文物，建筑师在此倾注了很多的心血。图书馆和儿童活动中心因为这棵大柳树而形成相反的阴阳交替的互补关系。图书馆的展览空间与儿童活动中心的中庭空间共同环抱着因保留大树而形成的小广场，一个新的室外空间的中心，作为儿童活动中心枢纽空间的室内中庭空间在此得以延伸。图书馆正门附近的墙体特意被设计成透明的玻璃幕墙。站在图书馆的大厅内，透过明亮的落地窗，可以清晰地看到百年老柳树的时间荏苒、四季变化。所谓“静观其变”的空间理念得到很好的诠释（图8-3-5）。

## 三、以意境贯穿的空间序列

中国传统文化中，从文学到乐曲，从绘画到建筑，都认识到意境的重要性。主流思想有“情景交融”“哲学意味”“诗意空间”“互动参与”“象外之象”“弦外之音”等。建筑空间意境亦在其中，其表达了建筑空间具象的有限范围之外的某种思想，使建筑具有生命力。

辽宁古生物博物馆在外形设计中营造了一个巨大的峡谷空间。由于辽西的“热河生物群”古生物化石是由该地区独特的中生代地质构造所形成的。该工程设计运用辽西地质构

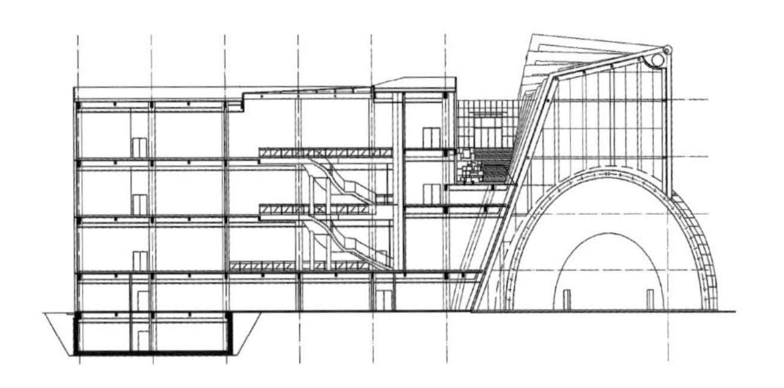

图8-3-3　辽宁古生物博物馆剖面图（来源：辽宁省建筑设计研究院 提供）

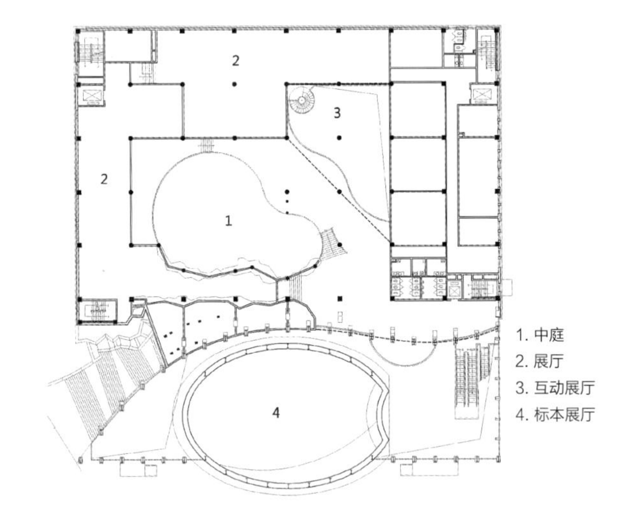


图8-3-4　辽宁古生物博物馆底层平面图（来源：辽宁省建筑设计研究院提供）

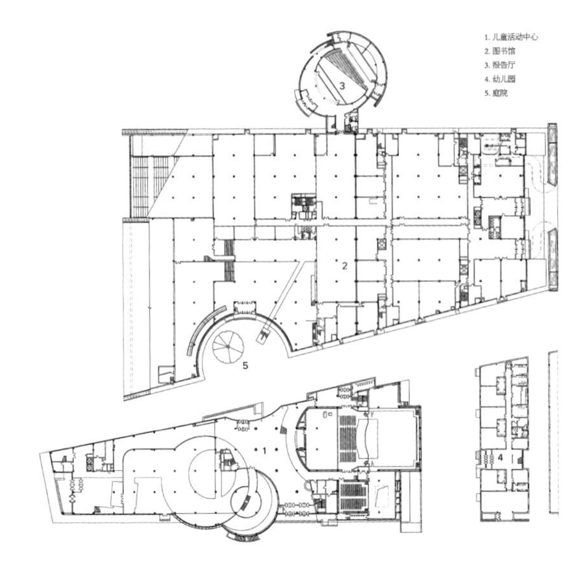


图8-3-5　沈阳儿童活动中心底层平面图（来源：辽宁省建筑设计研究院提供）

图8-3-6　辽宁古生物博物馆外观（来源：辽宁省建筑设计研究院 提供）

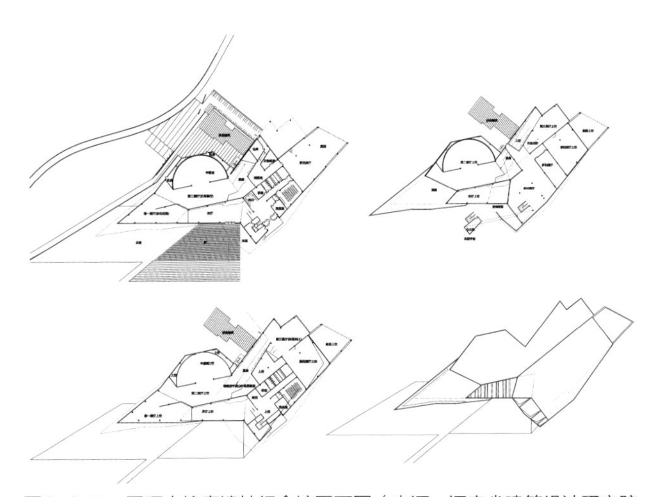
图8-3-7　平顶山惨案遗址纪念馆平面图（来源：辽宁省建筑设计研究院提供）

造这一“地方特色”，设计了一个象征性的峡谷和一面层层沉积的巨型山崖，给人以身临其境之感。空间造型构想紧扣中生代化石主题（图8-3-6）。

抚顺市平顶山惨案遗址纪念馆主体平面形状似和平鸽，寓意人民向往和平、热爱生命的主题。全馆展览部分由一个序厅、四个展厅和一个半景画组成。观众首先经过室外缓坡进入序厅，通过图片、浮雕主要了解惨案发生的背景。再由缓坡进入第一展厅，讲述东北沦陷及辽东抗战。第二展厅主题是日军暴行，由实体比例雕像和半景画两部分组成。第三展厅展示了在惨案发生现场搜集的遗物。第四展厅展示平顶山地区在改革开放以后人民安居乐业的幸福生活。高大空间舒缓了观众的情绪，让观众更加体会到只有国家强大才能带来和谐发展。本纪念馆为国家级红色旅游项目之一，错落起伏的空间流线，均衡又有力度的体形变化充分展现了该纪念馆应有的严肃主题（图8-3-7）。

## 四、以共鸣唤起的空间序列

建筑所陈述的思想、所表达的情感，可引起使用者及参观者的共鸣，成为建筑艺术所传达的灵魂载体。空间被赋予了思想，便能唤起使用者的情感共鸣，往往能达到事半功倍的效果。这种力量超脱了物质的载体，却能作用于每一位使用者的心灵深处。

辽宁阜新万人坑遗址馆,注重以空间表达纪念主题与生命。整体造型呈纯净的几何形体,在巍巍青山的对比下显示出简洁的力量。最有力的处理当属遗址馆遗骨瞻仰的空间，一条狭长的参观走廊，一面是遗骨，一面是透着点点光斑的青石墙体，象征着死难者不朽的灵魂。昏暗的灯光处理，更加突出了白骨和灵魂的刺眼，参观者对死难者同情和悲哀的情绪被唤起。走廊尽头可眺望远处青翠的山谷，又唤起人们对和平的向往，惟愿逝者安息，生者如斯（图8-3-8）。

## 五、以相似再现的空间序列

建筑群体布局中将相似的空间、相似的颜色、相似的感觉反复运用，可使整个群体格调一致。用相似而非相同，则避免了大量的雷同造成的繁复、枯燥之感。

大部分宫殿群及寺庙建筑群在外行看来都不尽相同，而

图8-3-8 阜新万人坑外部环境及室内（来源：清华大学建筑设计研究院有限公司建筑与文化遗产保护研究所 提供）

图8-3-9 蒋少武摄影博物馆、艺术馆（来源：辽宁省建筑设计研究院 提供）

图8-3-10 蒋少武摄影博物馆、艺术馆平面图（来源：辽宁省建筑设计研究院 提供）

细部则隐含着千差万别。沈阳故宫建筑群中沿中轴线一再重复相同或相似的体量，尤其东路及中路沿中轴线两侧对称布置相似体量，以达到整个建筑群体的协调统一，深入人心。

现代建筑中，创造性地继承这一传统，并把这种重复与再现大量运用在各式各样的建筑群体及单体中，以期整体协调统一。同一相似的空间经过精心的设计，用过渡空间进行连接和穿插，就会在人们行进过程中，既感觉到空间的一致性，同时通过建筑空间所体现的韵律感控制游览的节奏感。参观者在进入下一个相似空间时，即可带入上一个空间的再现，两个或者多个相似空间在时空中互相佐证，互为补充，令空间感受更加丰富。这种韵律的产生可以通过建筑面积大小、体量不同以及建筑元素的排列疏密、重叠，建筑色彩的搭配运用来达到出神入化的境界。

蒋少武摄影博物馆、艺术馆项目包括一期、二期：一期包括蒋少武摄影博物馆（一号馆）、临时展示馆（二号馆）以及摄影工厂；二期包括综合馆（三号馆）、三个集装箱咖啡厅以及三所艺术家工场。目前只一期建设完成，在总平面布局上，根据现状地形标高，将用地分为三个不同标高的台地：展示区——三座主展馆位于绝对标高为78.5米的台地；交流区——三个集装箱咖啡厅位于绝对标高为80.5米的台地；创作区——四所艺术家工场位于绝对标高为82.5米的台地。三个标高的台地及景观绿化与不同标高的建筑相互穿插、呼应，错落有致，统一中有变化，形成人工化与自然化结合的形式。利用现有的不同标高台地，通过不同标高层次的环境设计，营造丰富、立体和富有个性的绿化景观。同时基地中保留了全部的现有大树，展示区西北角第一栋建筑躲开了大树，扭转了自己。三个馆形态相似，反复出现以加深印象，重复的韵律正是纪念性建筑的有力手法之一（图8-3-9、图8-3-10）。

盘锦锦联·经典汇商业街也是运用此类手法的经典之作。远望时建筑群无论从色彩、材质、样式上看，整体感很强，待走入其中，每个围合的空间则都不尽相同。丰富的细节处理，令人徜徉其中，目不暇接，却并不感到疲倦乏味。每个特意营造的室外空间又各具不同，建筑具有可识别性，是现代商业空间处理的手法之一。盘锦锦联·经典汇商业街通过对相似空间的连续刻画，使整条商业街区空间既连为一体，又富有变化。人们徜徉其中，似曾相识又未曾见过（图8-3-11、图8-3-12）。

图8-3-11　盘锦锦联·经典汇商业街沿街透视图（来源：C+Z建筑师工作室 提供）

图8-3-12　盘锦锦联·经典汇商业街鸟瞰图（来源：C+Z建筑师工作室 提供）

# 第四节 传承地域文化特色的单一空间营造

## 一、过渡和缓冲

衔接与过渡空间除了应用在出入口位置，也多使用在两个主要空间之间，起到缓冲情绪、控制节奏的作用，使整个建筑群体产生抑扬顿挫的节奏感。同时利用过渡空间与主题空间形成对比，更加突出主题空间的思想。东北汉族民居中普遍使用的“一明两暗”居住模式，正是运用了前厅作为缓冲空间。

在辽宁当代居住建筑中，通常在入口设置门厅。由于北方人性格粗犷豪爽，更易于接受“敞亮”“大气”的门厅作为过渡。门厅内可以布置电梯、服务台等。

同时，过渡空间也应用在展览性建筑中，在两个主题展厅之间，通常会设置供参观者休息、调整的过渡空间作为衔接。参观者在两个大展厅之间会经过不同类型的过渡空间，经历从小到大、从大到小、从明到暗、从暗到明、从低到高、从高到低的变化过程，这种过渡空间可以比主展厅大，作为一个共享大厅；也可以比主展厅小，作为辅助用房，安排电梯、卫生间、休息室等。意在强调对比和变化，整个过程使参观者在记忆中留下深刻印象。

辽宁省档案馆的主要功能空间分为对外服务区、档案库房区、展厅、技术业务用房、办公区等。各功能空间之间既需要联系又互相独立。运用连廊作为衔接过渡空间，将几个大的功能体块串联起来，既保证了建筑整体形象的完整性，又实现了外立面错落有致、变幻多端（图8-4-1～图8-4-3）。东北抗联史实陈列馆设计要求保留和利用原有小学校建筑，建设新展馆，形成一座红色旅游和爱国主义教育示范基地。主要矛盾是基地处于城市边缘，地形较为复杂，新旧建筑在功能、形态方面面临重新整合利用。设计师巧妙地将新建建筑进行扭转，并通过过渡空间与旧建筑进行缝合，使这座小建筑形成一组完整的空间序列：改造垃圾填埋场而成的市民公园、馆前主广场、连接6米高差场地的序厅、门厅、三个主展厅、跨越序厅的连廊、英烈厅、与保留小学建筑围合的院落、报告厅、出口广场，新旧建筑被缝合在一起，相得益彰，也解决了诸多矛盾（图8-4-4、图8-4-5）。

图8-4-1 辽宁省档案馆（来源：辽宁省建筑设计研究院 提供）

## 二、变形和扭曲

沈阳故宫东路总体布局中，为突出中央集权的主题，十王亭呈外八字形以大成殿为中心布局，是汉族空间与满族传统的结合，打破了汉族传统古建筑群横平竖直的布局方式。

图8-4-2　辽宁省档案馆平面图（来源：辽宁省建筑设计研究院 提供）　1.对外服务区　2.档案库房区　3.展厅　4.技术业务用户区　5.办公区

图8-4-3　辽宁省档案馆室内（来源：辽宁省建筑设计研究院 提供）

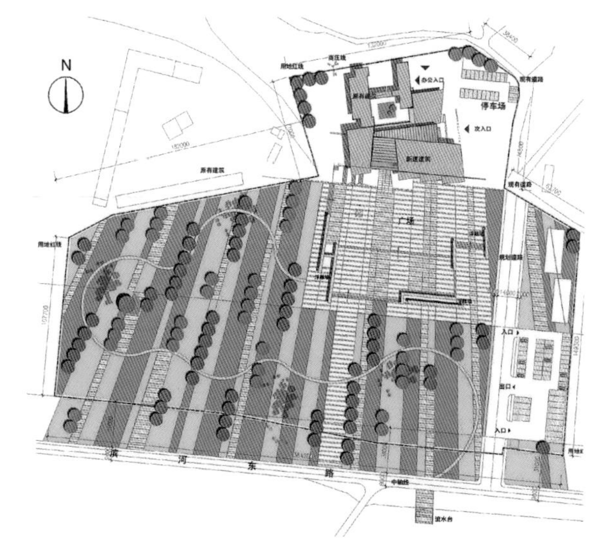


图8-4-4　东北抗联史实陈列馆总平面（来源：辽宁省建筑设计研究院 提供）

图8-4-5　东北抗联史实陈列馆外观（来源：辽宁省建筑设计研究院 提供）

而现代建筑中，由于建造技术的加强，大大提高了空间形式自由度。总体用地不再局限于方正空间，同时也可利用空间的变形以表达特定情感。

### （一）不规则用地范围内的空间变形

凹舍建筑由双层墙组成，外墙为适应基地形状与周边环境协调一致，内墙平行于建筑主体，而将夹角空间留给庭院处理，双层墙体的使用给建筑空间带来了神秘感和趣味性（图8-4-6）。

### （二）纪念性建筑的空间变形

阜新万人坑及平顶山惨案纪念馆入口空间外部处理都将外墙向上向外拉伸，形成扭曲、尖锐的空间形态。诉说着死难者的痛苦和挣扎，静静地表达了对死难者悲惨遭遇的缅怀和哀悼（图8-4-7）。

而平顶山惨案遗址馆的内部空间上，则大量运用了三角形的锐角空间，使参观者随着进入的空间越加感到压抑，到达最窄空间时，忽然眼前出现成片、大批的遗骨展示，使观者感

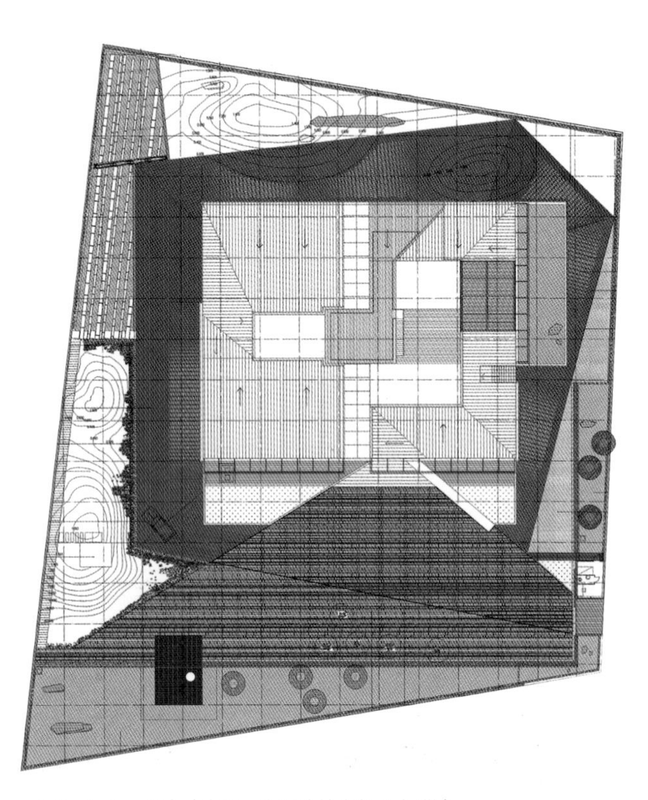

图8-4-6　凹舍（来源：陶磊建筑事务所 提供）

图8-4-7 阜新万人坑遗址陈列馆入口（来源：辽宁省建筑设计研究院提供）

图8-4-8 平顶山惨案遗址馆室内（来源：黄欢 摄）

图8-4-9 大连现代博物馆柱廊（来源：黄欢 摄）

情在压抑后瞬间爆发，达到整个序列渲染的高潮，加之室内幽暗、安静的氛围更加强了沉痛的心理感受（图8-4-8）。

## 三、分隔和融合

辽宁地区寒冷的气候特征，加上自古以来地广人稀，使得东北人民独具粗犷、开朗、豁达的性格特征，表现在建筑上为力求大型开敞空间为主。但在古代建筑技术的约束下，结构所需的柱子又是必不可少的。相对于大空间，古人巧妙地将柱子的设置结合天花、地面等对整体大空间进行划分，分割出主体空间与辅助空间，以适应不同的功能要求。

### （一）利用柱子进行空间分隔

现代技术中钢筋混凝土框架结构的运用使得大空间技术得以实现。但出于节约造价、丰富空间方面的考虑，通常通过列柱和夹层将单一空间分割成若干部分。在保证功能和机构合理的前提下，使得柱子的设置既有助于空间形式的完整统一，又能利用它来丰富空间的层次与变化。

大连现代博物馆外形将建筑主体与广场结合，运用三面方正的列柱围廊围合出博物馆前的休闲集散空间（图8-4-9）。

### （二）利用夹层、电梯等进行空间分隔

室内夹层的设置也会对空间形成一种分隔感，相对于列柱的竖向分割，夹层的设置主要在于横向分隔。公共建筑中

图8-4-10 大连国际会议中心室内（来源：大连市建筑设计研究院有限公司 提供）

的大厅可以运用夹层的设置达到意想不到的效果。此外，大空间内楼梯、自动扶梯、景观电梯的设置不仅丰富了空间层次，往往还可作为一个重要的景观节点。

大连国际会议中心以“山海”主题贯穿了整个建筑设计，室内设计皆围绕“海”的文化进行塑造和修饰，将大连海滨的地域特色融合到国际化的设计手法中，创造了一个完美的艺术文化空间。空间夹层、回廊等犹如“海浪”共同存在于大空间中，并通过自由、扭转、优美的空间形式，使整个大厅现代感十足（图8-4-10）。

### （三）利用天花、地面、墙面进行空间分隔

传统宫殿及寺庙建筑中，在宝座、佛坛上方会有藻井以突出空间的主体地位。特殊的天花处理，透视感也十分强烈，引导人的注意力至某个特定方向。

地面及墙面通过不同材质的铺装自然会划分空间的使用功能。传统建筑中运用不同的材质来显示地位的尊卑，而现代建筑中主要依据使用功能需要，材质更具丰富多样，亦起到引导、限定及渲染气氛的作用。

阜新万人坑入口空间的顶棚处理结合入口煤矿工人的雕塑，在顶部利用人工照明处理，犹如煤矿裂开、重见天日的精神主题。同时，天花“开裂”的处理也引导了观者视线，限定了雕塑空间范围，同时指引了参观流线(图8-4-11)。

万人坑纪念馆接近尾声时，墙面摆放着矿工帽，顶部天花处理成巨大的LED显示屏，动态显示着蓝天白云悠悠，预示着今天的人们过着幸福美好生活的同时，将永远铭记历史。这是现代工艺材料下，运用天花的典型代表(图8-4-12)。

辽沈战役纪念馆序厅顶部天花处理为三个闪闪的红星，与地面正中浅色大理石地面共同引导了参观者流线。并与室外广场正中的红心在同一条线上，互相呼应，内外贯通(图8-4-13、图8-4-14)。

## 四、渗透和层次

从空间创作角度来说，墙的“隔”与“漏”是实与虚相生、有与无相合的哲学思想反应。两者统一才能变幻出层次丰富的空间效果，从而通过丰富的层次，层层推开，前呼后应，此起彼伏。

中国传统建筑空间中，对墙的分隔功能运用十分讲究，墙不只要分隔出内外空间，更是扩大了空间想象。有时隔并非完全的隔断，而是互相分隔又互相渗透。

图8-4-11　阜新万人坑序厅（来源：辽宁省建筑设计研究院 提供）

图8-4-12　阜新万人坑尾声（来源：黄欢 摄）

图8-4-13　锦州辽沈战役纪念馆室外广场（来源：黄欢 摄）

图8-4-14　锦州辽沈战役纪念馆序厅顶部天花（来源：黄欢 摄）

图8-4-15　本溪凹舍木格栅（来源：黄欢 摄）

## （一）运用砖墙砌筑花样进行渗透

本溪“凹舍”适应东北寒冷地域性格，专门定做了色彩温暖且有着保温良好的600毫米大砖。为使厚重的材料显得轻盈、剔透，结合垒砌的手法，借鉴传统砌筑漏窗的手法，将砖石砌出花样的表皮，光线从砖的缝隙里渗透到室内，这种渐变模糊了室内和室外的界限。

## （二）运用木格栅进行渗透

在相对封闭的凹舍中，部分围墙被角度各异的木格栅代替，从格栅向内院望去，内部精致若隐若现，似透非透。给内部空间一个喘息的出口，给外部空间一个好奇的理由(图8-4-15)。

## （三）运用玻璃幕墙进行渗透

凹舍内部空间上，局部采取大面积的幕墙分隔内外，让室外的绿色毫无保留地进入室内，引领人的视线在室外空间中蔓延。利用幕墙进行渗透，可以说是传统的渗透手法与现代材料的巧妙结合(图8-4-16)。

图8-4-16 本溪凹舍的玻璃幕墙（来源：陶磊建筑事务所 提供）

图8-4-17 沈阳青建明清册的漏窗（来源：黄欢 摄）

图8-4-18 锦州辽沈战役纪念馆的内部隔墙（来源：黄欢 摄）

## （四）运用漏窗进行渗透

现代生活不仅讲究邻里之间的交流，更注重各自的私密性。

“明清册”回归古典园林的粉墙黛瓦围合设计，在有限的空间内将庭院和建筑收纳其中，在4.5米围墙内，再造无限景观空间。粉墙上设置各式漏窗，在满足北方冬季采光需求的前提下，同时增添立面效果和空气流通 (图8-4-17)。

## （五）运用内部隔墙进行渗透

锦州辽沈战役纪念馆地下二层英烈馆，在大空间内用短墙错落排列分隔出一面通透、一面连续的趣味流动空间，不仅增加了墙体展示面，也增加了空间的渗透性，使整个展示空间更加富有层次（图8-4-18）。

辽宁地区的建筑空间，体现了兼容并蓄的地域文化特征。空间处理上弱化一成不变的规律，向更适合生产生活的方向不断改进，接纳各方带来的优秀方式方法。空间表达上更加简洁直白、和谐生态、自然灵活。

本章通过对省内优秀案例的分析，探讨了现代建筑空间传承传统空间形式和内涵的方式和方法。建筑师在新的时代背景下，应坚持以深厚的辽河文化为根本，深层次地发掘地域特色及建筑内涵，以空间及其意境为主体，借助现代建筑的结构体系，体现辽宁地域文化特征。

# 第九章　通过材料与肌理体现地域文化特点

在当代建筑中寻求建筑的地域性表现，材料以其物质性基础成为最为直接有效的载体。材料可以通过其自身具有的色彩、质地及肌理，反映出建筑所承载的地域性特征，如赖特一系列有机建筑中的石材墙体，博塔细致精美的砖墙，伦佐·皮亚诺设计的特吉巴奥文化中心中对木材的运用更可谓是对地域文化的精彩演绎。在这些精彩的建筑作品中，材料的地域性表现主要是通过对自然环境、地域文化和建造技术的回应来实现。

# 第一节 传统材料的表面感知和饰面原则

## 一、传统材料的感官知觉

由于材料表面属性具有极其丰富的色彩与肌理特征，材料与空间相比较起来，更容易体现出其存在的意义，更易于起到图示的作用，在建筑的体验中，对于材料的感官知觉具有比空间更为直接而重要的意义。

### （一）传统材料的表面感知

建筑现象学是从人的直接体验与感受出发的学科，在一定程度上突出了人的视觉感受，力求真实而深刻地还原出建筑自身以及其中发生的活动的状态，其主旨在于使人们能够回归建筑的本源与日常生活本身。基于这样的目的，建筑师应该尽可能地放下头脑中关于建筑的一些固有的先入为主的知识，追求回归建筑的本体，并更多地关注建筑带给人的知觉感受和官能体验，从而实现真实而诗意地建造。

从某种意义上说，我国的传统建筑史是一部木材的历史，传统建筑经过几千年的发展，最终形成了以木材为主要建筑材料的建筑体系。木材具有鲜活的纹理、柔软的手感和舒适的感觉，在这样一个瞬息万变的现代社会中，木材给人恒久不变的传承感和安全感，为人们营造了一个有归属感、有传统文化气息的场所。辽宁的建筑创作也在这方面做出了一定的探索实践。

建于2007年的鲁迅美术学院（沈阳）体育馆，在材质的应用上，将与庭院地面一致的防腐木延伸到由白色折线式断面的外皮包裹的部位，（如同从地面伸展出的这个校园里的“功能家具”托起了简洁单纯的白色外衣——折板），简洁的表皮下，一些特殊构成元素跃跃欲试般地试图挣脱出来，在平静中传递出动感和活跃的气氛（图9-1-1）。

图9-1-1 鲁迅美术学院体育馆局部外观（来源：辽宁省建筑设计研究院提供）

### （二）传统材料的空间体验

空间的感受不仅是来自空间的大小、形状以及穿越空间而形成的过程体验，更多的是来自于围合空间的界面，也就是天花、墙面和地板的材料表面。材料表面的感官效果不局限于视觉，也包括触觉等其他感官形式。材料在空间中展现出颜色、色泽、肌理，甚至是温度和气味，触发我们综合的知觉体验，对于空间氛围的塑造有着直接和决定性的影响。

辽河美术馆室内建筑构件以铜、木材与清水混凝土相结合，使清水混凝土这种中性介质产生了柔若绸缎的品质。铜板的运用又是对金戈铁马的游牧文化特征的诠释。建筑室内空间的联结与过渡均以光线设计来控制节奏，通过展厅空间的封闭与过渡空间的开放，以及一束束天光的流淌，让参观者体会光线的变幻与光影的律动。在长达1200米的展线布置上，采光基本上以洗墙的自然采光为主照射光，便于还原艺术品的原色彩，并最大可能地节省能源，辽河美术馆以原生态形式如辽河儿女的宗庙般屹立在百川交汇的辽河入海口（图9-1-2）。

## 二、传统材料的饰面原则

### （一）饰面理论与层叠建造

比如一面石头墙外面刷了薄薄的一层油漆，很难判断它仍为实体建造还是变成了层叠建造。即使没有油漆，石头墙外面做雕刻与在上面彩绘的效果是一样的，是否仍为实体建

图9-1-2　辽河美术馆室内（来源：沈阳都市建筑设计有限公司 提供）

造呢？刘家琨鹿野苑石刻博物馆清水混凝土墙的表面处理，并没有增加其他材料或构造的层次，但是那些木模板的印迹也是一种饰面。王澍的滕头案例馆混凝土墙上的竹子痕迹亦然。因此，普遍认为源于“层叠建造”的“饰面”理论同样适用于由石材、混凝土、砖等单一材料建造的建筑。饰面虽然常常与层叠建造联系在一起，但在实体建造中依然适用。

大连东软信息技术学校立面选用当地天然石材，与周围山体形成密切的亲缘关系，材料的堆叠形成立面，把环境天然形成的历史引入建筑，借此体现当地历史与文化的独特性，而石材与隐框玻璃形成强烈对比，又充分显现了建筑本身所特有的现代性及建筑服务对象的前瞻性（图9-1-3）。

## （二）传统材料的饰面功能

传统材料在结构表现方面大多“力不从心”，主要用在乡间和风景园林建筑中，大规模地使用更多的是作为建筑的“饰面”。采用传统材料的“饰面”，对于建筑所处的特定自然环境之中，建筑所处大环境是我们讨论的“文脉”，而它所适应的周身小环境有时是它本身更为明显的标签。

图9-1-3　大连东软信息技术学校的饰面（来源：宋欣然 摄）

图9-1-4 本溪市老干部活动中心外观局部（来源：辽宁省建筑设计研究院 提供）

本溪市老干部活动中心项目位于自然风景优美的望溪公园，保护原有地貌特点，并有意识恢复自然山体，使建筑自然地“生长”在基地中。从人性空间、立面造型两个角度上进行具体分析，运用“镜像”的手法，把临近公园的自然树木、草地“影印”在建筑立面上，像是个小树林，在一层部分用了毛石墙，二、三层在玻璃板上外挂木格栅，寓意着树木自然生长在大地上，使得立面与自然环境有机地融合在一起（图9-1-4）。

## 三、传统材料的表皮呈现

随着现代建造技术与材料科学的发展，建筑的表皮获得了自由。在今天强大的技术推动之下，大多数建筑的外围护结构是一种多层次的表皮系统，内部的结构体系完全被掩盖。新方法有助于将立面形式从材料的束缚中解放出来，立面不再是结构或功能的必要表达，结构的真实性原则在一定程度上被削弱。表皮要展示自身，或是成为某种信息的媒介。

使用传统材料的建筑表皮，由于缺少光电等高科技的介入，反而更能表现材料自身的材质和构造的精美。即使是在表皮中，传统材料依然坚守着原始的立面含义，表达着建造的意义。由于脱离了承重的束缚，传统材料在表皮建构中，多以编织的方式出现，并以织理性砌筑和线性编织两种最为典型。织物具有两种基本功能：绑扎和覆盖，织理性砌筑通过砌筑获得面的形式来覆盖，线性构件通过“绑扎”固定获得面的形式来覆盖。

### （一）表皮的织理性砌筑

建筑在建造之初，首先面对的就是本地区的气候条件及地理环境，传统的建筑材料恰恰在建筑应对自然环境方面起到了某些决定性的作用。身处山海关外的辽宁，冬寒夏暖、春秋季短、四季分明，各地的差异性也较大，传统的建筑材料在各地适候性的表征也不尽相同。由于建造方式的改变，传统地方材料的结构属性也发生了改变，从传统的承重作用蜕变成当代的塑性表皮，材料由此获得了更大的自由度。当代建筑师们正在转变传统的材料使用观念，即结构理性主义和现代主义的材料观念，认为在设计和建造时必须忠于而不是违背材料的本性，实质是换一种角度来看待和使用材料。

辽宁省本溪市凹舍的设计师选择了砖作为建筑的表皮，结合东北寒冷地域的特征，专为该建筑定做了色彩温暖且有着良好保温性能的600毫米大砖。为了让这种厚重且粗犷的材料呈现出其原有属性的相反方向，设计者将砖像拉伸的网

图9-1-5 本溪市凹舍墙面（来源：陶磊建筑事务所 提供）

眼织物结构一样进行垒砌，放眼到整体便形成了建筑从不透明到透明的渐变，获得了新的质感与张力。新的形式与传统建筑漏窗形成了通感，光线从砖的缝隙里逐渐渗透到室内，这种渐变模糊了室内和室外的界限（图9-1-5）。

### （二）表皮的线性编织

辽宁传统建筑极为重视材料之间的搭配、组合、排列方式，使建筑呈现出强烈的编织性，这与传统建筑的墙体砌筑方式有关，本地满族民居建筑中的五花山墙就是一个典型的实例。在现代建筑中，通过材料的更换，延续了传统的建筑文化，带来了不同的编织效果和视觉效果。

沈抚新城规划展示馆的设计理念来源于抚顺市的地势和地图形状。建筑外形边界整合并演化了抚顺区域地图的轮廓，以浑河水系作为屋面天窗的设计依据，整个建筑具有浓厚的雕塑感与构成感。建筑的立面设计是其内在功能和建筑构思理念的体现；建筑注重立面和屋顶的设计，设计新颖别致，采用了由平面等边三角形升起的斜向大面积金属板与玻璃幕墙，同样是三角形分格，赋予简洁大方的气质；浅银灰色的金属板与透明玻璃搭配使用，使建筑在典雅之中透出现代气息，虚实结合，使整个建筑具有强烈的雕塑感，并拥有细致的建筑立面语言，以取得建筑与其属性的和谐统一；整个建筑物线条简洁有力，用料讲究，颜色典雅，建筑角部的虚处打破了平面方正、敦实之感，显得轻巧和精致（图9-1-6）。

沈阳华润万象城位于沈阳金廊广场核心区域，是引领全新生活方式的商业建筑，由美国RTKL建筑设计公司承担规划和建筑设计，以现代、时尚和活力的设计个性展现了该项目的时代和地域特色。立面横向交错的石材彰显出北方建筑庄严、耐久、大气、典雅的品质，因为石材特有的花纹质地给主体建筑带来了动感和张力。并配合入口空间中玻璃幕墙

图9-1-6 沈抚新城规划展示馆外观（来源：辽宁省建筑设计研究院 提供）

图9-1-7 沈阳华润万象城外观（来源：辽宁省建筑设计研究院 提供）

的运用，表达了北方建筑透明光洁的精神观念，给城市主要干道带来了不一样的视觉感受（图9-1-7）。

## 四、传统材料的色彩饰面

从材料角度而言，色彩可以分为材料的自然色与人工色。雷姆·库哈斯（Rem Koolhaas）在“日益丰富的色彩”一文中写道，现实生活中有两种色彩：一种是自然的，是物质属性的自然组成部分，物体的自然色是固定的，不会改变；另一种是人工的，可以通过人工色彩来改变外观。自然色是材料先天自带的本质属性，所以人们在讨论材料真实性问题的时候，所谓的“色彩”就默认是指材料的人工色。

### （一）色彩与材料的真实性

传统的建筑材料往往是直接拼接在一起，甚至于相同材料在形态的联结处也不追求肌理上的延续，这种追求真实性表现的手法正是传统建筑的特点。其实，传统建筑本身就

图9-1-8 辽宁东北抗联史实陈列馆外墙面（来源：辽宁省建筑设计研究院 提供）

图9-1-9 大连风云国际建筑设计室内（来源：大连风云国际建筑设计 提供）

不重视材料之间的过渡，例如木构骨架与墙体之间的直接碰撞、与台基的直接接触等。现代建筑设计中，这种不同材料的不过渡性实例比比皆是。

辽宁东北抗联史实陈列馆建筑外观采用了当地石材和防腐木材，使石材与木材两种材质以及中间的玻璃幕墙材质形成不同的材质片段，各种不同的材质片段直接拼接，形成鲜明的对比。地域的石材有序地拼接，朴素的木材静静地排列，它们与背后的山林，与周围的环境默契地融合，让人联想到那些曾经在林海雪原间转战的众多无名和有名英雄们的身影（图9-1-8）。

### （二）传统材料的色彩饰面

在我国古代建筑中，色彩是重要的组成部分，有着保护结构构件、表达象征意义等多重功能。梁思成先生认为，“彩色之施用于内外构材之表面为中国建筑传统之法……盖木构之髹漆为实际之必须”。秦砖汉瓦，瓦承载着中国建筑的发展史，通过其材质与色彩的表达，曾经作为官式建筑中的等级象征。作为屋顶材料，除了基本的防雨保温作用以外，其素雅、沉稳、古朴、宁静，表达了诗意地生活，传承了悠久的历史。在现代传承的建筑中室内外也会采用这种传统之法通过材料饰面的色彩来传承一种精神。

大连风云国际建筑设计公司的室内布置中大量运用了色彩明亮的传统饰面来传达一种宁静、古朴的气息。通过传统材料自身的色彩韵律感营造室内空间的特殊性和空间特有的秩序感（图9-1-9）。

# 第二节　传统材料的文化属性与意义象征

## 一、传统材料的地点性

材料由于自身的物质属性，成为构筑场所不可或缺的元素。材料与建筑形式一起共同形成了特定场所，并形成了其场所对应的场所精神，材料对场所精神的体现也起到了至关重要的作用。特别是本土材料多产自当地，如石材、木材等，即便是加入了特殊的人为加工之后，其天然的物质属性仍然决定了其与场所环境的和谐统一。

辽宁古生物博物馆，在外立面的处理上同样利用了石材的肌理。因为辽西的"热河生物群"古生物化石是该地区独特的中生代地质构造形成的，为了突出运用辽西地质构造这一"地方特色"，设计者设计了一个象征性的峡谷和一面层层沉积的巨型山崖，巨型山崖模仿辽西的地层沉积，给人以身临其境之感。同时，将"古"与"今"作强烈的对比——主题部分是厚重的岩石体量，会议中心部分则是完全现代的钢骨架和通透的大面积玻璃。和九·一八残历碑不同，这里山崖上的石材并不是真正的石材，而是仿造的，既表达了石材的质感又减轻了建筑物的荷载（图9-2-1）。

图9-2-1　辽宁省古生物博物馆（来源：辽宁省建筑设计研究院 提供）

### （一）场所精神的体现

崔愷设计了一系列的遗址博物馆，充分体现了建筑材料对于塑造场所精神的作用。建筑师通过对场地要素的研究，寻找建筑与环境的和谐对话。辽宁五女山山城高句丽遗址博物馆，其依附于特定的历史文化阶段来建立叙事性的空间架构。为了寻求历史信息与自然环境在建筑上的体现，特用与建筑基地环境类似的材料进行设计，以垒石的构筑方式做建筑外墙，并且在肌理和色彩方面尽量协调，这是保护自然环境、与自然取得最大限度融合的最好方式，建筑周围是裸露的岩石。因此建筑师就地取材，用石头作为建筑的表皮。建筑体量不大，只有两层，由于采用当地的石材，材质与肌理又与山体的自然环境取得了很好的融合，如同从地上生长出来一般，建筑始终都将是处于从属的地位，是自然山体的配角，设计师力求做到建筑与自然和谐共生，让建筑真正融于自然环境（图9-2-2）。

图9-2-2　五女山山城高句丽遗址博物馆墙面（来源：崔愷工作室 提供）

### （二）建筑地域性的载体

吴良镛先生在《广义建筑学》中提到了建筑的地区性的概念，他指出建筑的地区性是建筑学不容忽视的客观现实，只是在某个特定时期被某些热闹的国际式学派掩盖了，地区性是一个综合性概念，包含了地理环境、经济发展和社会文化方面的概念。所谓诚于中而形于外，建筑的地区性必然体现出建筑在其风格与形式上的变化，为了摆脱国际式建筑思想的束缚，地区性建筑再次受到广泛的关注，正是为改善国内建筑文化的贫瘠做出的一种努力。

崔恺、张男在设计五女山山城高句丽遗址博物馆时，面对这种地域性的技术差距，采取了多方妥协的态度。为了与高句丽王城遗址对应，博物馆外墙采用了垒石墙。受限于当地低下的施工水平和材料的性能，建筑师在设计时预留了在有实际建造过程中的很多变通方法（图9-2-3）。由于现场是遗址保护区，不允许采石，建筑外墙使用的石材来自附近的宽甸镇，一个技术非常落后的私营小采石场。先用雷管爆破，然后再由人工钎凿开采，效率很低。建筑师原来的设想是石材的长短、宽窄随机搭配，但由于石材的质量很差，稍薄一点就很容易断，而且现场施工困难，基本是手工作业，石块大一点的又太重，搬不上去，最后只能统一了规格，没有实现设计中的乱石墙。尽管如此，建筑师仍然不死心，指挥3个工匠花了1天时间的凿了 1立方米的石料，故意凿成几种不同的厚度，在建筑角落的地方砌了2平方米，算是实验。设计用传统的构筑方式以及当地的建筑材料来体现建筑的地域性、历史感。

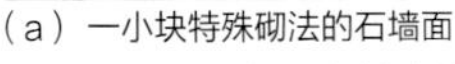

（a）一小块特殊砌法的石墙面

（b）外墙组合墙体构造

图9-2-3　五女山山城遗址博物馆墙体（来源：崔愷工作室 提供）

## 二、传统材料的时间性

### （一）材料的耐久性与更新

现代科学技术的发展使得材料的耐久性得到了很大的改进，除了新出现的材料以外，很多已有的材料也受益匪浅。甚至连古老而天然的传统材料的寿命，也能够通过现代技术而获得改善。比如说石材的表面可以通过某种非致病性细菌合成的碳酸钙形成一层坚硬的保护层，从而使石材的耐久性大大增加。

强时间性材料的生命周期相对比较短，容易随着时间和周围环境的变迁逐渐老化和消亡，除了通过技术手段延长它们的使用寿命之外，对它们不断地进行更新替换是应对的常用方法，也是历史上的主要方法。

屹立在“九・一八”事变纪念地的残历碑，建于1991年，是一座高18米、宽30米、厚11米、建筑面积550平方米的钢筋混凝土构架、花岗石凿石嵌面的雕塑式建筑。建筑所用的围合材料是由经验丰富的石工打制了六千多块600毫米×400毫米×（150~350）毫米的石块，经过反贴、正贴、雕洞、刻字等雕刻完成，使得碑身的材料重量约3200吨。随着时间的打磨，更增添了历史的痕迹感（图9-2-4）。

图9-2-4　“九・一八”事变残历碑外表面（来源：王蕾蕾 摄）

图9-2-5　康平博物馆外观 (来源：沈阳建筑大学建筑研究所 提供)

### （二）时间的表现力

在几千年前，在最开始使用传统建筑材料时，它们具有的仅仅是其客观属性，但千百年来，伴随着人类社会的发展，它们承载着建造历史的沧桑、延续着传统建筑的文脉的作用，久而久之，它们变成了丰富深厚的传统建筑文化中不可或缺的一部分，同时，也便具有了特色的文化属性。现代技术的发展，改变了材料的成分或是工艺，使其摆脱了自身的局限性，赋予它们新的性能，但却改变不了它们对传统文化的眷恋以及骨子里的文化情节。

在现代的建筑创作中，我们通过对材料自身性质的表达，通过对大面积石材与长时间雨水冲刷的印记的展现，体现了作品时间的表现力。建于2007年的抚顺平顶山惨案遗址纪念馆，工程地点位于抚顺平顶山，特定的建造地点，特殊的建筑内容，使设计者利用大面积的石材墙面及富有流动性与不规则的内部空间将其塑造成一尊巨大的雕塑，纪念性突出，并与周围环境构成了一个新的整体。

## 三、传统材料的文化性

在充分理解建造状态和背景的基础上，材料就仿佛具有了思想和情感，同时人也会形成强烈的情感反馈。

### （一）传统材料的符号意义

人们在生活中对建筑及其材料都有一定的认识和体验，随着时间的积累，这种认识或体验逐渐和材料本身建立起直接的联系，材料变成了一种象征性的符号。也就是说，即使是脱离了最初的语境，材料仍然能够表达出这种符号原来所具有的意义。

康平博物馆方案设计以大辽“契丹八部”为整体体量组织在建筑两侧设计成八个凹龛，龛内有八部的首领雕像。连续的巨大坡屋顶统领八个凹龛，寓意“八部一统”，直接体现了辽代的文化及建筑特点。建筑的色彩及一些门窗等的设计与商业街协调，也反映了辽代建筑的特点(图9-2-5)。

### （二）传统材料的文化象征

砖、瓦、木、石均有其各自的基本属性，包括物理属性、自然属性等。砖的稳定性、模数化、和砌筑手法的多样性；瓦的功能性、装饰性、素雅古朴；木材的亲切性、舒适性、有大自然的温馨；石材的坚硬性、耐久性、品种繁多等。正因为上述的材料具有一系列的特点，才会在千百年前，已被选定为建筑的最基本建筑材料并被广泛地运用到建筑建造中。在现代的建筑设计中，很多时候设计者为了表达某种想法而依然利用了这些材料的客观属性，只是随着时代

图9-2-6 蒋少武摄影博物馆（来源：辽宁省建筑设计研究院 提供）

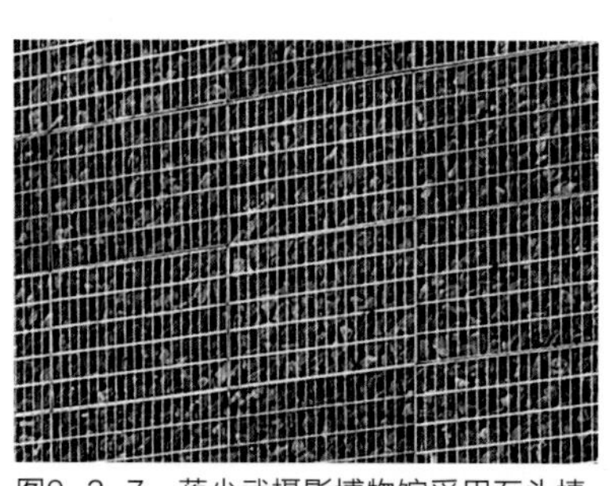
图9-2-7 蒋少武摄影博物馆采用石头填充的网状墙面（来源：辽宁省建筑设计研究院 提供）

图9-2-8 沈阳建筑大学校部办公楼前景观（来源：潘镭镭 摄）

的进步，扩展了它们的应用范围和表现方式。

辽宁省图书馆立面用白色的大挑檐对建筑外表面进行有序的划分，对玻璃幕墙、石材墙面及仿木色百叶等现代建筑语汇有序组织排列，搭建成一个恢宏的似图书展示架的建筑外观。

## 四、传统材料的生态性

### （一）可降解、可再生的绿色材料

与许多现代建筑材料相比，传统材料大多都是绿色建筑材料，它们的生态优越性是显而易见的。传统材料大多是太阳能可再生的天然材料，可以持续地开发和利用只要自然条件维持正常水平，它们就会通过自然界物质能的循环重复出现，生生不息；其次，传统材料的开发、利用对环境的不利影响和对能源的消耗比其他现代材料小，而且产生的废料、废气、废水少，并且可以回收再利用和循环使用，对环境的污染和影响较小。

蒋少武摄影博物馆、艺术园区方案外墙材料创新性地采用了石头填充的网状墙面，透气透光，裸露的金属和未经打磨的素石，看似不相干，在规矩与不规矩之间，找到一个模棱两可的平衡点（图9-2-6、图9-2-7）。

### （二）传统材料的低技生态

对于传统材料的低技术更新演绎，沈阳建筑大学新校区校部办公楼前一面具有装饰和引导作用的墙体是用由老校区建筑上拆下来的红砖砌筑而成。钢筋混凝土的墙体框架填充历经沧桑的红砖墙，红砖是构造的主体，黑砖记录着过去和现在的信息（图9-2-8）。

### （三）废弃材料的循环利用

传统的建筑材料作为建筑形式设计语言的内在组成部分，也在不断地编撰着历史与历史的断代，表述着人们的思想与情感，呈现出完美的视觉语言。

在沈阳建筑大学新校区入口处的铺地，运用了当年东北大马路和青年大街改造时淘汰的路缘石和枕木，在上面行走，不禁使人联想起城市的历史，这样的校园景观带给学生新奇感的同时，可以提高学生对于历史保护的强烈意识。老校区的巨大铁滚，被置于新校区千米长廊的始端，成为校园中一处十分抢眼的实景雕塑。雕塑家又为它设计了一组人物群雕，生动再现当年老校区的学习生活场景，这里不单单是旧材料的更新，也是材料的情感延续。

在全球化日渐趋同的今日，人居环境的归属感逐渐失落，人们正面临着传统与现代、本土文化与外来文化、传统观念与现代技术等方面的激烈冲击。地域文化特征的突显成为新时代建筑创作的主题，通过材料与肌理来体现辽河流域的地域文化特点也成为其中标志性议题。本章分析得出辽河流域传统建筑材料与肌理的表现，是通过对传统材料的基本演绎和创新运用来展现其地域性与时代性共生的特征完成的结论。具体来说就是在现代建筑技术手段的支持下，使其获得崭新的、现代的艺术表现形式。不同的传统材料，体现不同的建筑性格特点，这使其成为现代地域建筑设计取之不尽的创作源泉。

# 第十章　通过特征性建筑语汇与符号体现地域文化特点

“形而上者谓之道，形而下者谓之器”，然而无论是“形而上”还是“形而下”，均与 “形”是分不开的。从传统建筑中提取“形”的特征性语汇与符号，运用于现代建筑之中，使人望“形”触动，因“形”联想，是辽宁现代建筑创作中惯常的手法之一。采用传统建筑的视觉形态符号,用现代材质与手法进行创造,体现了辽宁传统建筑设计语言在当代表达的可能性。对传统建筑的传承，由最初直白的具象运用，发展为现在抽象的创造继承。所谓传统建筑符号的具象运用,主要是指对传统建筑形式比较直接的模仿,这类建筑创作手法的背景来源于20世纪50年代中期“中国固有式”和“社会主义内容、民族形式”的设计要求。通常将传统建筑中比较有视觉冲击力的建筑形态符号如大屋顶、斗栱、柱式等运用到现代建筑的创作之中。传统建筑形态符号的抽象提炼,实现在现代建筑创作中对传统建筑文脉的富于创造性的继承,创作出既具有中国特色,又富有时代精神的新建筑。这类建筑将传统建筑形态符号元素如大屋顶、斗栱、柱式等进行剖析、抽象、提炼、变形之后,并不刻意寻求与传统建筑具象形式上的相似,而是寻求一种新的表达方式,与传统建筑进行视觉形态上的呼应,达到“神似”的效果。

# 第一节 传统建筑形态的创造性延续

传统建筑的外在形态是由屋顶、墙身和基础组成的一种理性的对称式构图，通过适宜的建筑体量控制、恰当的比例尺度和设计手法加以表达。辽宁地区典型的特征性建筑语汇和符号归结起来不外乎我们常见到的：大屋顶、斗栱、飞檐、围廊等，细部要素如吻兽、柱础等，民居要素中的窗棂等，此处不一一赘述。这些传统建筑的符号，通过简化后直接运用，可以最直接地唤起人们对传统的记忆。

图10-1-1 辽沈战役纪念馆鸟瞰（来源：辽沈战役纪念馆 提供）

## 一、粗犷阳刚的建筑体量

从建筑学的角度来说，体量即建筑物的体积大小，是一个客观概念。体量是建筑内部空间的外在表现，是建筑物表现于外的大小、尺寸，是长、宽、高三个维度的综合体现。从建筑与环境的关系考察建筑，体量是影响这一关系的首要因素。

### （一）主从分明的建筑体量

由于传统建筑中单体建筑的使用功能单一，大多数的传统建筑都是以建筑组群的形式呈现，组合形式均按中轴线发展，居于其中的单体建筑，平面一般亦为中轴线对称，体形轻巧，灵活完整。发展到现代的建筑单体，由于使用功能复杂化，单体建筑的建筑体量被有序放大，从简单的一种或几种的形体组合发展到现在的多种形体的有机组合，通过中轴线对称的这种传统的构图形式建立起秩序感，使其形成一个完整统一的整体。在这种对称形式的体量组合中，中央部分较两翼的地位要突出得多，为了突出中央的主体，可以使中央的开间变大，或者使中央部分具有较大或较高的体量，少数建筑还可以借特殊形状的体量来达到削弱两翼以加强中央的目的。

位于锦州的辽沈战役纪念馆的建馆场地选在辽沈纪念塔的中轴线以北，与原有纪念塔有机组合在一起，前塔后馆互为呼应。由于建馆场地南高北低，高差5米，将高大的全景画馆放在低处，充分利用地形，减少了土方量，而且缩小了全景画馆的体量，使硕大的全景画馆的圆柱形体量与两翼的矩形展馆体量有机组合，相互协调。减小体量使得纪念馆低调、沉稳，使南侧的纪念塔在整个建筑群体中仍然表现出庄严的气氛，使塔与馆在比例尺度上相得益彰（图10-1-1）。

### （二）稳定有机的体量组合

#### 1. 对称形式的体量组合

辽宁传统建筑中，若干个单体建筑通过严谨对称的中轴线建立起了明确的秩序感，围绕着轴线的关系铺叙展开，位于中轴线上的建筑抑或被放大体量，抑或被提升高度，其在建筑群体中的重要性便显而易见、不言自明。

在沈阳奥林匹克中心体育场及其关联设施（含综合体育馆、游泳馆和网球中心）的设计中为了与主轴上的“水晶王冠”主体育场相呼应，轴线两侧的游泳馆和网球中心、综合体育馆等设施被从天而降的胜利女神之“翼”覆盖，翅膀的一方遥指天际，另一方根植于大地，天空、大地与设施融为一体，呼应了设计主旨中“天空与大地”的设计理念。主体育馆东西两侧场馆基于平面功能而形成的建筑体量相差无几。西侧的综合体育馆由于受到基地大小的限制，建筑功能呈现出完整的建筑体量，共同覆盖在一个屋顶之下；东侧的游泳馆、网球馆在与轴线对称的西侧体育馆在外部形态协调统一的前提下，分为三个体量，通过空中平台连接，统一为一体，这种分隔开的造型呼应了风帆飞扬的主题（图10-1-2～图10-1-4）。

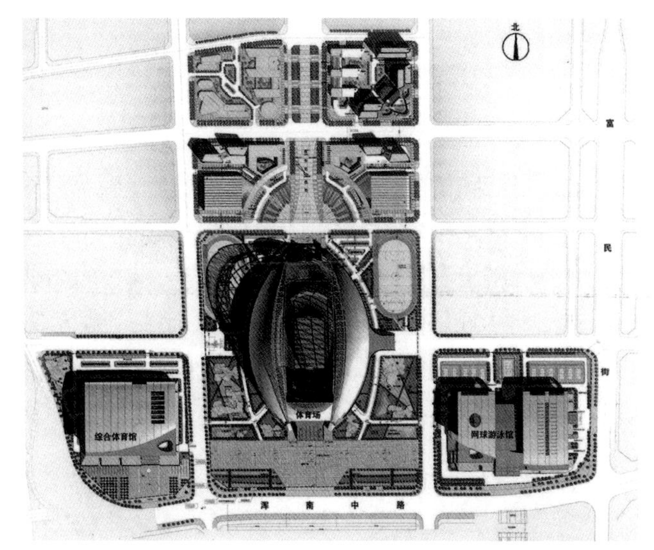

图10-1-2　沈阳奥林匹克中心体育场总平面图（来源：《建筑学报》）

### 2. 非对称形式的体量组合

如果说沈阳奥林匹克体育中心体育场及其关联设施的设计是一种对称形式的体量均衡，那么，沈阳市图书馆、儿童活动中心则是一种不对称形式的体量均衡：前者较严谨，给人以庄严的感觉；后者较灵活，给人以轻巧和活泼的感觉。建筑物的体量组合究竟采取哪一种形式的均衡，则要综合地看建筑物的功能要求、性格特征以及地形、环境等条件。

沈阳市图书馆、儿童活动中心的基地介于一些现存的独生独长，给人一种离群索居的大体量建筑之间，作为主要通道的青年大街在基地附近又进行了转折，基地形状并不规则，也不宽裕。在不足6公顷的基地内规划两栋总建筑面积达到6万平方米的动静需求、面积、高度各不相同的建筑，从大的原则上采用了结合退隐的折中体量构成方式加以组织和体现，调和与减弱基地周边已有的矛盾，并以阴、阳互补的相互关系求得内在的独立性和外在的自由感，创造出这组新建筑与已有科普公园的新型和谐关系。

设计师将保留了大树的小广场与东侧科普公园以及两栋新

图10-1-3　沈阳奥林匹克中心体育场南广场（来源：王蕾蕾 摄）

图10-1-4　沈阳奥林匹克中心体育场整体鸟瞰图（来源：《建筑学报》）

建筑（图书馆、儿童活动中心）斜向布置的东西通道作为两栋建筑的均衡中心，也作为市民可以自由通过并进入建筑内部的步行交通系统，它可以继续与科普公园的步行系统融合成一个整体。该中心轴线北侧的图书馆建筑面积为3.97万平方米，南侧的儿童活动中心建筑面积为2.07万平方米，由于建筑面积相差悬殊，为了使轴线两侧的建筑体量能够均衡，设计师把北侧的图书馆从青年大街方向采取“退隐”的方式，使之与城市进行谦虚的对话。而在“退隐”的总体构思下，从主体建筑中分离出一座31.95米高的办公塔楼，既解决了办公用房流线、采光、朝向的要求，也将图书馆的外部空间形象进行了提炼并赋予其象征意义，成为大“隐”之下的大“显”，是点睛之笔，面向东侧五爱街方向的外部空间则以“显”的方式与公园进行主动的对话。南侧的儿童活动中心，其外部空间形象分为与周围现存建筑进行直接对话的主体建筑和作为低龄儿童潜能开发之用的覆土式建筑（图10-1-5）。

通过这种不对称形式的设计手法，两栋建筑在被保留的大树的小广场处进行了一段富有表情的对话，而建筑绿化斜坡屋顶的设计与大柳树的保留，都体现了强烈的环境保护意识，体现了人与环境和谐共生的设计理念，这与传统建筑的设计理念又一次不谋而合。

## 二、简洁质朴的比例关系

历代的建筑家无不对建筑的比例给予高度的重视，而一个好的作品也无不体现出动人的比例。有人给比例以这样的评价：“建筑艺术作品本身的内容客观达到统一和一致的情况下，比例作为艺术构思表现的象征占第一位。”所谓比例，是建筑构图的一种手段，是基本体量长、宽、高三者的比例关系以及各体量之间的比例关系。良好的比例是求得形式上的完整和谐的基本条件，是建筑形式美的重要成因之一。

### （一）建筑局部和整体之间的和谐比例

传统建筑由于受到材料特性的制约，不能单纯用西方古典柱式的比例方法进行研究，良好的比例不是直觉的产物，而且是符合理性的。只要整体和局部之间存在着合乎逻辑的、必要的关系，反映了事物内在的逻辑性，那么它就具有了和谐的比例关系。当然，要想使建筑物具有良好的比例关系，也不能撇开功能而单纯从形式去考虑问题。

沈阳北站，建筑主体为16层，裙房3层高，外墙为玻璃幕墙，上部为水平带形窗。在建筑中部开了一个高7层、宽22米完全透空的“门”，隐喻了沈阳北站这一新的交通门

图10-1-5 沈阳市图书馆、儿童活动中心模型（来源：辽宁省建筑设计研究院 提供）

户。在主体的建筑立面上，中间的凹断将主立面分为左、右两个部分，形成两个对称的矩形，该矩形的对角线与中间透空的“门”的对角线相互垂直，形成了具有相同比率的相似形。大“门”在功能上也为进站大厅玻璃天窗提供了无遮挡的南向阳光。除了表现抽象的概念，银灰色的金属装饰网架也反映了沈阳这个大型工业城市的特点，更以其符号特征提示了新北站这一主题。

## （二）建筑局部之间匀称的互比关系

比例不仅作为个体建筑的造型手段，它对建筑群体和规划的空间构图也起着同样重要的作用，借助它来控制街坊的平面形状、建筑物的体量、建筑物的内部空间以及各实体间的外部空间的协调和统一。

沈阳中街的豫珑城在整体建筑外观设计上考虑到整个盛京皇城的布局大气、紧凑，“北中街豫珑城”的整体外立面设计采用了简洁的仿古建筑形式，展现了规整、严谨的空间建筑形态，同时在高度、体量、色彩以及形式上尽量与故宫保持协调，建筑体量采用外小内大、外低内高的办法，使建筑群既体现老建筑的特点，又适应现代商业功能的需要，以使其能自然融入老城规划圈。在立面的处理上，由于身处老街区，大商业的建筑模式使该建筑物的整体比例过于扁长，设计者将立面分区，采用化整为零的办法将它分成若干段，从而改变了建筑物的比例关系，使人看上去并不感到过分的扁长。被分成若干段的商业外立面相近却不相同、匀称互比，营造了大商业街区的小商业氛围，契合了中街特色的商业特点（图10-1-6～图10-1-8）。

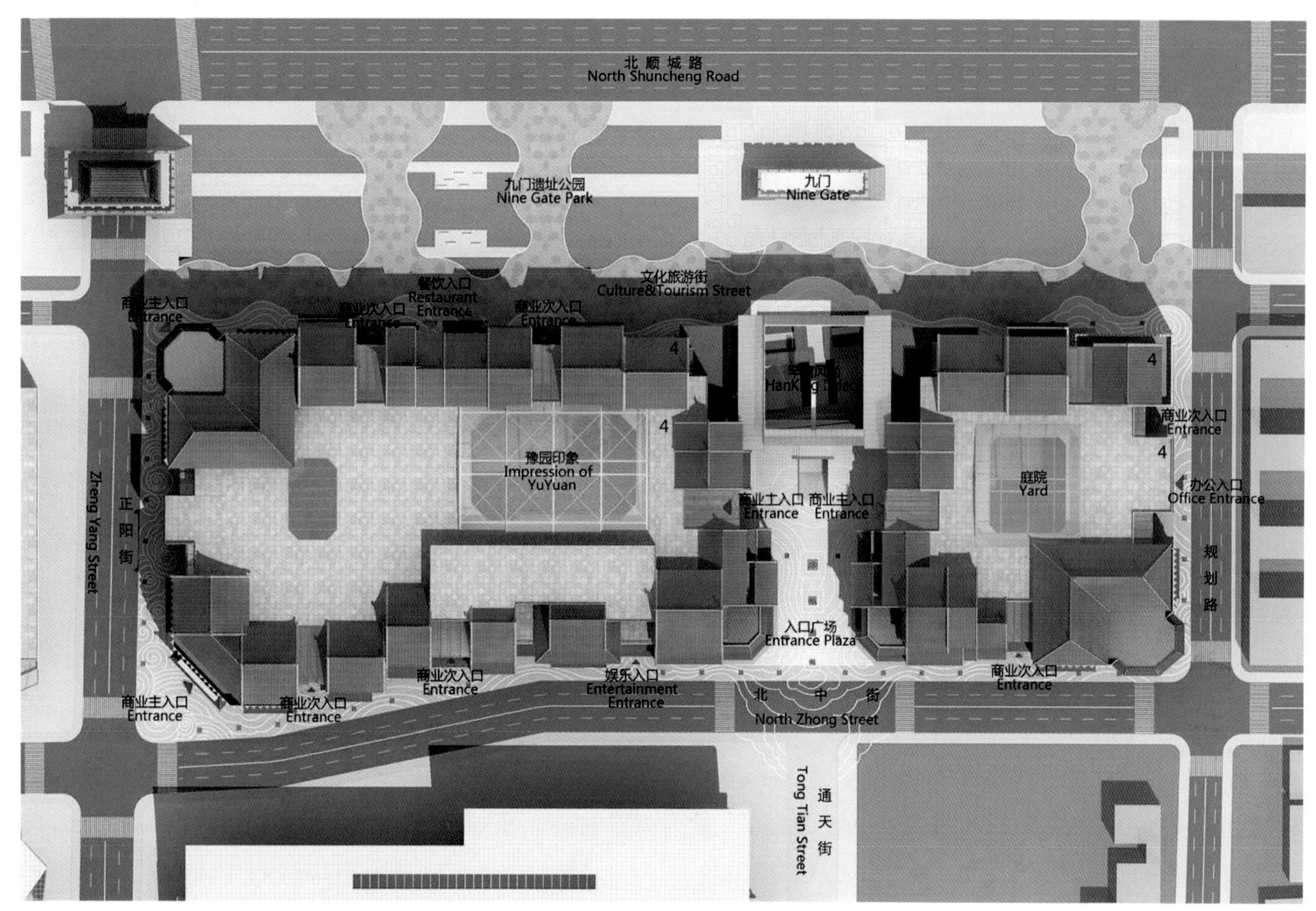


图10-1-6　沈阳中街豫珑城总平面图（来源：上海豫园商城房地产有限公司 提供）

图10-1-7 沈阳中街豫珑城鸟瞰图（来源：上海豫园商城房地产有限公司 提供）

图10-1-8 沈阳中街豫珑城效果图（来源：上海豫园商城房地产有限公司 提供）

图10-1-9 盘锦·锦联经典汇商业街鸟瞰图（来源：C+Z建筑师工作室 提供）

## 三、彰显特质的尺度表达

辽宁传统建筑中，官式建筑与民居建筑的尺度自是不同，前者恢弘大气，后者亲切宜人。在运用传统符号或建筑手法进行现代建筑创作时，对建筑形象的把握要符合它的性质和身份,要努力掌握好尺度。譬如,在政府办公楼、法院等类型的建筑创作中,更多地需要营造雄伟、大气的建筑尺度和庄重、严肃的建筑氛围。在建筑总体布局上往往会采用与传统宫殿、衙庙建筑相呼应的中轴对称的布局手法。而在现代居住建筑设计中,则需要创造出亲切、宜人的建筑尺度和温馨、温暖的建筑氛围。

### （一）亲切宜人的尺度感觉

建筑的尺度决定了人们在建筑中生存活动时对建筑的感受，建筑尺度与人的关系决定了建筑带给使用者的生理及心理的感受，建筑为人所用，大多数的建筑都是符合人体的尺度以带给人们最舒适的行为空间和心理体验空间。

2014年竣工的盘锦·锦联经典汇商业街项目，在行人

图10-1-10　医巫闾山大阁风景区入口处的山门（来源：王晓卓 摄）

图10-1-11　医巫闾山大阁风景区入口处的山门局部（来源：王晓卓 摄）

游走的空间范围内，两侧的建筑元素使人能够看得见、摸得着、目光所及，伸手所触都是能够把握的建筑尺度，这种符合人体尺度的设计，使人在高大的建筑物面前不会感到迷惑和压抑（图8-3-11、图10-1-9）。

### （二）恢宏大气的尺度设计

优秀的设计作品在尺度方面一定是与环境珠联璧合的，正如赖特的箴言："我们从不建造一座位于山上的建筑，而是属于那座山的。"

建于1988年的辽宁省医巫闾山大阁风景区入口处的山门建筑，吸取中国古建筑传统之精华，创造出一个别于传统山门的形式。

山门建筑在空间尺度处理和环境意识上，取得了人工与自然的和谐。作为医巫闾山的山门，它的尺度与雄浑壮阔的山体相得益彰，斜置的结构板片与山脉走向相近，视觉形象良好（图10-1-10、图10-1-11）。

尺度的处理与周围环境有关，也和建筑的性质有关，比如纪念性的建筑往往希望看上去比较雄伟，这时候可以处理成比实际尺寸大的尺度感。

"九·一八"事变残历碑馆，雄沉、险峻、恒久地屹立在"九·一八"事变纪念地。这个造型不规范的雕塑式建筑方案，把木化石残历用空外纪念碑的建筑形成变体，前脸后倾，夸大透视变形，按标准台历尺度放大130倍，底面1/3尚未出土，像一座雄险的城门废墟，壮观地矗立在纪念场的草坪上。把当年北大营和沈阳城墙垣上的弹雨留痕雕凿在碑体上，累累弹洞所构成的形象，潜台词般地展示出日本帝国主义制造"九·一八"事变、侵吞东北、全面发动侵华战争，14年里给中华民族造成两千万人死亡的历史悲剧。这种夸大的尺度设计，给人留下的是深刻、震撼与难忘的印象。

## 四、简化异化的屋顶形态

辽宁的传统建筑与我国传统建筑的主流一致，对于屋顶的设计是整个单体建筑设计的重点。屋顶形式是古建筑造型元素中最重要的组成部分，沈阳故宫的歇山屋顶、硬山屋顶及攒尖屋顶，锦州义县奉国寺大殿的单檐庑殿屋顶，民居建筑中的歇山屋顶及硬山屋顶等，其出挑的屋面檐口、优美的檐口曲线、反曲的屋面造型、起翘的屋角构造以及多样化的屋顶形式，使得古建筑具有了很强的视觉冲击力和感染力。对于如此鲜明的传统建筑形态，建筑师自不会放过，且随着时代的发展，在传承与发展的过程中，手法也日渐成熟。

## （一）屋顶形态的简化提炼

屋顶，是传统建筑的“帽子”，在构架制约的基础上，屋顶形式还取决于敷设在屋面的材料和厚度，辽宁地区的传统建筑屋顶形式以硬山为主，由此也可以看出，辽宁地区的建筑重功能、轻礼制，而现代建筑真正传承下来的，除了单纯的形式，最为重要的便是传承了传统建筑的设计理念。

### 1.平铺直叙的大屋顶传承

建筑具有时代性。新中国成立初期，在国家“社会主义内容 、民族形式”的设计要求下，大量运用了坡屋顶的形式，通过对坡屋顶的简化提炼，用现代的材料和技术，满足当代人的审美需求。沈阳的辽宁省建筑设计研究院办公楼及与之毗邻的辽宁省卫生厅办公楼都是大屋顶形式简化提炼的代表。建筑形态不尽相同，屋顶形式各异，同根但不同构，以传统形式表达现代美。

### 2.简化重组的小屋顶风格

营口五矿铂海湾园区，在其多层和低层产品中，大量地运用了坡屋面的造型元素，通过简洁的退进重组，使硬山式屋面形成了纵深的层次感，高高的烟囱造型契合了传统民居的建筑特征（图10-1-12）。

沈阳浑河橡胶坝管理中心是一个老河岸、一个新生公园内的林中小筑，是一处岸上透过斜坡绿地后只见一半的小屋。为减小建筑地面以上的体量，200平方米的建筑做了一层地下室，而地下室连接的是一个活跃的下沉式开放空间。木质的斜屋顶因而延伸到墙面和地下室。屋面曲折、扭转、断裂、重组，搭配上倾斜的钢柱，展示出建筑的当代特征（图10-1-13、图10-1-14）。

## （二）屋顶形态的抽象变异

大屋顶的审美功能无可替代，它往往能带来感觉的愉快和精神的庄严，又有强烈的纪念象征。但在一定的历史时期内，由于大屋顶的特殊背景，加之过于直白的“拿来主义”的设计手法，使很多的建筑师对其望而远之，一边寻找更恰当的手法，一边让一段历史静静地沉淀。改革开放的政策和

图10-1-12 营口五矿铂海湾（来源：五矿建设（营口）恒富置业有限公司 提供）

图10-1-13 沈阳浑河橡胶坝管理中心模型（来源：沈阳原筑建筑设计有限公司 提供）

图10-1-14 沈阳浑河橡胶坝管理中心（来源：沈阳原筑建筑设计有限公司 提供）

经济发展的形势进一步解放了设计师的思想，激发了设计师的使命感,为他们创造了历史上最佳的创作环境与条件。思想的解放促使建筑作品的多元化发展，各种风格、流派兼容并蓄，加之先进的设计辅助软件层出不穷，大批体现着较高设计水准和现代设计思想的建筑作品如雨后春笋拔地而起。

### 1.抽象异化的屋顶形态

在1999年的昆明世博园辽园设计中，满族的民居建筑以其原汁原味的建筑单体伫立于景园之内，硬山的屋面形式未做任何改变，并以其景观建筑的新身份跻身于园林设计之中（图10-1-15）。当时间转移到2006年的沈阳世界园艺博览会时，沈阳园的设计有了创新，活力沈庭景点处，一幢满族民居建筑被沿纵向一剖为二，一半可以看到室内，另一半将其围护墙体剥去露出框架，并以不锈钢材质替代了木屋架。通过这种简单的解构处理手法，一方面能让游客直观且深入地了解到满族民居建筑的精华，另一方面契合了景观建筑的特质，使其与周围环境恰当融合，共同构筑了沈阳园的美丽景色（图10-1-16）。

沈阳朝阳一校改造项目对传统建筑第五立面——屋顶的理解是“去其形而取其意”。几何形坡顶是对传统屋顶进行几何抽象的产物，将传统的坡屋顶割裂开,以一种立体几何的形态重新出现,并赋予其新的秩序,使其在不同的高度和方向上重新排列组合,实现了传统屋顶在现代建筑中的重构,给人以全新的空间感受，传达了传统大屋顶的意蕴（图10-1-17）。

### 2.传神取意的屋顶形态

沈阳桃仙国际机场2号航站楼，将传统的大屋顶形式转换并加上一种努力向上的造型元素,追求在传统屋顶造型元素

图10-1-15　昆明世博园辽园全景（来源：沈阳建筑大学建筑研究所 提供）

图10-1-16　沈阳世界园艺博览会沈阳园局部（来源：沈阳建筑大学建筑研究所 提供）

图10-1-17　沈阳朝阳一校改造后局部（来源：沈阳建筑大学建筑研究所 提供）

图10-1-18 沈阳桃仙国际机场2号航站楼外观（来源：王蕾蕾 摄）

的动态之中产生的瞬间平衡,形成气宇磅礴的航站楼造型。在这种平衡中,可看出其创造力以及它赋予建筑有机生命的精神。从整体上来看,屋顶的大尺度弧面形状可以看作是传统“大屋顶”的抽象变形（图10-1-18）。

如果说具象的传统屋顶形态，即便用再高明的设计手法处理也会让人顿生联想，那么传达意境的作品也不乏其数。竣工于2013年的辽宁省图书馆和辽宁省档案馆，均为现代建筑，虽然其立面为水平线性构图，但其轻巧飘逸、出檐深远的屋顶却传达了古建筑大屋顶的神韵，这也正是主创设计师来到沈阳后被沈阳的传统建筑最为打动的要点。

位于沈阳中街的恒隆广场，与世界遗产地及国家重点文物保护单位的沈阳故宫仅一街之隔，故宫建筑的独特性给建筑师带来了设计灵感。设计师表示，沈阳故宫建筑挑檐和屋顶优雅的曲线，以及从远处看去屋顶间错落有致的起伏和交叠，都令他们感到东方传统建筑独特的韵律和美感，同时也使他们联想到了仿佛如同群鸟飞翔时划过空中的弧线，契合了自然的动态、动势。因此，建筑设计采用的是盒式空间穿插错落的结构方式，建筑的主体诞生于一个稳定的方形基础，各部分空间如同一支花朵上的花瓣一般有序地“生长”出来，屋顶部分形成如古建筑般富有韵律的起伏和交叠，同时延续了大气而优美的屋檐曲线（图10-1-19）。

图10-1-19 沈阳中街恒隆广场外观（来源：王蕾蕾 摄）

传统建筑屋顶的优美形式和显著地位是任何建筑师在创造民族建筑形式时都无法回避的因素，经过不断地实践，建筑师逐渐从牺牲功能和造价的尴尬境地中摆脱出来，创造出各种崭新的屋顶形象，抑或形似，抑或神似，抑或形神兼备。

## 第二节 体现辽宁传统的建筑色彩

辽宁传统的建筑色彩可以用五彩缤纷来形容，以黄、绿、红、青灰等色为主色，每一种建筑色彩在其背后都会有丰富的文化底蕴。辽宁丰富的传统色彩文化，在受“礼制观念”控制的传统官式建筑中，“红”“黄”是它们的主色调，鲜艳的颜色是为了彰显其至高无上的地位。寒冷的北方，建筑上喜欢用浓重的色调，红色的墙身，朱红的大门，官式建筑中黄色的琉璃瓦，普通的灰瓦屋顶以及五颜六色的彩画等，传统建筑的绚丽色彩被深深植入人心。

## 一、温和明快的色彩构成

传统建筑中，每一种色彩都会对应一种或者多种传统建筑材料。在科学技术高度发展的今天，传统材料可以以一种或者多种组合的形式分布在建筑外表皮之上。单一的传统材料的运用，能够在建筑表面形成一种纯净的色彩环境，而由于单一材料存在时间或肌理的差异，单一的颜色也会呈现出一定范围之内的色差，这样一来这种单一色彩运用于建筑中也并不显得那么单调、枯燥，既能够体现建筑的时代感、产生强烈的视觉冲击力，更能为建筑增添一种传统文化的气质。

### （一）北方少数民族用色特点之单色的运用

#### 1. 红色

自古以来，红色就被广泛地运用于人们的生活中，如红色的宫墙、柱子、灯笼、红包等，逢年过节和婚礼这种喜庆之事以及各种重要的物件等都以红色为主要色彩，红色是民族文化中最具特色的色彩。中国人偏爱红色，认为红色是喜庆和生命的象征。在世界范围内,红色已成为现代中国被识别的标准色，产生了中国红的名词，成为世界人对中国及中国人民的印象,是中国的象征。在当代，作为民族文化标志性的色彩,红色既延续了中国古典美学和哲学思想,又形成了现代元素的新观念，构成了世界文化体系中一道独特而亮丽的风景。

位于辽宁盘锦的辽东湾体育中心于2012年竣工，其临海而建，一场三馆呈扇形展开。建筑形体为倒梯形结构，上大下小，外高内低，犹如一艘正要远航的红色巨轮。一场三馆的红色体量形成了有序的递进关系，成为整个海湾的视觉形象中心。辽东湾体育中心的红锦形象隐喻了辽东湾的地域文化。它位于辽河入海口，该区域拥有亚洲最大的湿地和国家级红海滩自然保护区。（图10-2-1、图10-2-2）

红海滩被誉为“天下奇观”，是辽东湾独具特色的自然景观。当地民俗文化中有一个美丽的故事，传说红海滩是“仙女红袖落凡间”形成的人间仙境。辽东湾体育中心的建筑形态似仙女红袖舞动而成，隐喻了辽东湾的地域文化，建筑形象具有独特的原创性。辽东湾体育中心的动感形象好似一条条舞动的锦带（图10-2-3）。夜晚配合光影变化，又

图10-2-1　辽东湾体育中心鸟瞰图（来源：范新宇 摄）

图10-2-2　辽东湾体育中心外观（来源：王蕾蕾 摄）

图10-2-3　辽东湾体育中心外观局部（来源：王蕾蕾 摄）

似一道道飞旋的光影，流光溢彩中绽放出体育运动的活力与速度的激情，反映了体育建筑的性格。建筑的色彩灵感来源于地域文化，建筑色彩的提取却来自于传统文化，从传统建筑中提取出的红色，纯正、典雅，延续了传统的特色。

### 2. 黄色

黄色与五行中的“土”相对应，而“土”与在方位的“中”相对应，在“木、火、土、金、水”五行之中，土居中，其有可助长万物的性质。并且“黄”“皇”的谐音更促成确立了黄色至高无上的地位。在古建筑中,黄色被认为是一种最高等级的色彩，因此出于严格的礼制,皇室的居住地和各种器物才能使用黄色,而老百姓们是禁止运用的。

建于2006年的沈阳市人民检察院，主楼外观采用黄色微晶石幕墙，幕墙板缝、明隐缝相结合，通过精准的模数化设计，使门、窗及挂板完整地统一到一起。整体建筑风格强调政府机关建筑的庄重性和亲和力，厚重大气，有着皇家的贵

图10-2-4　沈阳市人民检察院（来源：辽宁省建筑设计研究院 提供）

图10-2-5　沈阳市人民检察院外墙表皮（来源：辽宁省建筑设计研究院提供）

族气息，传承了陪都宫殿——沈阳故宫的建筑特色与尊贵色彩（图10-2-4、图10-2-5）。

### 3. 青色

在上古时代,“青”只指蓝色。“青”色在古建筑中是一种普遍运用的色彩，具有特殊的文化含义。“青”又与五行的“木”相对应，有“生”的含义，在方位上又与东方相互对应，青被看作是象征东方的颜色，太阳是从东方出来的，象征着人与事物勃勃生机的开始，象征着事物的成长发展，所以“青”具有“生机”“生长”的隐含意义。中国古人给予了青色广泛而深厚的含义，它在传统民族审美心理中占有

图10-2-6　东北传媒大厦（来源：辽宁省建筑设计研究院 提供）

重要地位，表现出了浓厚的中国文化底蕴。

2011年竣工的东北传媒大厦主楼为高低错落的双子塔连体多面体建筑，迎合了多角度的视线方向，通体为玻璃幕墙罩面，纯净的青蓝色玻璃幕墙搭配挺拔的建筑高度使东北传媒大厦从周围众多超高层建筑中脱颖而出，虽然玻璃材质在北方的使用遭到很多设计者的质疑，但纯净的色彩表达不失为对传统建筑传承的一种努力与尝试（图10-2-6）。

### 4. 白色与黑色

白色与黑色被称为无色之色，在传统色彩文化中占有举足轻重的地位。首先，它们是与宇宙万物尚未形成的所谓混沌状态相对应的色彩。古人认为各种颜色都由白色而确立起来，上述的五种正色就这样形成了。而世界也是由一种混沌的状态而形成的，传统文化中所表达的“一”就指的是宇宙尚未形成的“混沌”状态。黑色指的是“终藏万物者也”，也与宇宙尚未形成的“混沌”状态相对应。因此白和黑是五色之宗。

阜新万人坑遗址陈列展示馆在建筑色彩的选择上，设计者选择了灰白色的外挂石材作为主要的建筑材料，使建筑融入山体，陈列馆字迹的背景墙采用了黑色的饰面涂料，沉静、庄重，在黑色与灰白色之间，以蓝色的玻璃幕墙作为过渡，虚实对比，展示了纪念性建筑的性格（图10-2-7、图10-2-8）。

图10-2-7　阜新万人坑遗址陈列展示馆入口1（来源：辽宁省建筑设计研究院 提供）

图10-2-8 阜新万人坑遗址陈列展示馆入口2（来源：王蕾蕾 摄）

### （二）融合文化之多种颜色组成的色彩体系

不同的地域环境表现出了不同的色彩特征。在气候和人文因素的共同作用下，在民族和地域文化的共同影响下，民间建筑用色呈现了多种特征。民间建筑的用色，没有规范的限制，完全是人们逐渐形成的一种习惯，逐渐演变为一种潜在的规则，它与人们所处的自然地域、文化审美等因素有着一定的联系，普及并且传承下来。

#### 1. 以相近色彩组成色系基调

一个城市，一座建筑，给人以感观感受的除了外形外，便是色彩。一个时代的进步，一座城市的演变，折射着城市的建筑颜色。回归自然、回归传统文化的色彩风格必然是大势所趋，通过像自然材质的色彩来塑造建筑的形象，以期传承地域性的建筑文化。

沈阳河畔新城项目位于沈阳市浑南新区的富民桥畔，这里原是大片的农田和淳朴的民居（图10-2-9）。为了表达回归自然的渴望，营造亲切的生活气息，设计师从基地现状生长的植物色彩中提取了多种颜色组成的特征性色系作为建筑的基调色彩，由三个主色调穿插辅调搭配，统一中富于变化，使每栋建筑物都有不同的色彩标识（图10-2-10、图

图10-2-9 沈阳河畔新城远眺（来源：沈阳原筑建筑设计有限公司 提供）

图10-2-10 沈阳河畔新城地域性色彩提取1 (来源：沈阳原筑建筑设计有限公司 提供)

图10-2-11 沈阳河畔新城地域性色彩提取2（来源：沈阳原筑设计有限公司 提供）

10-2-11）。建筑材料上，主墙面采用黏土烧结面砖，既有砖建筑的朴实自然，又有多种色彩可供搭配选择。砖的贴法也做了细致的安排，不同尺寸、方向和色彩的砖和谐地组合在墙面上，与少量构件的涂料饰面形成富有趣味的质感对比。在形体细部与色彩的综合表现下，小区住宅在整体上呈现出厚重、温暖、大气、自然的氛围。远远望去，河畔新城住宅如同在土壤中生长出来的形态，是地域性与时代性有机结合的一个良好实践（图10-2-12）。

图10-2-12 沈阳河畔新城住宅外观(来源：沈阳原筑建筑设计有限公司提供)

图10-2-13 沈阳市东湖度假村远眺（来源：《地域、地段、文脉》）

## 2. 以明快色彩组成色系基调

沈阳河畔新城选择的是相同的色彩作为色系的基调，还有一些建筑选择了传统建筑中的几种特色鲜明的色彩作为建筑的基调，如沈阳市东湖度假村项目。

沈阳市东湖度假村位于市郊辉山风景区棋盘山水库之滨，是以接待离休老干部为主的休养建筑组群空间。设计构思强调人工建筑与自然环境的和谐统一。在风景区，建筑要甘当配角，以提高整体环境质量为目的，努力创造出一个安静、舒适、优美的休养环境。坡屋顶的立体造型和红瓦、白墙、石砌勒角台阶、圆木扶手栏杆等形成的表面肌理与山野环境对话，与当地民居呼应，室内设计则以白色和木本色为基调（图10-2-13）。

图10-2-14 辽宁东北抗联史实陈列馆色彩（来源：王蕾蕾 摄）

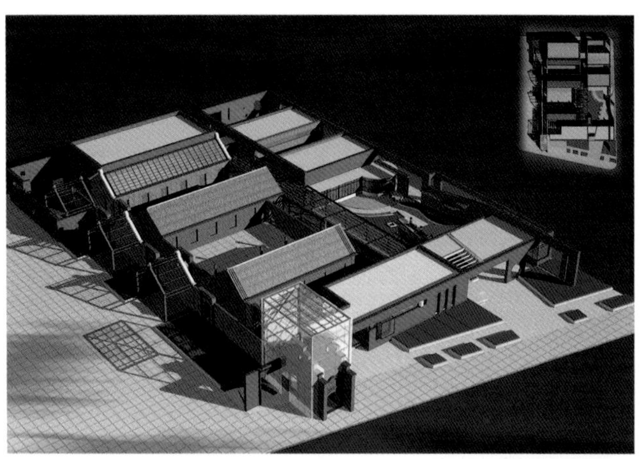

图10-2-15 中共满洲省委旧址保护及其陈列馆鸟瞰图（来源：沈阳建筑大学建筑研究所 提供）

图10-2-16 中共满洲省委旧址保护及其陈列馆建成照片1（来源：沈阳建筑大学建筑研究所 提供）

## 二、地域环境的色彩规律

在色彩运用上，现代的建筑创作需要结合传统建筑文化特点，考虑地域文脉及周围环境、地理位置、光照时间等因素，以达到陶冶性情，创造富有情感的城市空间。现代的建筑技术使传统材料在真实表达自身色彩的基础上，获得了更多的选择机会，与其他材料一起构成建筑多变的色彩，不同色彩之间可以相互对比，同类色彩之间可以相互呼应。

### （一）具有北方地域环境特点的用色规律

#### 1. 建筑色彩与自然环境相融合

建于2008年的辽宁东北抗联史实陈列馆，位于辽宁省本溪满族自治县城东南，汤河东岸，背山面水。建筑外观采用了当地石材和大面积的防腐木材，地域的石材有序地拼接，朴素的木材静静地排列，它们与背后的山林，与周围的环境默契地融合（图10-2-14）。

#### 2. 地域建筑性格的色彩表达

当建筑本身具有特殊的使用性质，具有地域性建筑特有的意义与内涵时，色彩的直接表达可以让人一目了然。

中共满洲省委旧址保护及其陈列馆设计，保留的不仅是两栋历史建筑，更重要的是保留了当年满洲省委工作的环境和气氛。通过对比与协调的手法，不仅使新建筑在建筑风格和环境上与新北市相协调，更是在新建筑的尺度上与原有建筑相协调。胡同东侧已被拆除的民房置的三角形山墙，既具有现代感又反映着原建筑屋脊形象的钢架造型，原用于室内的青砖铺地和坐凳，示意出当初的建筑体量与形态。为了使新建部分与原有文物形成区别，也为了突出红色政权的含义，新建建筑以革命红为主色调，区别于保护建筑的青砖色彩。设计者利用新材料与新色彩，使新建筑与原有建筑建立了一种对比关系（图10-2-15~图10-2-17）。

图10-2-17　中共满洲省委旧址保护及其陈列馆建成照片2（来源：沈阳建筑大学建筑研究所 提供）

图10-2-18　沈阳河畔新城小哈津幼儿园效果图（来源：沈阳原筑建筑设计有限公司 提供）

图10-2-19　大连东软信息技术学院（来源：沈阳都市建筑设计有限公司 提供）

## （二）地域性建筑材料的色彩表达

色彩，作为材料的自然属性之一，也是建筑材料表达地域性和时代性的一种手段，设计师结合建筑结构和建筑材料的特点，借助色彩表达意义。红砖给人温暖，青砖庄重朴实，清水混凝土的凝重，木材的舒适等，设计师根据自己的眼光和艺术修养将材料铺贴到它们适合的地方上去，来表达自己独特的色彩。

沈阳河畔新城的小哈津幼儿园，建筑饰面采用了色彩偏红的陶土面砖，使幼儿园这个特殊性质的建筑带给幼儿温暖、亲切的感觉。砖的铺贴有意避开了结构性的错缝砌筑方式，选择了对缝铺贴，强调了形式的现代特征，也是在表皮上对其非结构性的一种暗示（图10-2-18）。

大连东软信息技术学院位于大连软件园北端，山顶是葱郁的绿色山林，山脚是嶙峋的黄褐色微风化岩，远处是蔚蓝色的大海。设计者试图在校园与自然的山谷间建立对话，建筑外立面采用天然石材切割的页岩板整体贴装，结合立面设计的凹凸折射产生的光影律动来体现厚重古朴的韵律。它质朴的外观、青灰的色彩、静谧的材质营造出建筑深邃内敛、外柔内刚的建筑性格。粗犷却不粗糙、简洁而非简单（图10-2-19）。

图10-2-20 辽河美术馆外观局部1（来源：王蕾蕾 摄）

图10-2-21 辽河美术馆外观局部2（来源：王蕾蕾 摄）

辽河美术馆整个工程以内敛的传统中国庭院式的美术馆工程与开放的辽河文化广场组成。美术馆建筑以清水混凝土结合钢和玻璃作为外饰面材料。固定模板留下的孔眼，拆模后经过精心封堵，用模具压制成一个凹陷的圆洞效果，这种精心的设计，使大面积的清水混凝土墙面获得了尺度感和韵律感。原本厚重、粗糙的清水混凝土，转化成了一种细腻精致的纹理，以一种绵密、近乎均质的质感来呈现，使美术馆的文化品质得以升华（图10-2-20、图10-2-21）。

## 第三节 体现辽宁建筑装饰特色的现代传承

个性鲜明的传统建筑装饰文化根植于悠久的民族文化，有着强烈的民族特质，博大精深，源远流长。把传统的建筑装饰文化与现代的建筑装饰结合，把优秀的传统建筑装饰文化“基因”融汇到现代建筑设计文化之中，让文化精髓在新的条件下继续发挥它们的作用。

传统建筑中的装饰构件，在保障现代基本生活功能的先决条件下，尊重传统细部要素的比例和尺寸，通过现代材料技术的使用移植到现代建筑中去，这种形式上遵循传统的设计手法，很直接地引起人们对传统的想象，某种意义上体现了传统建筑的气息，这种设计方法时至今日依旧占领一席之地，收到不错的成效。

## 一、装饰部位的延续

建筑装饰使建筑的细节更为精致，恰如美女的妆容，重点部位重点勾勒，如建筑的屋顶、外墙、檐口、柱头、门窗等，装饰的风格与色彩的不同体现了不同的地域特色和文化理念。特殊的装饰部位的选择，抑或是建筑轮廓的转折，抑或是使用功能的重点，自然使然。现代的建筑创作传承了传统建筑的装饰部位，除了纯装饰的要求，更多的也是源于其使用功能的重要性。

### （一）屋顶及檐口装饰

传统建筑的屋顶是很具有代表性的建筑装饰，屋顶的形式、屋面的材料、屋脊的装饰等，共同构建了特色的传统建筑屋顶。现代建筑使用功能及建筑材料的发展，使得建筑的规模早已不局限在有限的屋顶之下，传统的屋顶形式更多的存在于景观亭阁中，而现代建筑所传承的，是传统建筑的屋面功能以及对于建筑第五立面的深入思索。檐部处于屋顶与墙体的交接部位，不论从装饰角度还是技术角度上看，它都起到承上启下的作用，特别是大屋面出檐深远的传统建筑中，檐口部位更是装饰的重中之重。现代建筑中，由于大屋面形式的淡出，檐口部位已经逐渐与主体墙面形成一体，变成了墙体的一部分。

沈阳国际展览中心是东北地区最大的会展中心，单个展厅面积达到了1.32万平方米，横向跨度70米，是辽宁省第一个采用如此跨度的张悬梁项目。八个展厅既相对独立，又相互联系，八个大跨度的屋面连为一个整体，柔美的弧线除了满足造型的需要，更多地考虑了排水、通风及保温等多方面因素。屋面在檐口部位的悬挑、韵律的镂空，不仅看似轻盈，而且利于了檐口下部空间的采光（图10-3-1、图10-3-2）。

图10-3-1 沈阳国际展览中心展厅端部（来源：中国建筑东北设计研究院有限公司 提供）

图10-3-2 沈阳国际展览中心主登录厅入口（来源：中国建筑东北设计研究院有限公司 提供）

### （二）外墙装饰

传统建筑中，外墙作为主要的围护构件，最主要的特色就是鲜明的色彩以及厚重的材质，青砖被广泛运用于建筑的表皮。传统的墙身对砖的表达通常是以各种平面上的中规中矩的排列组合来实现的，而现代的建筑创作中，设计师运用多重砌筑方法、多种建筑材料以及多变的色彩来营造丰富的墙体肌理。在延续采用砌筑砖体作为建筑的围护构件时，建筑师将材料平面式的组合转变成三维的构成，极大地增强了材料的感染力，完美展现了建筑的纯净、干练、整体等特征，富有很强的感染力和视觉冲击力。

本溪凹舍的建筑采用红砖作为其表皮，在东北寒冷的气候环境中，厚达6厘米的红砖素材，除了为建筑覆上一层温暖色彩，也具有良好的保温效果与持久的抗风化能力，红砖质朴的风格更在此遥遥呼应着建筑正前方的天然山色景致（图10-3-3、图10-3-4）。

为了让这种厚重且粗犷的材料呈现出其原有属性的相反方向，设计者将砖像拉伸的网眼织物结构一样进行垒砌，放眼到整体便形成了建筑从不透明到透明的渐变，获得了新的质感与张力。新的形式与传统建筑漏窗形成了通感，光线从砖的缝隙里逐渐渗透到室内，这种渐变模糊了室内和室外的界限。

图10-3-3 本溪凹舍墙面1（来源：陶磊建筑事务所 提供）

图10-3-4 本溪凹舍墙面2（来源：陶磊建筑事务所 提供）

## （三）门窗装饰

门与窗户的开启方式包括推拉门窗、固定门窗、平开门窗、折叠门等，不论是住宅抑或是公建，门面都是极其重要的，通过大门的建筑样式和规模便能看出使用者的身份和地位。门脸，通过对门的装饰，也可以提醒人们入口的位置。

沈阳“九·一八”历史博物馆扩建工程中，在入口处简洁光滑的石材墙面上镶有大型浮雕，象征着囚牢的黑色门用长钉钉在门框上，门框上方那整块的长条石，以及门框两侧简洁不规则的条石砌筑，恰到好处地对门口进行了装饰，这是朴素的契合建筑主题的装饰（图10-3-5）。

传统建筑中门窗艺术特色主要体现于窗棂的图案，大部分是步步锦，也有灯笼框、盘肠、龟背锦等图式。其图案本身盘曲连接，无头无尾，无休无止，具有绵延不断的连续感，因而被人们取做世代绵延、福禄承袭、寿康永续、财富不断、爱情永恒等象征。沈阳中街的豫珑城，将多种窗棂图案运用其中，结合传统的屋顶曲线、丰富的檐口彩画以及青瓦红墙等多种传统元素，塑造了具有传统建筑特色的商业街区（图10-3-6～图10-3-8）。

图10-3-5 沈阳“九·一八”历史博物馆扩建后入口（来源：王蕾蕾 摄）

图10-3-6　沈阳中街豫珑城窗棂图案1（来源：王蕾蕾 摄）

图10-3-7　沈阳中街豫珑城窗棂图案2（来源：王蕾蕾 摄）

图10-3-8　沈阳中街豫珑城窗棂图案3（来源：王蕾蕾 摄）

## 二、装饰符号的提取

传统建筑中以形式著称的宫殿、陵墓、民居、古塔等，通过对其造型的简化提炼、抽象变异，成了现代建筑外在形式的创作源泉。建筑师在建筑创作中使用传统外在形式元素的时候，竭尽可能地对所用元素进行抽象的处理或者变异，以构建出与众不同的外在形式，也就是在这种情况下传统外在形式的抽象变异得到了空前的发展。

### （一）传统形式的抽象约简

抽象约简是对传统建筑形式的整体或者局部进行艺术加工提炼与抽象简化，使之可失传统之形而不失传统之韵，使传统在结合现代的功能与技术的基础上得到延续和发展。

中国传统建筑的元素符号内容繁杂且富有多样性，只有在抓住它的内涵的前提下，才能在建筑设计中传达传统符号的神韵。在现代建筑设计中,使用传统建筑符号是使现代建筑体现传统神韵的主要语言,也是取得建筑和谐统一的主要手段。形式的简化与提炼是现代建筑中表达传统文化很常见的运用方式。将传统建筑中外在形式略去其烦琐的装饰，在此基础上进一步抽象简化，再通过现代的材料和技术加以表达，这是现代建筑中传承实践的一种重要方式。

#### 1. 整体的加工提炼

医巫闾山大阁风景区入口处的山门，采用了图底转换、虚实相生和计白当黑等艺术处理手法，以四块钢筋混凝土板片组成一个硕大的“立体构成”，中间虚空部分的边缘现出著名辽代建筑遗物，我国现存最早的庑殿式山门——蓟县独乐寺山门的轮廓，四片斜置的钢筋混凝土板的位置同传统庑殿的四道斜脊相应，吸取乌头门的造型特点，形似门扇以隐喻“门”。

#### 2. 局部的抽象异化

辽沈战役纪念馆主馆大门设计是采用中国牌楼形式，在该设计中用牌楼来纪念某件事或某个人的功绩，恰到好处。牌楼也是中国式的凯旋门,通过简化重组，在主馆中采用这样

图10-3-9 辽沈战役纪念馆入口（来源：王蕾蕾 摄）

图10-3-10 沈阳朝阳一校（来源：沈阳建筑大学建筑研究所 提供）

的建筑形式，既增强了建筑的纪念性，又突出了建筑的民族特色（图10-3-9）。

## （二）传统构件的符号拼贴

当代建筑创作过程中，我们经常能够见到一部分设计师使用中国传统建筑中的小构件或者细部要素，用它们作为传统的代名词和象征，表现其作品的传统文化气息。还试探性地运用现代的建筑设计语言来转换传统的细部要素，以一种陌生的形式解构或重构传统建筑的细部，充分运用现代材料的性能和多样性来挖掘、提取传统建筑中能为我所用的细部要素，使之成为某种典型意义或者象征意义的符号，并在建筑作品中拼贴使用，努力探求传统与现代融合的一种新路子。

沈阳朝阳一校改造项目，灵活地运用了满族传统建筑中的窗棂图案，以其凹凸有致的线槽和形态多样的花纹，组成了形态各异的几何图形，经过现代材料的加工，通过现代建筑语言梳理之后运用到了改造项目中，在窗槛墙的表面以及主入口上方的墙面上创造出了丰富的肌理，传承了传统文化。该项目窗槛墙部位运用了另一种满族元素——满族文字，它不似汉字的方正，其随性飘逸、字字如画。这种以文字为装饰的手法正是从古建筑中传承而来，在大政殿的藻井天花上，中心外环为八个文字天花，写有“福禄寿喜”；凤凰楼二层的天花彩画中，也有篆体汉字“万寿无疆”（图10-3-10）。

## （三）传统文化的多元重构

这种手法打破了狭窄的传统文化概念，广泛选择各种传统建筑造型素材，运用了并置、对比、交错、渗透等多种手段，先打散后再加以重构，以期获得意想不到的效果。

沈阳中街的海堰里项目，采用街区式布局，强调空间渗透性，通过内街、广场等公共开放空间联系北侧九门遗址公园及南侧北中街。项目建筑风格承袭沈阳本土文化，

图10-3-11　海堰里鸟瞰图（来源：同济大学建筑设计研究院（集团）有限公司 提供）

图10-3-12　海堰里沿街透视图（来源：同济大学建筑设计研究院（集团）有限公司 提供）

图10-3-13　海堰里商业内街透视图（来源：同济大学建筑设计研究院（集团）有限公司 提供）

以“清代东北传统民居建筑再演绎”为主题，通过尺度、界面、天际线、色彩等方面的控制，强调各个沿街面的历史风貌再塑，力求打造一个具有传统韵味的仿古商业街区。同时，以明清建筑中的民居为原型，更易于营造亲切热闹的平民化风格。从明清东北传统民居建筑的檐口、山墙、剖面空间的结构出发，运用抽象、简化、反转等手法形成带有传统建筑意韵的现代建筑形态（图10-3-11～图10-3-13）。

图10-3-14 辽宁五女山山城高句丽遗址博物馆入口（来源：王达 摄）

图10-3-15 辽宁五女山山城高句丽遗址博物馆室内（来源：王达 摄）

## 三、功能性装饰与非功能性装饰

传统建筑中饱含传统文化气息的建筑细部构件，除了本身所具有的装饰功能外，大多都有实用价值，如油饰彩画是为了保护木材，屋顶吻兽是保护屋面的构件等。随着建筑设计的发展及建造技术的提高，现代的建筑中，有一些装饰的功能性和一些装饰的非功能性都被传承了下来，也有一些原来具有功能性的装饰正在逐步转化为非功能性的装饰。

### （一）功能性装饰的传承

功能性装饰是与承重功能、材料、结构、构造相关的装饰，是对建筑本身的修饰和艺术加工。建筑装饰的功能性与建筑的功能性高度一致，它准确表达了建筑功能空间的结构形式特性，与结构、构造、材料等实质内容相关，增强了结构逻辑，简单并真实地表达了材料。

2008年建设完成的辽宁五女山山城高句丽遗址博物馆，位于辽宁省桓仁县。遗址本身作为最大规模的空间文物，其位置的不可移动性使其必然具备强烈的地域特征，反映出遗址所在地区的地理气候等自然特点。为了表达以“积石文化”为特征的高句丽文化，设计者在确定内部功能流线之前，首先确立了以垒石作为博物馆外墙的设计理念，延续了墙体的基本围合功能，并通过叠石墙面的厚重与粗粝，使历史信息与自然环境特色在建筑上得以体现（图10-3-14、图10-3-15）。

### （二）功能性装饰向非功能性装饰的转化

传统建筑以木结构形式为主，形成了诸多独特的构件，例如屋檐下一束束的“斗栱”。它是由斗形木块和弓形的横木组成,纵横交错,逐层向外挑出,形成上大下小的托座。这种构件既有支承荷载梁架的作用,又有装饰作用。随着时代的发展，其结构形式简化,梁直接放在了柱子上,斗栱的结构作用几乎完全消失,变成了纯粹的装饰品。

通过延续传统建筑的比例尺度，借鉴传统建筑的外在形式、细部，运用传统符号，以建筑形式的方式传达传统形式的再现与革新，运用传统的色彩组合和搭配，以建筑色彩的方式表达传统的精神和内涵。历史在发展，传统元素也在不断更新，当代的事物在将来也会成为历史。在当今城市同质化的背景下，探索传统与现代的融合，保留当地的文化底蕴，超越城市化的难题，并且展现国际化的设计，这是对新一代建筑师的挑战。传统与现代不应该是对立的，古今之间，理论与实践之间，并不是非此即彼，寻找传统和现代之间连接的桥梁，寻找传统文化与现代生活方式以及审美观念的结合点，使传统文化在现代以及未来的建筑创作中能够源远流长。

# 第十一章　结语

建筑是地区的产物，不同地区的客观条件造就了不同的建筑现象。特别是当信息交流手段不甚发达的时期，某一地区的建筑形态往往十分相近，而不同地区的建筑却可能差异鲜明，它不仅体现于建筑的外形特征，也包括不同地区建筑对其所处社会生活以及不同审美观的回馈，以及在建造技术与水平方面的差距。科技的发展、信息技术的飞跃使得世界上各个地区之间的距离被缩短、壁垒被打破，跨地区、跨国家的交流变得简易而经常，全球化成了一种必然。缘于地区条件而存在的建筑不再孤僻，纷纷随波融入全球化的大潮之中。全球化在给人们带来先进技术与丰富物质的同时，也在促成着世界文化的单一性与沙漠化。然而，我们必须认识到，科技发展及其所形成的全球化趋势是社会发展的正态，势不可挡。不应站在它的对面阻碍它的前行或站在一旁冷眼观之。而对于由它携裹而来的负面作用，却应以积极的态度提出相应的规避与完善之策。文化生活应该是丰富多彩的，城市、乡镇、建筑不能仅仅作为科技的产物，它们同时伴随着不同地区的环境条件与地域文化而存在，并展示着各自的形态与特色。

令人担忧的从来不是大自然无私而多彩的奉献，倒是人们对它感知、接受与表达的钝漠态度和探索精神的缺乏。不同地区所独具的环境条件，为建筑创作提供着丰富的给养，尤其当人类处于更多地依赖客观条件而采取一种以适应性为主要生存方式的时代，建筑也更多地体现着它所处地区的特殊性，否则建筑也会同人一样“水土不服”。然而，一旦人们对客观条件的依赖性能够被先进的科技力量弱化之后，建筑对客观环境的反应也将变得麻木。因此，我们今天的一个重要课题，恰恰是需要找回对地域环境与条件的敏感性，将现代技术应用到对地域条件的精彩表达之中。

首先，地域性的环境条件来自于自然的制约。不同地区的气候、地理等差异，使得建筑必须面对和适应严寒、酷暑、雨雪、风沙等各种天气条件的挑战；又要受到山川、平原、海洋、沙漠等各种地形、地质条件的制衡。建筑正是在解答这些自然因素所造成的疑难问题的过程中，被注入了它们各自的标志与个性。

其次，地域性的环境条件来自于社会等人文影响。不同地区的历史、民族、宗教、习俗造就了地域性的生活方式与社会形态，它们带给建筑以更多的特色元素，既有造型方面的，也有空间与技术方面的；既体现在单体建筑上，也体现在整体的环境之中。

再者，地域性的环境条件来自于当地的建筑材料及其相应的建造技术。土、木、竹、草、石、矿等地方资源为建筑提供了丰富的塑造方式与手段，人们自古以来对本地材料的长久研习，练就了具有地方特点的营造技术，不仅使这些材料能够充分满足建筑的功能要求，更令建筑表现出浓郁的地方特色，令世界文化如似锦繁花。尽管今天科技的发展令我们对客观世界所提供条件的依赖性大大地削弱，但是人们对多彩世界的追求与向往却依旧强烈。建筑日臻大同的趋势与人的自然本性悖向互动的潜潮，激发着我们去挖掘和分析各自地区曾经发生过的建筑现象及其典型特征，去探索各自地区建筑对传统优势的传承与创新之路。

然而，对建筑地域性特色的挖掘与传承，并非提倡对传统建筑形态的直接套用和对过去成果的固守。传统的成果哪怕是其中优秀的部分也是产生于当时的客观条件和技术水平，将它们原封不动地套用到当今时代，必然时过境迁、不合时宜，既难于满足今天的生活需要，也难于与当今社会的审美标准吻合。建筑的地域性特点同样需要与时俱进，与社会同步。创新是传承的保证。

我们可以从两个不同的途径寻觅地域性建筑的特点。

一是现代建筑的地区化。现代的生活方式为建筑的现代化提出了目标与内容，现代的科学技术为建筑的现代化提供了实现的条件与保证。体现着时代精神的现代建筑大潮铺天盖地、席卷全球。其实，构成这个与时俱进世界的许多地方性的客观环境并不可能被同化，作为建筑存在的具体条件依然各存区别。建筑设计的理性思路不是利用先进的技术手段抵御和埋没地域性的客观条件，恰恰相反，应该是适应和表现它们，从而形成不同地区各自的建筑特色。丰富的建筑创作源泉，不仅仅来自他人精彩作品的启迪，更来自对地区条件（自然的、人文的、资源与技术的）的反应和适应性地再创造。用现代的建筑理念、建筑技术去表达不同地区的客观条件是一条通达地域性建筑的重要途径。

二是乡土建筑的现代化。在科学技术不甚发达的时期，造就了人们适应环境、迁就条件的自觉性，也使得地区间的交流由于通信手段的落后而受到阻隔。在此背景下产生的乡土建筑既存在生活环境与条件低下、建筑发展缓慢的一面，又体现出优化地区条件、地域特色鲜明、建筑文化丰富多彩的优越性。因此，现代建筑在以现代技术打破地区壁垒、提升建筑质量、提供现代生活场所的同时，又应从乡土建筑中提取和吸纳其地域性因素，创造新乡土建筑、现代乡土建筑。

现代建筑的地区化、乡土建筑的现代化，殊途同归，推动着世界建筑的不断发展与建筑世界的丰富多彩。

辽河流域寒冷的气候条件中，独特的地形地貌和独特的资源，养育了世世代代生活在这里的人们。这里历来是北方少数民族的发祥地和聚居地，北方的游牧文化和渔猎文化曾是这块土地上的主导文化，这里有着鲜明的地域文化特色。从第一支华夏族进驻辽河流域，后又经历了几次中原汉人的大规模移民，使得这里又具有多民族融合的文化特征。作为文化载体的辽宁传统建筑注定体现了辽河流域的地域性特点，同样辽宁当代的建筑创作也必须对这块土地给予回应，而“现代建筑的地区化”和“乡土建筑的现代化”便是实现辽宁建筑地域性特征的两个主要途径。

# 参考文献

# Reference


[1] 阿桂等. 盛京通志[M]. 武英殿刻本，1784.

[2] 官修. 天聪九年档（汉译本）[M]. 天津：天津古籍出版社，1989.

[3] 官修. 崇德三年档（汉译本）[M]. 沈阳：辽宁人民出版社汉译本，1992.

[4] 马炳坚. 中国古建筑木作营造技术［M］. 北京：科学出版社，1991.

[5] 傅熹年. 中国古代城市规划建筑群布局及建筑设计方法研究［M］. 北京：中国建筑工业出版社，2001.

[6] 陈伯超，支运亭. 特色鲜明的沈阳故宫［M］. 北京：机械工业出版社，2003.

[7] 陈伯超. 满族建筑文化国际学术研讨会论文集［M］. 沈阳：辽宁民族出版社，2001.

[8] 铁玉钦，王佩环等. 盛京皇宫［M］. 北京：紫禁城出版社，1987.

[9] 铁玉钦等. 清帝东巡[M]. 沈阳：辽宁大学出版社，1991.

[10]（日）伊藤清照. 奉天皇宫建筑之研究［M］. 东京：日本东京洪洋社，1924.

[11]（日）伊藤清照. 奉天故宫建筑图集［M］. 东京：日本东京洪洋社，1924.

[12] 李澍田. 清实录东北史料全集. 长白丛书三集［M］. 长春：吉林省文物出版社，1990.

[13] 中国科学院自然科学史研究所. 中国古代建筑技术史［M］. 北京：科学出版社，1990.

[14] 故宫博物院. 紫禁城营缮记［M］.北京：紫禁城出版社，1992.

[15] 故宫博物院古建部. 工程做法注释［M］. 北京：中国建筑工业出版社，1995.

[16] 闫文儒. 沈阳故宫建筑考[J].东北文物展览会集刊.中华民国.

[17] 王明琦. 论清宁宫与萨满祭祀[J].辽宁考古 · 博物馆学会会刊. 1981.

[18] 佟永功. 沈阳故宫文集[M]. 天津：南开大学出版社，1992.

[19] 支运亭. 论清前期皇宫建筑艺术风格和满族文化的发展趋势.清前历史文化[M]. 沈阳：辽宁大学出版社，1998.

[20] 田村治郎. 奉天宫殿建筑史考[J]. 满洲学报，1933，(02).

[21] 张十庆. 中日古代建筑大木技术的源流与变迁[M]. 天津：天津大学出版社，2004，（05）.

[22] 傅熹年. 傅熹年建筑史论文集[M]. 北京：文物出版社，1998：13-17.

[23] 刘国镛. 辽西省文物古迹调查琐记[J]. 历史建筑，1958，(03，04).

[24] 曹汛. 义县奉国寺无量殿实测图说[J]. 文物保护技术1981，(01).

[25] 朴玉顺. 沈阳故宫木作营造技术[M]. 南京:东南大学出版社，2010.

[26] 支运亭. 清前历史文化：清前期国际学术研讨会文集[C] 沈阳: 辽宁大学出版社，1998.

[27] 陈伯超. 盛京宫殿建筑[M]. 北京: 中国建筑工业出版社，2007.

[28] 栾晔，李理. 从沈阳故宫宫殿建筑看满汉文化的交融[J]. 沈阳建筑大学学报(社会科学版). 2010(02).

[29] 佟悦. 关东旧风俗[M].沈阳：辽宁大学出版社，2001.

[30] 揣振宇. 中原文化与汉民族研究[M]. 哈尔滨：黑龙江人民出版社，2007.

[31] 葛剑雄，曹树基，吴松弟.简明中国移民史[M].福州：福建人民出版社，1993.

[32] 葛剑雄，安介生.四海同根——移民与中国传统文化[M].太原：山西人民出版社，2001.

[33] 蒋宝德，李鑫生. 中国地域文化（上、下）[M]. 太原：山西人民出版社，1997.

[34] 李曼罗. 近代东北移民成因的历史考察[D]. 吉林大学，2008.

[35] 郑伟. 晚清以来关内移民东北问题研究[D]. 南京师范大学，2006.

[36] 范立君. 近代东北移民与社会变迁[D]. 浙江大学，2005.

[37] 阎宝林. 沈阳昭陵建筑特色与其申报世界遗产的关联性研究[D]. 沈阳建筑大学，2002.

[38] 田冬. 清福陵建筑特色研究[D]. 沈阳建筑大学，2004.

[39] 邢飞. 辽宁现存古代建筑群空间形态特征研究[D]. 沈阳建筑大学，2014.

[40] 张凤婕. 地域·宅形·基因——东北地区汉族传统民居研究[D]. 沈阳建筑大学，2011.

[41] 陈伯超，张复合. 中国近代建筑总览沈阳篇[M]. 北京:中国建筑工业出版社，1994.

[42] 李百浩. 满铁附属地的城市规划历程及其特征分析[J]. 上海:同济大学学报，1997（1）.

[43] 袁行霈，陈进玉. 中国地域文化通览-辽宁卷[M]. 北京：中华书局，2013.

[44] 李同予，薛滨夏，白雪. 东北汉族传统民居在历史迁徙过程中的型制转变及其启示[J]. 城市建筑，2009(6).

[45] 范丽君. "闯关东"与民间社会风俗的嬗变[J]. 大连理工大学学报（社会科学版），2006(3).

[46] 余英. 中国东南系建筑区系类型研究[M]. 北京：中国建筑工业出版社，2001.

[47] 中国科学院考古所. 中国的考古发现和研究[M]. 北京：文物出版社，1984.

[48] 孟古托力. 战国至秦东北地区华夏人口探讨[J]. 黑龙江社会科学，2002，4.

[49] 毛英萍、于立群. 明代辽河流域汉民族的迁徙影响[J]. 沈阳教育学院学报，2004，9.

[50] 范立君. 近代东北移民与社会变迁1860～1931[D]. 浙江大学，2005.

[51] 石方. 清代黑龙江移民探讨[J]. 黑龙江文物丛刊，1984，3.

[52] 范立君. 近代东北移民与社会变迁1860～1931[D]. 浙江大学，2005.

[53] 刘举. 三十年代关内移民与东北经济发展的关系[J]. 黑龙江社会科学，2005，1.

[54] 王杉：《浅析民国时期闯关东的时空特征》民国档案，1999年2月.

[55] 何廉：《东三省之内地移民研究》，载《经济统计》季刊第1卷，1932年.

[56] 葛剑雄：《中国移民史》第1卷（导论），福建人民出版社，1997年.

[57] 赵中孚：《近世东三省研究论文集》，台北：成文出版社，1999年.

[58] 王树楠，吴廷燮，金毓黻纂：民国《奉天通志》（影印版）卷99，礼俗3，沈阳古旧书店，1983.

[59] 李绍纲. 寒冷地区多高层旅馆门厅的冬季冷风渗透问题[J]. 建筑学报，1986. (5)：23-28.

[60] 陈伯超. 地域性建筑的理论与实践[M]. 北京：中国建筑工业出版社：87-88.

[61] 赖德霖. 梁思成建筑教育思想的形成及特色[J]. 建筑学报，1996. (6)：26-29.

[62] 吕海平，朱光亚. 杨廷宝早年在沈阳的新建筑探索[J]. 华中建筑，2009. (2)：29-34.

[63] 刘克良. 地段、地域、文脉[M].沈阳：辽宁科学技术出版社.

[64] 陈伯超. 地域性建筑的理论与实践[M]. 北京：中国建筑工业出版社：179-183.

[65] 彭一刚. 建筑空间组合论[M]. 北京：中国建筑工业出版社，1998.44-50.

[66] 毛兵，薛晓雯. 中国传统建筑空间修辞[M]. 北京：中国建筑工业出版社，2010.
[67] 刘克良著. 地段、地域、文脉. [M]. 沈阳：辽宁科学技术出版社.
[68] 朴玉顺，陈伯超. 沈阳故宫木作营造技术[M]. 南京：东南大学出版社.
[69] UED杂志社. 东北的态度：东北建筑师的本土创作[C]. 沈阳：辽宁科学技术出版社.
[70]（日）芦原义信 著、尹培桐 译. 外部空间设计[M]. 北京：中国建筑工业出版社，2004.
[71]（意）布鲁诺，赛维 著、张似赞 译. 建筑空间论[M]. 北京：中国建筑工业出版社，1985.
[72] 齐康. 建筑 空间 形态——建筑形态研究提要[J]. 东南大学学报（自然科学版）.2000.
[73] 刘辉. 建筑外部空间的序列与节奏[J]. 天津城市建设学院学报，1997，（3）.
[74 吕颜君. 中国传统建筑空间形式在现代文化建筑中的应用——以苏州博物馆为例[D]. 西北大学，2013.
[75] 陈伯超，董立润，陈式桐. 辽宁建筑设计思想五十年[J]. 沈阳建筑工程学院学报，1999，1(15) .1.
[76] 陈伯超. 地域性建筑的理论与实践[M]. 北京：中国建筑工业出版社.
[77] 黄柯，申晓辉. 中国传统建筑材料的现代地域性表现[J]. 社科纵横，2010. (22)：40-41.
[78] 周巍. 东北地区传统民居营造技术研究[D]. 重庆大学，2006.
[79] 刘莹. 传统材料在当代环境设计中的艺术再现[D]. 重庆大学，2010.

# 辽宁省传统建筑解析与传承分析表

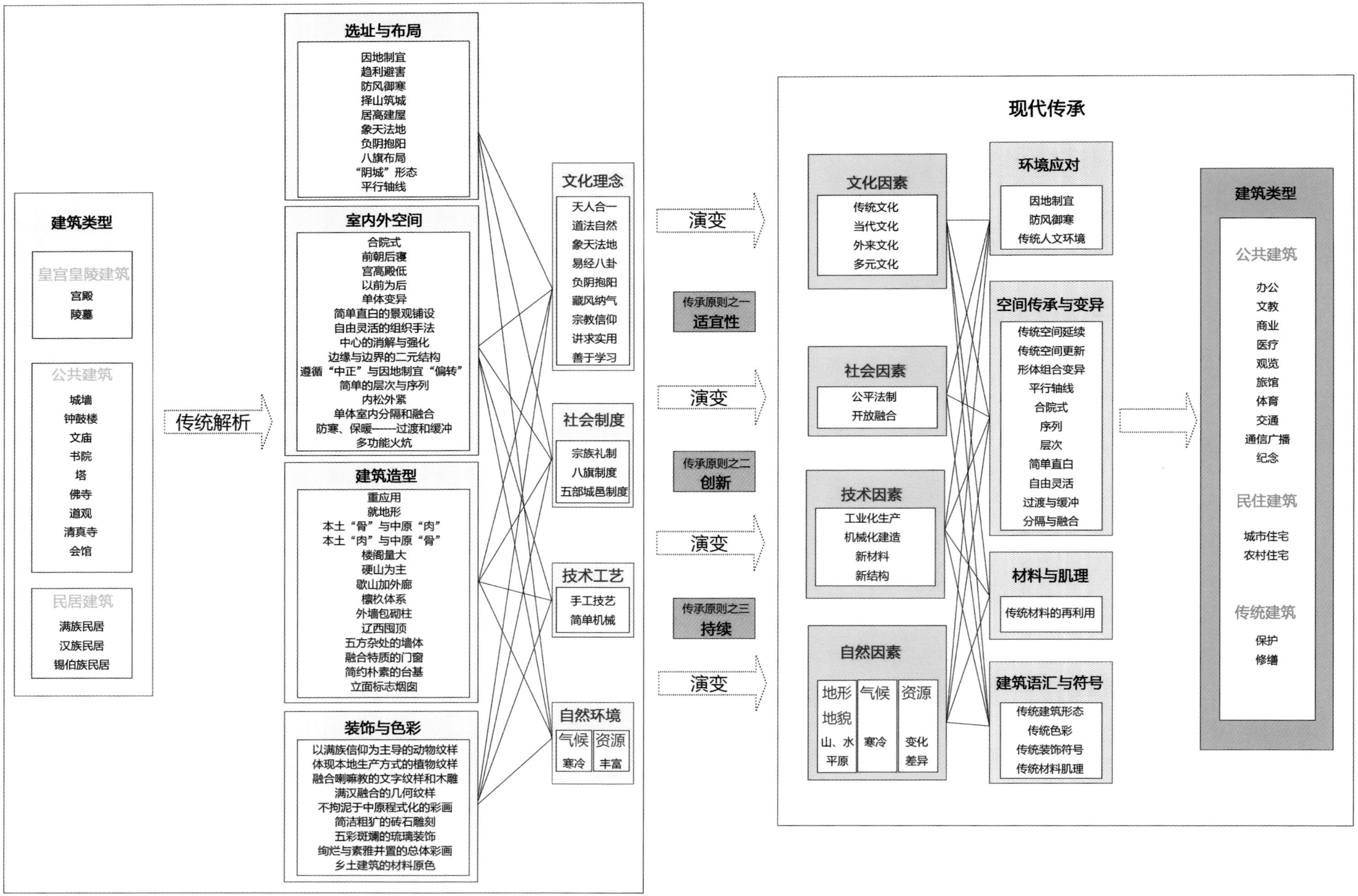

## 建筑类型

皇宫皇陵建筑
- 宫殿
- 陵墓

公共建筑
- 城墙
- 钟鼓楼
- 文庙
- 书院
- 塔
- 佛寺
- 道观
- 清真寺
- 会馆

民居建筑
- 满族民居
- 汉族民居
- 锡伯族民居

传统解析

## 选址与布局
- 因地制宜
- 趋利避害
- 防风御寒
- 择山筑城
- 居高建屋
- 象天法地
- 负阴抱阳
- 八旗布局
- “阴城”形态
- 平行轴线

## 室内外空间
- 合院式
- 前朝后寝
- 宫高殿低
- 以前为后
- 单体变异
- 简单直白的景观铺设
- 自由灵活的组织手法
- 中心的消解与强化
- 边缘与边界的二元结构
- 遵循“中正”与因地制宜“偏转”
- 简单的层次与序列
- 内松外紧
- 单体室内分隔和融合
- 防寒、保暖——过渡和缓冲
- 多功能火炕

## 建筑造型
- 重应用
- 就地形
- 本土“骨”与中原“肉”
- 本土“肉”与中原“骨”
- 楼阁量大
- 硬山为主
- 歇山加外廊
- 檩杦体系
- 外墙包砌柱
- 辽西囤顶
- 五方杂处的墙体
- 融合特质的门窗
- 简约朴素的台基
- 立面标志烟囱

## 装饰与色彩
- 以满族信仰为主导的动物纹样
- 体现本地生产方式的植物纹样
- 融合喇嘛教的文字纹样和木雕
- 满汉融合的几何纹样
- 不拘泥于中原程式化的彩画
- 简洁粗犷的砖石雕刻
- 五彩斑斓的琉璃装饰
- 绚烂与素雅并置的总体彩画
- 乡土建筑的材料原色

## 文化理念
- 天人合一
- 道法自然
- 象天法地
- 易经八卦
- 负阴抱阳
- 藏风纳气
- 宗教信仰
- 讲求实用
- 善于学习

## 社会制度
- 宗族礼制
- 八旗制度
- 五部城邑制度

## 技术工艺
- 手工技艺
- 简单机械

## 自然环境

| 气候 | 资源 |
| --- | --- |
| 寒冷 | 丰富 |

演变

传承原则之一 **适宜性**

演变

传承原则之二 **创新**

演变

传承原则之三 **持续**

演变

# 现代传承

## 文化因素
- 传统文化
- 当代文化
- 外来文化
- 多元文化

## 社会因素
- 公平法制
- 开放融合

## 技术因素
- 工业化生产
- 机械化建造
- 新材料
- 新结构

## 自然因素

| 地形地貌 | 气候 | 资源 |
| --- | --- | --- |
| 山、水 平原 | 寒冷 | 变化 差异 |

## 环境应对
- 因地制宜
- 防风御寒
- 传统人文环境

## 空间传承与变异
- 传统空间延续
- 传统空间更新
- 形体组合变异
- 平行轴线
- 合院式
- 序列
- 层次
- 简单直白
- 自由灵活
- 过渡与缓冲
- 分隔与融合

## 材料与肌理
- 传统材料的再利用

## 建筑语汇与符号
- 传统建筑形态
- 传统色彩
- 传统装饰符号
- 传统材料肌理

## 建筑类型

公共建筑
- 办公
- 文教
- 商业
- 医疗
- 观览
- 旅馆
- 体育
- 交通
- 通信广播
- 纪念

民住建筑
- 城市住宅
- 农村住宅

传统建筑
- 保护
- 修缮

# 后　记

# Postscript

从2015年8月17日，编写工作正式启动到初稿完成，历时整整两年。书稿交付，感慨万千，更多的却是感激。

感谢辽宁省住建厅村镇处相关领导和工作人员的认真组织；感谢住建部《中国传统建筑解析与传承 辽宁卷》的联络员北京交通大学的郭华瞻博士及时的沟通和协调；感谢参与该项目研究和写作的沈阳建筑大学建筑研究所刘思铎老师、原砚龙老师以及研究生高赛玉、吴琦、梁玉坤、纪文喆等，以及辽宁省建筑设计研究院的郝建军所长及其率领的四位建筑师王达、黄欢、王蕾蕾和宋欣然。文稿的执笔人有朴玉顺、陈伯超、杨晔、刘思铎、王达、黄欢、宋欣然、王蕾蕾。朴玉顺执笔第一章中的第一节、第二节全部，第三节中的一至五部分，第四节全部，上篇中的第二章、第三章、第四章、第五章全部，以及第六章第三节；陈伯超执笔第六章第一节及结语；杨晔执笔第六章第二节；王达执笔第七章；黄欢执笔第八章；宋欣然执笔第九章；王蕾蕾执笔第十章；刘思铎执笔第一章第三节中的第六部分。参加图纸绘制的有张凤婕、邢飞、高赛玉、梁玉坤、刘盈、楚家麟。参加照片拍摄的有陈伯超、周静海、朴玉顺、原砚龙、王达、黄欢、宋欣然、王蕾蕾、王严力、张凤婕、邵明、姚琦、王颖蕊、庞一鹤、刘盈、楚家麟、范新宇、王晓卓、潘镭镭。有了大家不分昼夜地奋笔疾书、严冬酷暑的现场调研、精研悉讨地认真分析，才使书稿得以顺利完成。感谢沈阳建筑大学建筑研究所往届的研究生阎宝林、田冬、张勇、徐永战、张凤婕、邢飞等为该书稿写作提供的第一手资料。感谢大连市建筑设计研究院、沈阳都市建筑设计研究院、北京陶磊建筑事务所、C+Z建筑师工作室、沈阳建筑大学天作建筑研究院、崔愷工作室、中国东北建筑设计研究院、同济大学建筑设计研究院、沈阳原筑建筑设计有限公司、上海豫园商城房地产有限公司、大连风云建筑设计等为该书提供的设计作品。感谢沈阳故宫博物院、沈阳北陵公园管理中心以及沈阳东陵公园管理中心提供的测绘资料和拍摄条件。

更要特别感谢百忙中抽出时间，不仅给以多方面指导，而且亲自参与书稿写作的各位领导和专家。辽宁省住建厅的杨晔副厅长，不仅从书稿的整体框架和研究方向给予了专业的指导，对部分书稿逐字逐句地进行了修改；沈阳建筑大学建筑研究所的所长、博士生导师陈伯超教授，从项目启动直到完成，全过程给予了指导；沈阳建筑大学土木工程学院常务副院长、博士生导师周静海教授，参与了每一次的研讨会，对书稿的写作提出了十分宝贵的意见和建议；以及沈阳市规划设计研究院的毛兵院长、辽宁省建筑设计研究院的主管领导不遗余力的支持和帮助，在此向你们鞠躬致谢!

对于目前处在辽宁省行政区划境内的传统建筑研究整体上是十分不均衡的，即研究对象集中在沈阳及其周边地区，其他地区的传统建筑研究成果较少，甚至还存在一些盲区；对于清初皇宫皇陵和民居研究的内容较多，其他的寺庙祠观研究较少；对于满族传统建筑研究较多，其他民族的传统建筑研究较少；部分研究成果较为深入、翔实，还有相当一部分的研究成果还较为肤浅。

辽宁是建设大省，对于在现代建筑创造中体现传统文化的内涵，却一直以来都是辽宁的“短板”。本书编写组收集了国内外的建筑师在辽宁地区近50年的作品，其中整个项目都十分妥帖地体现辽宁地域文化特点的作品较少，因此，从中完整、系统地梳理出对辽宁当代建筑创作有指导意义的设计手法并不容易，这也成为书稿写作最大难点。我们的做法是更多地结合建筑创作理论和辽宁传统建筑的地域特点，研究出一套适合辽宁地区的当代建筑设计手法，为今后该地区的建筑创作提供参考。

对于辽宁传统建筑的深入挖掘任重而道远，对于在现代建筑设计中体现地域文化更是一代又一代建筑师终生的奋斗目标。

传统建筑的挖掘和传承，只有起点，没有终点。我们永远在路上。